线性代数

主　编　邓严林　刘旖　孔君香

U0218403

天津大学出版社
TIANJIN UNIVERSITY PRESS

内容简介

本书根据作者多年的教学实践与研究经验编写而成.本书内容包括行列式、矩阵及其运算、线性方程组、相似矩阵及二次型等四章.为便于自学与复习,每节末配有习题,每章末配有小结和复习题,书末附有习题和复习题参考答案.

本书可供普通高等院校经济管理类和理工类各专业作为教材使用,也可供科技工作者、经济管理者或其他人员自学或参考使用.

图书在版编目(CIP)数据

线性代数/邓严林,刘旖,孔君香主编.—天津:天津大学出版社,2020.1(2024.1 重印)

ISBN 978-7-5618-6629-0

Ⅰ.①线… Ⅱ.①邓… ②刘… ③孔… Ⅲ.①线性代数-高等学校-教材 Ⅳ.①O151.2

中国版本图书馆 CIP 数据核字(2020)第 010828 号

出版发行 天津大学出版社
地　　址 天津市卫津路 92 号天津大学内(邮编:300072)
电　　话 发行部:022-27403647
网　　址 www.tjupress.com.cn
印　　刷 天津泰宇印务有限公司
经　　销 全国各地新华书店
开　　本 185mm×260mm
印　　张 8.75
字　　数 225 千
版　　次 2020 年 1 月第 1 版
印　　次 2024 年 1 月第 4 次
定　　价 30.00 元

前　言

线性代数是普通高等院校经济管理类和理工类本科及专科学生必修的一门重要的公共必修课. 本书是编者以同济大学数学系编的《线性代数》一书为基础,结合多年教授“线性代数”的教学实践与研究经验编写而成的.

本书在编写上力求内容适当、结构合理、条理清晰,文字叙述力求简明扼要、深入浅出. 本书具有以下特点:

(1) 突出基本概念、定理和方法,引用具体例子来阐述重要的概念、定理和方法,每节配有适当的例题,帮助学生掌握和理解本节内容;

(2) 每章均有内容小结,使学生能理清本章的主要内容,并抓住要点;

(3) 练习题层次分明,每章中的每一小节均有习题,便于学生复习和巩固本节的主要内容,每章末均有复习题,复习题与考试题型一致,可以作为本章的内容测验.

本书内容包括行列式、矩阵及其运算、线性方程组、相似矩阵及二次型等四章,参考教学学时为 34 学时。

本书由荆楚理工学院数理学院邓严林、刘旖、孔君香共同编写。

由于编者水平有限,书中难免存在疏漏之处,敬请广大读者提出批评和建设性意见。

编　者

2019 年 8 月

目　　录

第1章 行列式

行列式是数学中最重要的基本概念之一,也是线性代数的主要研究对象之一.本章主要介绍 n 阶行列式的定义、性质、计算方法及求解 n 元一次线性方程组的克拉默法则.

1.1 全排列

作为定义 n 阶行列式的准备,我们先来讨论一下全排列的性质.

1.1.1 全排列

定义 1.1 由 $1,2,\cdots,n$ 组成的一个有序数组称为这 n 个数的一个全排列,也称为 n 级排列.

例如,2431 是一个 4 级排列,54321 是一个 5 级排列. 我们知道,由 $1,2,\cdots,n$ 组成的所有不同的 n 级排列的总数是

$$n\cdot(n-1)\cdot(n-2)\cdot\cdots\cdot2\cdot1=n!$$

个. 例如,3 级排列有 $3!=6$ 个,它们是 123,132,213,231,312,321.

1.1.2 逆序数

对于 n 个不同的元素,我们规定各元素之间有一个标准次序(例如 n 个不同的自然数,可规定由小到大为标准次序),于是在这 n 个元素的任一个排列中,当某两个元素的先后次序与标准次序不同时,就说有一个逆序. 例如,在排列 213 中,2 比 1 大,但 2 排在了 1 的前面,这时就说 2 和 1 构成了一个逆序.

一般地,我们有如下定义.

定义 1.2 在一个排列中,如果一对数的前后位置与大小顺序相反,即前面的数大于后面的数,那么就称它们为一个逆序. 一个排列中逆序的总数就称为这个排列的逆序数. 排列 $p_1p_2\cdots p_n$ 的逆序数记为 $\tau(p_1p_2\cdots p_n)$.

例如,在排列 2431 中,2-1,4-3,4-1,3-1 是逆序,2431 的逆序数就是 4,而排列 45321 的逆序数是 9.

定义 1.3 逆序数为偶数的排列称为偶排列,逆序数为奇数的排列称为奇排列.

例如,2431 是偶排列,45321 是奇排列,$12\cdots n$ 的逆序数是零,因此是偶排列.

下面我们来讨论计算排列的逆序数的方法.

不失一般性,不妨设排列元素为自然数 1 至 n,并规定由小到大为标准次序. 设 $p_1p_2\cdots p_n$ 为这 n 个自然数的一个排列,考虑元素 $p_i(i=1,2,\cdots,n)$,如果比 p_i 大且排在 p_i 前面的元素有 τ_i 个,就说 p_i 这个元素的逆序数是 τ_i. 全体元素的逆序数的总和

$$\tau=\tau_1+\tau_2+\cdots+\tau_n=\sum_{i=1}^{n}\tau_i$$

即是这个排列的逆序数.

例 1.1 求排列 32514 的逆序数.

解 在排列 32514 中,有:

3 排在首位,逆序数为 $\tau_1=0$;

2 的前面比 2 大的数有一个(3),故逆序数为 $\tau_2=1$;

5 是最大数,逆序数为 $\tau_3=0$;

1 的前面比 1 大的数有三个(3,2,5),故逆序数为 $\tau_4=3$;

4 的前面比 4 大的数有一个(5),故逆序数为 $\tau_5=1$;

于是该排列的逆序数为

$$\tau=\sum_{i=1}^{5}\tau_i=0+1+0+3+1=5.$$

1.1.3 对换

定义 1.4 把一个排列中某两个数的位置互换,而其余的数不动,就得到另一个排列,这样一个变换称为对换,将相邻两个元素对换,称为相邻对换.

例如,排列 321 经过 1,2 对换,就变成了 312. 显然,如果连续进行两次相同的对换,那么排列就还原了.

关于排列的奇偶性,我们有下面的定理.

定理 1.1 一个排列中的任意两个元素对换,排列改变奇偶性.

证 不妨设排列元素为从 1 开始的自然数,并规定由小到大为标准次序.

先证相邻对换的情形.

设排列为 $a_1\cdots a_l abb_1\cdots b_m$,对换 a 与 b,变为 $a_1\cdots a_l bab_1\cdots b_m$. 显然 $a_1,\cdots,a_l$ 和 $b_1,\cdots,b_m$ 这些元素的逆序数经过对换并未改变,而 a,b 两元素的逆序数改变,当 $a<b$ 时,经对换后 a 的逆序数增加 1,而 b 的逆序数不变;当 $a>b$ 时,经对换后 a 的逆序数不变,而 b 的逆序数减少 1. 所以,排列 $a_1\cdots a_l abb_1\cdots b_m$ 与排列 $a_1\cdots a_l bab_1\cdots b_m$ 的奇偶性不同.

再证一般对换的情形.

设排列为 $a_1\cdots a_l ab_1\cdots b_m bc_1\cdots c_n$,把它作 m 次相邻对换,得 $a_1\cdots a_l abb_1\cdots b_m c_1\cdots c_n$,再作 $m+1$ 次相邻对换,得 $a_1\cdots a_l bb_1\cdots b_m ac_1\cdots c_n$,即经 $2m+1$ 次相邻对换,排列 $a_1\cdots a_l ab_1\cdots b_m bc_1\cdots c_n$ 变为排列 $a_1\cdots a_l bb_1\cdots b_m ac_1\cdots c_n$,所以这两个排列的奇偶性相反.

定理 1.2 任意一个 n 级排列与排列 $12\cdots n$ 都可以经过一系列对换互变为相同排列,并且所作对换的次数与排列有相同的奇偶性.

也就是说,奇排列调成标准排列的对换次数为奇数,偶排列调成标准排列的对换次数为偶数.

证 由定理 1.1 知,对换的次数就是排列奇偶性的变化次数,而标准排列是偶排列(逆序数为 0),因此此定理成立.

习题 1.1

1. 以自然数从小到大为标准次序,求下列各排列的逆序数:

(1)2431;　(2)465312;　(3)$n(n-1)\cdots 321$;

(4)$(2k)1(2k-1)2(2k-2)3(2k-3)\cdots(k+1)k$;

(5)$13\cdots(2n-1)(2n)(2n-2)\cdots 2$;　(6)$135\cdots(2n-1)246\cdots(2n)$.

2. 在1,2,3,…,9这9个自然数组成的排列中,选择 i 与 k,使

(1)$1274i56k9$ 为偶排列;

(2)$1i25k4897$ 为奇排列.

3. 设 $p_1p_2\cdots p_n$ 是一个 n 级排列,且 $\tau(p_1p_2\cdots p_n)=k$,求 $\tau(p_np_{n-1}\cdots p_2p_1)$.

4. 试证明:在 n 级排列中,奇偶排列各占一半.

1.2　行列式的概念

1.2.1　二阶和三阶行列式

1. 二阶行列式

行列式起源于解线性方程组. 在中学用加减消元法解二元一次线性方程组,对于二元一次线性方程组

$$\begin{cases}a_{11}x_1+a_{12}x_2=b_1,\\ a_{21}x_1+a_{22}x_2=b_2,\end{cases}\tag{1-1}$$

当 $a_{11}a_{22}-a_{12}a_{21}\neq 0$ 时,此方程组有唯一解,即

$$x_1=\frac{b_1a_{22}-b_2a_{12}}{a_{11}a_{22}-a_{12}a_{21}},x_2=\frac{a_{11}b_2-a_{21}b_1}{a_{11}a_{22}-a_{12}a_{21}}.\tag{1-2}$$

式(1-2)给出了方程组(1-1)的解的一般公式,但它记忆困难,应用也不方便,因而有必要引进一个新符号来表示它,这样就产生了行列式.

记
$$D=\begin{vmatrix}a_{11}&a_{12}\\a_{21}&a_{22}\end{vmatrix}=a_{11}a_{22}-a_{12}a_{21},$$

$$D_1=\begin{vmatrix}b_1&a_{12}\\b_2&a_{22}\end{vmatrix}=b_1a_{22}-b_2a_{12},$$

$$D_2=\begin{vmatrix}a_{11}&b_1\\a_{21}&b_2\end{vmatrix}=a_{11}b_2-a_{21}b_1,$$

则

$$x_1=\frac{D_1}{D}=\frac{\begin{vmatrix}b_1&a_{12}\\b_2&a_{22}\end{vmatrix}}{\begin{vmatrix}a_{11}&a_{12}\\a_{21}&a_{22}\end{vmatrix}},x_2=\frac{D_2}{D}=\frac{\begin{vmatrix}a_{11}&b_1\\a_{21}&b_2\end{vmatrix}}{\begin{vmatrix}a_{11}&a_{12}\\a_{21}&a_{22}\end{vmatrix}}.$$

在引入的上述记号中，横排称为**行**，竖排称为**列**，所以称其为**二阶行列式**；数 $a_{ij}(i=1,2;j=1,2)$ 称为行列式的**元素**，其中第一个下标 i 称为**行标**，表明该元素位于第 i 行，第二个下标 j 称为**列标**，表明该元素位于第 j 列，位于第 i 行第 j 列的元素称为行列式的 (i,j) 元.

上述二阶行列式的定义，可用对角线法则来记忆. 如图 1－1 所示，实线称为主对角线，虚线称为副对角线，于是二阶行列式便是主对角线上两元素之积减去副对角线上两元素之积所得的差.

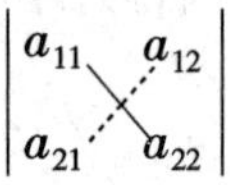

图 1－1

2. 三阶行列式

对于三元一次线性方程组有相仿的结论. 与二阶行列式类似，引入三阶行列式

$$\begin{vmatrix} a_{11} & a_{12} & a_{13} \\ a_{21} & a_{22} & a_{23} \\ a_{31} & a_{32} & a_{33} \end{vmatrix} = a_{11}a_{22}a_{33} + a_{12}a_{23}a_{31} + a_{13}a_{21}a_{32} - a_{11}a_{23}a_{32} - a_{12}a_{21}a_{33} - a_{13}a_{22}a_{31},$$

其定义符合图 1－2 所示的对角线法则：实线看作平行于主对角线的连线，虚线看作平行于副对角线的连线，实线上的元素乘积冠以正号，虚线上的元素乘积冠以负号.

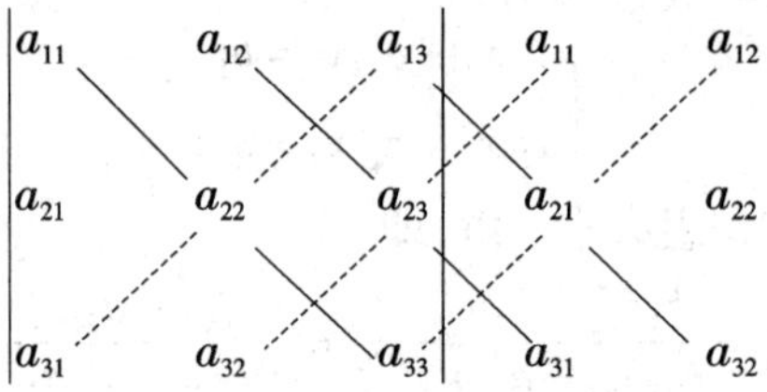

图 1－2

例 1.2 计算三阶行列式

$$D=\begin{vmatrix} 1 & 2 & 3 \\ 2 & -2 & -1 \\ -3 & 4 & -5 \end{vmatrix}.$$

解 由对角线法则，得

$$D=1\times(-2)\times(-5)+2\times(-1)\times(-3)+3\times2\times4-3\times(-2)\times(-3)-2\times2\times(-5)-1\times4\times(-1)=46.$$

例 1.3 行列式 $\begin{vmatrix} a & 1 & 0 \\ 1 & a & 0 \\ 4 & 1 & 1 \end{vmatrix}>0$ 的充分必要条件是什么？

解 由对角线法则，得

$$\begin{vmatrix} a & 1 & 0 \\ 1 & a & 0 \\ 4 & 1 & 1 \end{vmatrix} = a^2 - 1,$$

当且仅当$|a|>1$时$a^2-1>0$,因此可得

$$\begin{vmatrix} a & 1 & 0 \\ 1 & a & 0 \\ 4 & 1 & 1 \end{vmatrix} > 0$$

的充分必要条件是$|a|>1$.

但对角线法则只适用于二阶和三阶行列式,对于更高阶行列式,我们需要借助全排列的知识.

1.2.2　n 阶行列式的概念

为了给出 n 阶行列式的定义,先来研究三阶行列式的规律. 三阶行列式的定义为

$$\begin{vmatrix} a_{11} & a_{12} & a_{13} \\ a_{21} & a_{22} & a_{23} \\ a_{31} & a_{32} & a_{33} \end{vmatrix} = a_{11}a_{22}a_{33} + a_{12}a_{23}a_{31} + a_{13}a_{21}a_{32} - a_{11}a_{23}a_{32} - a_{12}a_{21}a_{33} - a_{13}a_{22}a_{31},$$

容易看出三阶行列式具有如下特点:

(1)三阶行列式是3! 项的代数和;

(2)三阶行列式的每项都是不同行不同列的三个元素的乘积;

(3)三阶行列式的每项都按下列规则带有确定的符号,若记一般项为 $a_{1j_1}a_{2j_2}a_{3j_3}$ 的形式,则 $a_{1j_1}a_{2j_2}a_{3j_3}$ 的符号为$(-1)^{\tau(j_1j_2j_3)}$.

这样,三阶行列式可以写成

$$\begin{vmatrix} a_{11} & a_{12} & a_{13} \\ a_{21} & a_{22} & a_{23} \\ a_{31} & a_{32} & a_{33} \end{vmatrix} = \sum_{j_1j_2j_3} (-1)^{\tau(j_1j_2j_3)} a_{1j_1}a_{2j_2}a_{3j_3},$$

由此,可给出 n 阶行列式的一般情形。

定义 1.5　n 阶行列式

$$\begin{vmatrix} a_{11} & a_{12} & \cdots & a_{1n} \\ a_{21} & a_{22} & \cdots & a_{2n} \\ \vdots & \vdots & & \vdots \\ a_{n1} & a_{n2} & \cdots & a_{nn} \end{vmatrix}$$

等于所有取自不同行不同列的 n 个元素的乘积

$$a_{1i_1}a_{2i_2}\cdots a_{ni_n} \tag{1-3}$$

的代数和,这里 $i_1i_2\cdots i_n$ 是$1,2,\cdots,n$的一个排列,每一项都按下列规则带有确定的符号,当 $i_1i_2\cdots i_n$ 是偶排列时,$a_{1i_1}a_{2i_2}\cdots a_{ni_n}$带正号,当 $i_1i_2\cdots i_n$ 是奇排列时,$a_{1i_1}a_{2i_2}\cdots a_{ni_n}$带负号,即

$$\begin{vmatrix} a_{11} & a_{12} & \cdots & a_{1n} \\ a_{21} & a_{22} & \cdots & a_{2n} \\ \vdots & \vdots & & \vdots \\ a_{n1} & a_{n2} & \cdots & a_{nn} \end{vmatrix} = \sum_{i_1 i_2 \cdots i_n} (-1)^{\tau(i_1 i_2 \cdots i_n)} a_{1i_1} a_{2i_2} \cdots a_{ni_n}.$$

其中，$\sum\limits_{i_1 i_2 \cdots i_n}$ 表示对所有 n 级排列求和. 上述 n 阶行列式可简记为 $\det(a_{ij})$，数 a_{ij} 称为行列式 $\det(a_{ij})$ 的元素.

按此定义的二阶、三阶行列式，与用对角线法则定义的二阶、三阶行列式，显然是一致的. 当 $n=1$ 时，一阶行列式 $|a|=a$，注意不要与绝对值的记号相混淆.

定义 1.5 表明，为了计算 n 阶行列式，首先作所有由位于不同行不同列元素构成的乘积，把构成这些乘积的元素按行标排成自然顺序；然后由列标构成的排列的奇偶性来决定这一项的符号.

由定义 1.5 可以看出，n 阶行列式是由 $n!$ 项组成的.

定理 1.3 n 阶行列式也可定义为

$$D = \sum_{p_1 p_2 \cdots p_n} (-1)^{\tau(p_1 p_2 \cdots p_n)} a_{p_1 1} a_{p_2 2} \cdots a_{p_n n},$$

其中 $\tau(p_1 p_2 \cdots p_n)$ 为行标排列 $p_1 p_2 \cdots p_n$ 的逆序数.

下面来看几个例子.

例 1.4 计算四阶行列式

$$D = \begin{vmatrix} a & 0 & 0 & b \\ 0 & c & d & 0 \\ 0 & e & f & 0 \\ 0 & 0 & 0 & h \end{vmatrix}.$$

解 D 的一般项可以写成 $a_{1j_1} a_{2j_2} a_{3j_3} a_{4j_4}$，因为第四行的元素除第四列的元素外，其余元素均为零，故 j_4 只能取 4，而第一行的元素除第一和第四列的元素外，其余元素均为零，因此对于行列式中可能的非零项来说，j_1 只能取 1，j_4 只能取 4，于是当 $j_1=1, j_4=4$ 时，$j_2=2, j_3=3$ 或 $j_2=3, j_3=2$. 所以，这个四阶行列式的 $4!=24$ 项的乘积和只有 2 项不为零，即

$$a_{11}a_{22}a_{33}a_{44}, a_{11}a_{23}a_{32}a_{44},$$

这 2 项的符号分别由 $(-1)^{\tau(1234)}$，$(-1)^{\tau(1324)}$ 来决定，故

$$D = acfh - adeh.$$

主对角线（从左上角到右下角这条对角线）以下（上）的元素都为 0 的行列式称为上（下）三角行列式. 特别地，除主对角线上的元素外，其余元素均为 0 的行列式称为对角行列式.

例 1.5 计算 n 阶上三角行列式

$$\begin{vmatrix} a_{11} & a_{12} & \cdots & a_{1n} \\ 0 & a_{22} & \cdots & a_{2n} \\ \vdots & \vdots & & \vdots \\ 0 & 0 & \cdots & a_{nn} \end{vmatrix}.$$

解　当 $i>j$ 时，$a_{ij}=0$. 我们只需求出非零项即可，按行列式的定义，非零项的 n 个元素在第一列只能取 a_{11}（否则该项为零），第二列只能取 a_{22}，…，第 n 列只能取 a_{nn}. 于是，此行列式除 $a_{11}a_{22}\cdots a_{nn}$ 项外，其余各项均为零，所以该行列式的值为

$$(-1)^{\tau(12\cdots n)}a_{11}a_{22}\cdots a_{nn}=a_{11}a_{22}\cdots a_{nn}.$$

主对角线以下（上）的元素全为 0 的上（下）三角行列式，其值等于主对角线上各元素之积. 特别地，对于主对角线以外的元素全为 0 的对角行列式，其值与三角行列式一样，即

$$\begin{vmatrix} a_{11} & & & \\ & a_{22} & & \\ & & \ddots & \\ & & & a_{nn} \end{vmatrix}=a_{11}a_{22}\cdots a_{nn}.$$

利用行列式的定义，同理可得

$$\begin{vmatrix} 0 & \cdots & 0 & a_{1n} \\ 0 & \cdots & a_{2,n-1} & a_{2n} \\ \vdots & & \vdots & \vdots \\ a_{n1} & \cdots & a_{n,n-1} & a_{nn} \end{vmatrix}=(-1)^{\frac{n(n-1)}{2}}a_{1n}a_{2,n-1}\cdots a_{n1}.$$

副对角线以下（上）的元素全为 0 的行列式称为次上（下）三角行列式. 特别地，对于副对角线以外的元素全为 0 的次对角行列式，有

$$\begin{vmatrix} & & & l_1 \\ & & l_2 & \\ & \iddots & & \\ l_n & & & \end{vmatrix}=(-1)^{\frac{n(n-1)}{2}}l_1l_2\cdots l_n.$$

习题 1.2

1. 计算下列行列式：

(1) $\begin{vmatrix} x-1 & 1 \\ x^2 & x^2+x+1 \end{vmatrix}$;　　(2) $\begin{vmatrix} 2 & 0 & 1 \\ 1 & -4 & -1 \\ -1 & 8 & 3 \end{vmatrix}$;　　(3) $\begin{vmatrix} a & b & c \\ b & c & a \\ c & a & b \end{vmatrix}$;

(4) $\begin{vmatrix} 1 & 1 & 1 \\ a & b & c \\ a^2 & b^2 & c^2 \end{vmatrix}$;　　(5) $\begin{vmatrix} 0 & a & 0 \\ b & 0 & c \\ 0 & d & 0 \end{vmatrix}$;　　(6) $\begin{vmatrix} 4 & 3 & 2 & 1 \\ 3 & 2 & 1 & 0 \\ 2 & -2 & 0 & 0 \\ -4 & 0 & 0 & 0 \end{vmatrix}$.

2. 解方程$\begin{vmatrix} x & 3 & 4 \\ -1 & x & 0 \\ 0 & x & 1 \end{vmatrix}=0$.

3. 求多项式$f(x)=\begin{vmatrix} x & 1 & 1 & 1 \\ 1 & 2x & 3 & 4 \\ 1 & 3 & -x & 1 \\ 1 & 4 & x & 3x \end{vmatrix}$中 x^4,x^3 的系数和常数项.

4. 在六阶行列式 $\det(a_{ij})$中,下列元素乘积应取什么符号:

(1) $a_{15}a_{23}a_{32}a_{44}a_{51}a_{66}$; (2) $a_{11}a_{26}a_{32}a_{44}a_{53}a_{65}$;

(3) $a_{21}a_{53}a_{16}a_{42}a_{65}a_{34}$; (4) $a_{51}a_{32}a_{13}a_{44}a_{65}a_{26}$.

5. 写出四阶行列式 $\det(a_{ij})$中所有带有负号并且包含元素 a_{23}的项.

1.3 行列式的性质

用行列式定义计算一般的行列式是十分复杂甚至是不可能的事情,因此需要研究行列式的性质,并以此来简化行列式的计算.

记

$$D=\begin{vmatrix} a_{11} & a_{12} & \cdots & a_{1n} \\ a_{21} & a_{22} & \cdots & a_{2n} \\ \vdots & \vdots & & \vdots \\ a_{n1} & a_{n2} & \cdots & a_{nn} \end{vmatrix},D^{\mathrm{T}}=\begin{vmatrix} a_{11} & a_{21} & \cdots & a_{n1} \\ a_{12} & a_{22} & \cdots & a_{n2} \\ \vdots & \vdots & & \vdots \\ a_{1n} & a_{2n} & \cdots & a_{nn} \end{vmatrix},$$

行列式 D^{T} 称为行列式 D 的**转置行列式**.

性质1 行列式与它的转置行列式相等.

证 设 $D=\det(a_{ij})$的转置行列式

$$D^{\mathrm{T}}=\begin{vmatrix} b_{11} & b_{12} & \cdots & b_{1n} \\ b_{21} & b_{22} & \cdots & b_{2n} \\ \vdots & \vdots & & \vdots \\ b_{n1} & b_{n2} & \cdots & b_{nn} \end{vmatrix},$$

即 $b_{ji}=a_{ij}(i,j=1,2,\cdots,n)$,按定义

$$D^{\mathrm{T}}=\sum_{p_1p_2\cdots p_n}(-1)^{\tau(p_1p_2\cdots p_n)}b_{1p_1}b_{2p_2}\cdots b_{np_n}=\sum_{p_1p_2\cdots p_n}(-1)^{\tau(p_1p_2\cdots p_n)}a_{p_11}a_{p_22}\cdots a_{p_nn}.$$

而由定理1.3,有

$$D=\sum_{p_1p_2\cdots p_n}(-1)^{\tau(p_1p_2\cdots p_n)}a_{p_11}a_{p_22}\cdots a_{p_nn}.$$

故

$$D^{\mathrm{T}}=D.$$

此性质说明,行列式中的行和列有相同的地位,行列式的性质凡是对行成立的,对列也

成立,反之亦然.

利用性质 1,可知下三角行列式

$$\begin{vmatrix} a_{11} & 0 & \cdots & 0 \\ a_{21} & a_{22} & \cdots & 0 \\ \vdots & \vdots & & \vdots \\ a_{n1} & a_{n2} & \cdots & a_{nn} \end{vmatrix} = a_{11}a_{22}\cdots a_{nn}.$$

性质 2　交换行列式两行(列)的位置,行列式变号.

证　设行列式

$$D_1 = \begin{vmatrix} b_{11} & b_{12} & \cdots & b_{1n} \\ b_{21} & b_{22} & \cdots & b_{2n} \\ \vdots & \vdots & & \vdots \\ b_{n1} & b_{n2} & \cdots & b_{nn} \end{vmatrix}$$

是由行列式 $D=\det(a_{ij})$ 交换 i,j 两行得到的,即当 $k\neq i,j$ 时,$b_{kp}=a_{kp}$;当 $k=i,j$ 时,$b_{ip}=a_{jp}$,$b_{jp}=a_{ip}$. 于是

$$\begin{aligned} D_1 &= \sum_{p_1p_2\cdots p_n}(-1)^{\tau(p_1\cdots p_i\cdots p_j\cdots p_n)} b_{1p_1}\cdots b_{ip_i}\cdots b_{jp_j}\cdots b_{np_n} \\ &= \sum_{p_1p_2\cdots p_n}(-1)^{\tau(p_1\cdots p_i\cdots p_j\cdots p_n)} a_{1p_1}\cdots a_{jp_i}\cdots a_{ip_j}\cdots a_{np_n} \\ &= -\sum_{p_1p_2\cdots p_n}(-1)^{\tau(p_1\cdots p_j\cdots p_i\cdots p_n)} a_{1p_1}\cdots a_{ip_j}\cdots a_{jp_i}\cdots a_{np_n} = -D. \end{aligned}$$

以 r_i 表示行列式的第 i 行,以 c_i 表示行列式的第 i 列。交换行列式的 i,j 两行记作 $r_i\leftrightarrow r_j$,交换行列式的 i,j 两列记作 $c_i\leftrightarrow c_j$. 例如

$$\begin{vmatrix} a_{11} & a_{12} & \cdots & a_{1n} \\ a_{21} & a_{22} & \cdots & a_{2n} \\ \vdots & \vdots & & \vdots \\ a_{n1} & a_{n2} & \cdots & a_{nn} \end{vmatrix} \xlongequal{r_1\leftrightarrow r_2} -\begin{vmatrix} a_{21} & a_{22} & \cdots & a_{2n} \\ a_{11} & a_{12} & \cdots & a_{1n} \\ \vdots & \vdots & & \vdots \\ a_{n1} & a_{n2} & \cdots & a_{nn} \end{vmatrix}$$

推论　如果行列式有两行(列)完全相同,则此行列式等于零.

证　把这两行互换,得 $D=-D$,故 $D=0$.

性质 3

$$\begin{vmatrix} a_{11} & a_{12} & \cdots & a_{1n} \\ \vdots & \vdots & & \vdots \\ ka_{i1} & ka_{i2} & \cdots & ka_{in} \\ \vdots & \vdots & & \vdots \\ a_{n1} & a_{n2} & \cdots & a_{nn} \end{vmatrix} = k\begin{vmatrix} a_{11} & a_{12} & \cdots & a_{1n} \\ \vdots & \vdots & & \vdots \\ a_{i1} & a_{i2} & \cdots & a_{in} \\ \vdots & \vdots & & \vdots \\ a_{n1} & a_{n2} & \cdots & a_{nn} \end{vmatrix}$$

这就是说,行列式的某一行(列)中所有的元素都乘以同一数 k,等于用数 k 乘此行列式.

第 i 行(列)乘以 k,记作 $r_i\times k(c_i\times k)$.

推论 1 行列式中某行(列)的公因子 k 可以提到行列式符号外面.

第 i 行(列)提出公因子 k,记作 $r_i \div k(c_i \div k)$.

令 $k=0$,就有以下推论.

推论 2 如果行列式中有一行(列)元素全为零,则此行列式等于零.

性质 4 如果行列式中有两行(列)对应元素成比例,则此行列式等于零.

性质 5 如果行列式某一行(列)的元素都是两数之和(如第 i 行元素都是两数之和),即

$$D=\begin{vmatrix} a_{11} & a_{12} & \cdots & a_{1n} \\ \vdots & \vdots & & \vdots \\ a_{i1}+a'_{i1} & a_{i2}+a'_{i2} & \cdots & a_{in}+a'_{in} \\ \vdots & \vdots & & \vdots \\ a_{n1} & a_{n2} & \cdots & a_{nn} \end{vmatrix},$$

则 D 可以拆分成两个行列式的和,即

$$D=\begin{vmatrix} a_{11} & a_{12} & \cdots & a_{1n} \\ \vdots & \vdots & & \vdots \\ a_{i1} & a_{i2} & \cdots & a_{in} \\ \vdots & \vdots & & \vdots \\ a_{n1} & a_{n2} & \cdots & a_{nn} \end{vmatrix}+\begin{vmatrix} a_{11} & a_{12} & \cdots & a_{1n} \\ \vdots & \vdots & & \vdots \\ a'_{i1} & a'_{i2} & \cdots & a'_{in} \\ \vdots & \vdots & & \vdots \\ a_{n1} & a_{n2} & \cdots & a_{nn} \end{vmatrix}.$$

性质 5 可以推广到某一行(列)为多组数的和的情形.

性质 6 把行列式某一行(列)的各元素乘以同一个数然后加到另一行(列)对应的元素上去,行列式的值不变.

例如,以数 k 乘第 j 行再加到第 i 行上(记作 r_i+kr_j),有

$$\begin{vmatrix} a_{11} & a_{12} & \cdots & a_{1n} \\ \vdots & \vdots & & \vdots \\ a_{i1} & a_{i2} & \cdots & a_{in} \\ \vdots & \vdots & & \vdots \\ a_{j1} & a_{j2} & \cdots & a_{jn} \\ \vdots & \vdots & & \vdots \\ a_{n1} & a_{n2} & \cdots & a_{nn} \end{vmatrix} \xlongequal{r_i+kr_j} \begin{vmatrix} a_{11} & a_{12} & \cdots & a_{1n} \\ \vdots & \vdots & & \vdots \\ a_{i1}+ka_{j1} & a_{i2}+ka_{j2} & \cdots & a_{in}+ka_{jn} \\ \vdots & \vdots & & \vdots \\ a_{j1} & a_{j2} & \cdots & a_{jn} \\ \vdots & \vdots & & \vdots \\ a_{n1} & a_{n2} & \cdots & a_{nn} \end{vmatrix} \ (i\neq j).$$

同样,以数 k 乘以第 j 列再加到第 i 列上(记作 c_i+kc_j),可得到类似结果.

以上诸性质请读者证明. 利用这些性质可以简化行列式的计算.

例 1.6 计算 $D=\begin{vmatrix} 2 & -5 & 1 & 2 \\ -3 & 7 & -1 & 4 \\ 5 & -9 & 2 & 7 \\ 4 & -6 & 1 & 2 \end{vmatrix}$.

解 $D \xlongequal{c_1 \leftrightarrow c_3} -\begin{vmatrix} 1 & -5 & 2 & 2 \\ -1 & 7 & -3 & 4 \\ 2 & -9 & 5 & 7 \\ 1 & -6 & 4 & 2 \end{vmatrix} \xlongequal[\substack{r_3-2r_1 \\ r_4-r_1}]{r_2+r_1} -\begin{vmatrix} 1 & -5 & 2 & 2 \\ 0 & 2 & -1 & 6 \\ 0 & 1 & 1 & 3 \\ 0 & -1 & 2 & 0 \end{vmatrix}$

$$\xlongequal{r_2 \leftrightarrow r_3} \begin{vmatrix} 1 & -5 & 2 & 2 \\ 0 & 1 & 1 & 3 \\ 0 & 2 & -1 & 6 \\ 0 & -1 & 2 & 0 \end{vmatrix} \xlongequal[r_4+r_2]{r_3-2r_2} \begin{vmatrix} 1 & -5 & 2 & 2 \\ 0 & 1 & 1 & 3 \\ 0 & 0 & -3 & 0 \\ 0 & 0 & 3 & 3 \end{vmatrix} \xlongequal{r_4+r_3} \begin{vmatrix} 1 & -5 & 2 & 2 \\ 0 & 1 & 1 & 3 \\ 0 & 0 & -3 & 0 \\ 0 & 0 & 0 & 3 \end{vmatrix} = -9.$$

例 1.7　计算 $D = \begin{vmatrix} 3 & 1 & 1 & 1 \\ 1 & 3 & 1 & 1 \\ 1 & 1 & 3 & 1 \\ 1 & 1 & 1 & 3 \end{vmatrix}$.

解　这个行列式的特点是各行或各列 4 个数之和相等,故有

$$D \xlongequal{c_1+c_2+c_3+c_4} \begin{vmatrix} 6 & 1 & 1 & 1 \\ 6 & 3 & 1 & 1 \\ 6 & 1 & 3 & 1 \\ 6 & 1 & 1 & 3 \end{vmatrix} \xlongequal{c_1 \div 6} 6\begin{vmatrix} 1 & 1 & 1 & 1 \\ 1 & 3 & 1 & 1 \\ 1 & 1 & 3 & 1 \\ 1 & 1 & 1 & 3 \end{vmatrix}$$

$$\xlongequal[\substack{r_3-r_1 \\ r_4-r_1}]{r_2-r_1} 6\begin{vmatrix} 1 & 1 & 1 & 1 \\ 0 & 2 & 0 & 0 \\ 0 & 0 & 2 & 0 \\ 0 & 0 & 0 & 2 \end{vmatrix} = 48.$$

例 1.8　计算 $D = \begin{vmatrix} a & b & c & d \\ a & a+b & a+b+c & a+b+c+d \\ a & 2a+b & 3a+2b+c & 4a+3b+2c+d \\ a & 3a+b & 6a+3b+c & 10a+6b+3c+d \end{vmatrix}$.

解　从第 4 行开始,后行减前行,有

$$D \xlongequal[\substack{r_3-r_2 \\ r_2-r_1}]{r_4-r_3} \begin{vmatrix} a & b & c & d \\ 0 & a & a+b & a+b+c \\ 0 & a & 2a+b & 3a+2b+c \\ 0 & a & 3a+b & 6a+3b+c \end{vmatrix} \xlongequal[r_3-r_2]{r_4-r_3} \begin{vmatrix} a & b & c & d \\ 0 & a & a+b & a+b+c \\ 0 & 0 & a & 2a+b \\ 0 & 0 & a & 3a+b \end{vmatrix}$$

$$\xlongequal{r_4-r_3} \begin{vmatrix} a & b & c & d \\ 0 & a & a+b & a+b+c \\ 0 & 0 & a & 2a+b \\ 0 & 0 & 0 & a \end{vmatrix} = a^4.$$

可见,计算高阶行列式时,可利用行列式的性质将其化为上三角行列式,既简便又程序化.

例 1.9　证明行列式

$$\begin{vmatrix} a^2 & (a+1)^2 & (a+2)^2 & (a+3)^2 \\ b^2 & (b+1)^2 & (b+2)^2 & (b+3)^2 \\ c^2 & (c+1)^2 & (c+2)^2 & (c+3)^2 \\ d^2 & (d+1)^2 & (d+2)^2 & (d+3)^2 \end{vmatrix}=0.$$

证

$$D\xlongequal[c_4-c_1]{\substack{c_2-c_1\\c_3-c_1}}\begin{vmatrix} a^2 & 2a+1 & 4a+4 & 6a+9 \\ b^2 & 2b+1 & 4b+4 & 6b+9 \\ c^2 & 2c+1 & 4c+4 & 6c+9 \\ d^2 & 2d+1 & 4d+4 & 6d+9 \end{vmatrix}\xlongequal[c_4-3c_2]{c_3-2c_2}\begin{vmatrix} a^2 & 2a+1 & 2 & 6 \\ b^2 & 2b+1 & 2 & 6 \\ c^2 & 2c+1 & 2 & 6 \\ d^2 & 2d+1 & 2 & 6 \end{vmatrix}=0.$$

上述诸例中都用到把几个运算写在一起的省略写法,这里要注意各个运算的次序一般不能颠倒,这是由于后一次运算是作用在前一次运算结果上的.

此外,还要注意运算 r_i+r_j 与 r_j+r_i 的区别,r_i+kr_j 是约定的行列式运算记号,不能写作 kr_j+r_i(这里不能套用加法的交换律).

例 1.10 设
$$D=\begin{vmatrix} a_{11} & \cdots & a_{1k} & 0 & \cdots & 0 \\ \vdots & & \vdots & \vdots & & \vdots \\ a_{k1} & \cdots & a_{kk} & 0 & \cdots & 0 \\ c_{11} & \cdots & c_{1k} & b_{11} & \cdots & b_{1n} \\ \vdots & & \vdots & \vdots & & \vdots \\ c_{n1} & \cdots & c_{nk} & b_{n1} & \cdots & b_{nn} \end{vmatrix}.$$

$$D_1=\det(a_{ij})=\begin{vmatrix} a_{11} & \cdots & a_{1k} \\ \vdots & & \vdots \\ a_{k1} & \cdots & a_{kk} \end{vmatrix},\ D_2=\det(b_{ij})=\begin{vmatrix} b_{11} & \cdots & b_{1n} \\ \vdots & & \vdots \\ b_{n1} & \cdots & b_{nn} \end{vmatrix},$$

证明 $D=D_1D_2$.

证 对 D_1 作运算 r_i+kr_j,把 D_1 化为下三角行列式,设

$$D_1=\begin{vmatrix} p_{11} & & \\ \vdots & \ddots & \\ p_{k1} & \cdots & p_{kk} \end{vmatrix}=p_{11}\cdots p_{kk};$$

对 D_2 作运算 c_i+kc_j,把 D_2 化为下三角行列式,设

$$D_2=\begin{vmatrix} q_{11} & & \\ \vdots & \ddots & \\ q_{n1} & \cdots & q_{nn} \end{vmatrix}=q_{11}\cdots q_{nn}.$$

于是,对 D 的前 k 行作运算 r_i+kr_j,再对后 n 列作运算 c_i+kc_j,可把 D 化为下三角行列式

$$D=\begin{vmatrix} p_{11} & & & & & \\ \vdots & \ddots & & & & \\ p_{k1} & \cdots & p_{kk} & & & \\ c_{11} & \cdots & c_{1k} & q_{11} & & \\ \vdots & & \vdots & \vdots & \ddots & \\ c_{n1} & \cdots & c_{nk} & q_{n1} & \cdots & q_{nn} \end{vmatrix},$$

故有

$$D=p_{11}\cdots p_{kk}q_{11}\cdots q_{nn}=D_1D_2.$$

习题 1.3

1. 计算下列行列式：

(1) $\begin{vmatrix} 1 & 2 & 3 & 4 \\ 2 & 3 & 4 & 1 \\ 3 & 4 & 1 & 2 \\ 4 & 1 & 2 & 3 \end{vmatrix}$;　(2) $\begin{vmatrix} 3 & 1 & 2 & 6 \\ 1 & 2 & 0 & 3 \\ 4 & 0 & 8 & 7 \\ 2 & 6 & 5 & 7 \end{vmatrix}$;

(3) $\begin{vmatrix} -ab & ac & ae \\ bd & -cd & de \\ bf & cf & -ef \end{vmatrix}$;　(4) $\begin{vmatrix} a & 1 & 0 & 0 \\ -1 & b & 1 & 0 \\ 0 & -1 & c & 1 \\ 0 & 0 & -1 & d \end{vmatrix}$;

(5) $\begin{vmatrix} 2 & 3 & 0 & 0 & 0 \\ 1 & 2 & 0 & 0 & 0 \\ 0 & 0 & 0 & 0 & 1 \\ 0 & 0 & 0 & 1 & 0 \\ 0 & 0 & 1 & 0 & 0 \end{vmatrix}$;　(6) $\begin{vmatrix} 1 & 2 & 3 & \cdots & n \\ 2 & 3 & 4 & \cdots & n+1 \\ 3 & 4 & 5 & \cdots & n+2 \\ \vdots & \vdots & \vdots & & \vdots \\ n & n+1 & n+2 & \cdots & 2n-1 \end{vmatrix}(n>2)$;

(7) $\begin{vmatrix} x & a & a & \cdots & a \\ a & x & a & \cdots & a \\ a & a & x & \cdots & a \\ \vdots & \vdots & \vdots & & \vdots \\ a & a & a & \cdots & x \end{vmatrix}$($n$ 阶)；　(8) $\begin{vmatrix} x+a_1 & a_2 & a_3 & \cdots & a_n \\ a_1 & x+a_2 & a_3 & \cdots & a_n \\ a_1 & a_2 & x+a_3 & \cdots & a_n \\ \vdots & \vdots & \vdots & & \vdots \\ a_1 & a_2 & a_3 & \cdots & x+a_n \end{vmatrix}$.

2. 证明：

(1) $\begin{vmatrix} a^2 & ab & b^2 \\ 2a & a+b & 2b \\ 1 & 1 & 1 \end{vmatrix}=(a-b)^3$;

(2) $\begin{vmatrix} b & a & a & a \\ a & b & a & a \\ a & a & b & a \\ a & a & a & b \end{vmatrix} = (3a+b)(b-a)^3$;

(3) $\begin{vmatrix} ax+by & ay+bz & az+bx \\ ay+bz & az+bx & ax+by \\ az+bx & ax+by & ay+bz \end{vmatrix} = (a^3+b^3)\begin{vmatrix} x & y & z \\ y & z & x \\ z & x & y \end{vmatrix}$;

(4) $\begin{vmatrix} b+c & c+a & a+b \\ b_1+c_1 & c_1+a_1 & a_1+b_1 \\ b_2+c_2 & c_2+a_2 & a_2+b_2 \end{vmatrix} = 2\begin{vmatrix} a & b & c \\ a_1 & b_1 & c_1 \\ a_2 & b_2 & c_2 \end{vmatrix}$.

3. 计算下列行列式(D_n 为 n 阶行列式):

(1) $D_n = \begin{vmatrix} a & & 1 \\ & \ddots & \\ 1 & & a \end{vmatrix}$,其中主对角线上的元素都是 a,未写出的元素都是 0;

(2) $D_n = \begin{vmatrix} 1+a_1 & a_1 & \cdots & a_1 \\ a_2 & 1+a_2 & \cdots & a_2 \\ \vdots & \vdots & & \vdots \\ a_n & a_n & \cdots & 1+a_n \end{vmatrix}$;

(3) $D_n = \det(a_{ij})$,其中 $a_{ij} = |i-j|$.

1.4 行列式按行(列)展开

一般来说,低阶行列式的计算比高阶行列式的计算要简便,于是我们自然考虑到将高阶行列式的计算转化为低阶行列式的计算. 为此,先引入余子式和代数余子式的概念.

定义 1.6 在 n 阶行列式中,把元素 a_{ij} 所在的第 i 行和第 j 列划去后,剩下的元素按原来的排法构成的 $n-1$ 阶行列式称为元素 a_{ij} 的**余子式**,记作 M_{ij}. 记 $A_{ij} = (-1)^{i+j}M_{ij}$,$A_{ij}$ 称为元素 a_{ij} 的**代数余子式**.

例如,4 阶行列式

$$D = \begin{vmatrix} a_{11} & a_{12} & a_{13} & a_{14} \\ a_{21} & a_{22} & a_{23} & a_{24} \\ a_{31} & a_{32} & a_{33} & a_{34} \\ a_{41} & a_{42} & a_{43} & a_{44} \end{vmatrix}$$

中元素 a_{23} 的余子式和代数余子式分别为

$$M_{23} = \begin{vmatrix} a_{11} & a_{12} & a_{14} \\ a_{31} & a_{32} & a_{34} \\ a_{41} & a_{42} & a_{44} \end{vmatrix},$$

$$A_{23}=(-1)^{2+3}M_{23}=-M_{23}.$$

引理　一个 n 阶行列式，如果其中第 i 行所有元素除 a_{ij} 外都为零，则这个行列式等于 a_{ij} 与它的代数余子式的乘积，即

$$D=\begin{vmatrix} a_{11} & \cdots & a_{1j} & \cdots & a_{1n} \\ \vdots & & \vdots & & \vdots \\ 0 & \cdots & a_{ij} & \cdots & 0 \\ \vdots & & \vdots & & \vdots \\ a_{n1} & \cdots & a_{nj} & \cdots & a_{nn} \end{vmatrix}=a_{ij}A_{ij}.$$

证　先证 k 位于第 1 行第 1 列的情形，此时

$$D=\begin{vmatrix} a_{11} & 0 & \cdots & 0 \\ a_{21} & a_{22} & \cdots & a_{2n} \\ \vdots & \vdots & & \vdots \\ a_{n1} & a_{n2} & \cdots & a_{nn} \end{vmatrix},$$

这是例 1.10 中当 $k=1$ 时的特殊情形，按此例的结论，即有

$$D=a_{11}M_{11}.$$

又

$$A_{11}=(-1)^{1+1}M_{11}=M_{11},$$

从而

$$D=a_{11}A_{11}.$$

再证一般情形，此时

$$D=\begin{vmatrix} a_{11} & \cdots & a_{1,j-1} & a_{1j} & a_{1,j+1} & \cdots & a_{1n} \\ \vdots & & \vdots & \vdots & \vdots & & \vdots \\ a_{i-1,1} & \cdots & a_{i-1,j-1} & a_{i-1,j} & a_{i-1,j+1} & \cdots & a_{i-1,n} \\ 0 & \cdots & 0 & a_{ij} & 0 & \cdots & 0 \\ a_{i+1,1} & \cdots & a_{i+1,j-1} & a_{i+1,j} & a_{i+1,j+1} & \cdots & a_{i+1,n} \\ \vdots & & \vdots & \vdots & \vdots & & \vdots \\ a_{n1} & \cdots & a_{n,j-1} & a_{nj} & a_{n,j+1} & \cdots & a_{nn} \end{vmatrix}.$$

为了利用前面的结果，把 D 的行列作如下调换：把 D 的第 i 行依次与第 $i-1$ 行，第 $i-2$ 行，…，第 1 行对换，这样 a_{ij} 就调到原来 a_{1j} 的位置上，调换的次数为 $i-1$；再把第 j 列依次与第 $j-1$ 列，第 $j-2$ 列，…，第 1 列对换，这样 a_{ij} 就调到左上角，调换的次数为 $j-1$. 总之，经 $i+j-2$ 次调换，把 a_{ij} 调到左上角. 所得的行列式 $D_1=(-1)^{i+j-2}D=(-1)^{i+j}D$，而元素 a_{ij} 在 D_1 中的余子式仍然是 a_{ij} 在 D 中的余子式 M_{ij}.

由于 a_{ij} 位于 D_1 的左上角，第 1 行其余元素都为 0，利用前面的结果，有

$$D_1=a_{ij}M_{ij},$$

于是

$$D=(-1)^{i+j}D_1=(-1)^{i+j}a_{ij}M_{ij}=a_{ij}A_{ij}.$$

定理 1.4　行列式等于它的任一行(列)的各元素与其对应的代数余子式的乘积之和，即

$$D=a_{i1}A_{i1}+a_{i2}A_{i2}+\cdots+a_{in}A_{in}=\sum_{k=1}^{n}a_{ik}A_{ik}\quad(i=1,2,\cdots,n),$$

或
$$D=a_{1j}A_{1j}+a_{2j}A_{2j}+\cdots+a_{nj}A_{nj}=\sum_{k=1}^{n}a_{kj}A_{kj}\quad(j=1,2,\cdots,n).$$

证

$$D=\begin{vmatrix} a_{11} & a_{12} & \cdots & a_{1n} \\ \vdots & \vdots & & \vdots \\ a_{i1}+0+\cdots+0 & 0+a_{i2}+\cdots+0 & \cdots & 0+\cdots+0+a_{in} \\ \vdots & \vdots & & \vdots \\ a_{n1} & a_{n2} & \cdots & a_{nn} \end{vmatrix}$$

$$=\begin{vmatrix} a_{11} & a_{12} & \cdots & a_{1n} \\ \vdots & \vdots & & \vdots \\ a_{i1} & 0 & \cdots & 0 \\ \vdots & \vdots & & \vdots \\ a_{n1} & a_{n2} & \cdots & a_{nn} \end{vmatrix}+\begin{vmatrix} a_{11} & a_{12} & \cdots & a_{1n} \\ \vdots & \vdots & & \vdots \\ 0 & a_{i2} & \cdots & 0 \\ \vdots & \vdots & & \vdots \\ a_{n1} & a_{n2} & \cdots & a_{nn} \end{vmatrix}+\cdots+\begin{vmatrix} a_{11} & a_{12} & \cdots & a_{1n} \\ \vdots & \vdots & & \vdots \\ 0 & 0 & \cdots & a_{in} \\ \vdots & \vdots & & \vdots \\ a_{n1} & a_{n2} & \cdots & a_{nn} \end{vmatrix},$$

根据引理,即得

$$D=a_{i1}A_{i1}+a_{i2}A_{i2}+\cdots+a_{in}A_{in}\quad(i=1,2,\cdots,n).$$

类似地,若按列证明,可得

$$D=a_{1j}A_{1j}+a_{2j}A_{2j}+\cdots+a_{nj}A_{nj}\quad(j=1,2,\cdots,n).$$

定理 1.4 称为行列式按行(列)展开法则. 利用这一法则并结合行列式的性质,可以简化行列式的计算.

下面用此法计算上节例 1.7 的行列式.

例 1.7(续) 计算 $D=\begin{vmatrix} 3 & 1 & 1 & 1 \\ 1 & 3 & 1 & 1 \\ 1 & 1 & 3 & 1 \\ 1 & 1 & 1 & 3 \end{vmatrix}$.

解 保留 a_{41},把第 1 列其余元素化为 0,然后按第 1 列展开:

$$D=\begin{vmatrix} 3 & 1 & 1 & 1 \\ 1 & 3 & 1 & 1 \\ 1 & 1 & 3 & 1 \\ 1 & 1 & 1 & 3 \end{vmatrix}\xrightarrow[r_3-r_4]{\substack{r_1-3r_4\\ r_2-r_4}}\begin{vmatrix} 0 & -2 & -2 & -8 \\ 0 & 2 & 0 & -2 \\ 0 & 0 & 2 & -2 \\ 1 & 1 & 1 & 3 \end{vmatrix}=(-1)^{4+1}\begin{vmatrix} -2 & -2 & -8 \\ 2 & 0 & -2 \\ 0 & 2 & -2 \end{vmatrix}$$

$$=\begin{vmatrix} 2 & 2 & 8 \\ 2 & 0 & -2 \\ 0 & 2 & -2 \end{vmatrix}\overset{r_2-r_1}{=\!=\!=}\begin{vmatrix} 2 & 2 & 8 \\ 0 & -2 & -10 \\ 0 & 2 & -2 \end{vmatrix}=2\begin{vmatrix} -2 & -10 \\ 2 & -2 \end{vmatrix}=2(4+20)=48.$$

推论 n 阶行列式

$$\begin{vmatrix} a_{11} & a_{12} & \cdots & a_{1n} \\ \vdots & \vdots & & \vdots \\ a_{i1} & a_{i2} & \cdots & a_{in} \\ \vdots & \vdots & & \vdots \\ a_{j1} & a_{j2} & \cdots & a_{jn} \\ \vdots & \vdots & & \vdots \\ a_{n1} & a_{n2} & \cdots & a_{nn} \end{vmatrix}$$

的任一行(列)的元素与另外一行(列)对应元素的代数余子式的乘积之和等于零,即

$$D = a_{i1}A_{j1} + a_{i2}A_{j2} + \cdots + a_{in}A_{jn} = \sum_{k=1}^{n} a_{ik}A_{jk} = 0 \quad (i \neq j),$$

或

$$D = a_{1i}A_{1j} + a_{2i}A_{2j} + \cdots + a_{ni}A_{nj} = \sum_{k=1}^{n} a_{ki}A_{kj} = 0 \quad (i \neq j).$$

证　把行列式 $D = \det(a_{ij})$ 按第 j 行展开,有

$$a_{j1}A_{j1} + a_{j2}A_{j2} + \cdots + a_{jn}A_{jn} = \begin{vmatrix} a_{11} & \cdots & a_{1n} \\ \vdots & & \vdots \\ a_{i1} & \cdots & a_{in} \\ \vdots & & \vdots \\ a_{j1} & \cdots & a_{jn} \\ \vdots & & \vdots \\ a_{n1} & \cdots & a_{nn} \end{vmatrix},$$

把上式中的 a_{jk} 换成 $a_{ik}(k = 1, 2, \cdots, n)$,可得

$$a_{i1}A_{j1} + a_{i2}A_{j2} + \cdots + a_{in}A_{jn} = \begin{vmatrix} a_{11} & \cdots & a_{1n} \\ \vdots & & \vdots \\ a_{i1} & \cdots & a_{in} \\ \vdots & & \vdots \\ a_{i1} & \cdots & a_{in} \\ \vdots & & \vdots \\ a_{n1} & \cdots & a_{nn} \end{vmatrix}, \begin{matrix} \\ \\ \leftarrow \text{第 } i \text{ 行} \\ \\ \leftarrow \text{第 } j \text{ 行} \\ \\ \\ \end{matrix}$$

当 $i \neq j$ 时,上式右端行列式中有两行对应元素相同,故行列式为零,即得

$$a_{i1}A_{j1} + a_{i2}A_{j2} + \cdots + a_{in}A_{jn} = 0 \quad (i \neq j).$$

上述证法如按列进行,即可得

$$a_{1i}A_{1j} + a_{2i}A_{2j} + \cdots + a_{ni}A_{nj} = 0 \quad (i \neq j).$$

综合定理 1.4 及其推论,可得行列式与其代数余子式的重要性质:

$$\sum_{k=1}^{n} a_{ik}A_{jk} = a_{i1}A_{j1} + a_{i2}A_{j2} + \cdots + a_{in}A_{jn} = \begin{cases} D, & i = j, \\ 0, & i \neq j; \end{cases}$$

或

$$\sum_{k=1}^{n} a_{ki}A_{kj} = a_{1i}A_{1j} + a_{2i}A_{2j} + \cdots + a_{ni}A_{nj} = \begin{cases} D, & i=j, \\ 0, & i\neq j. \end{cases}$$

例 1.11 证明范德蒙德(Vandermonde)行列式

$$D_n = \begin{vmatrix} 1 & 1 & 1 & 1 \\ x_1 & x_2 & \cdots & x_n \\ x_1^2 & x_2^2 & \cdots & x_n^2 \\ \vdots & \vdots & & \vdots \\ x_1^{n-1} & x_2^{n-1} & \cdots & x_n^{n-1} \end{vmatrix} = \prod_{1\leqslant j<i\leqslant n}(x_i - x_j),$$

其中符号“$\prod$”表示全体同类因子的乘积.

证 用数学归纳法证明. 当 $n=2$ 时,

$$D_2 = \begin{vmatrix} 1 & 1 \\ x_1 & x_2 \end{vmatrix} = x_2 - x_1 = \prod_{1\leqslant j<i\leqslant 2}(x_i - x_j),$$

所以当 $n=2$ 时成立. 现在假设对于 $n-1$ 阶范德蒙德行列式结论成立,证明对于 n 阶范德蒙德行列式结论也成立.

为此,从最后一行开始,每行减去其前一行的 x_1 倍,有

$$D_n = \begin{vmatrix} 1 & 1 & 1 & \cdots & 1 \\ 0 & x_2 - x_1 & x_3 - x_1 & \cdots & x_n - x_1 \\ 0 & x_2(x_2 - x_1) & x_3(x_3 - x_1) & \cdots & x_n(x_n - x_1) \\ \vdots & \vdots & \vdots & & \vdots \\ 0 & x_2^{n-2}(x_2 - x_1) & x_3^{n-2}(x_3 - x_1) & \cdots & x_n^{n-2}(x_n - x_1) \end{vmatrix},$$

按第 1 列展开,并把每列的公因子 $(x_i - x_1)(i=2,3,\cdots,n)$ 提出,就有

$$D_n = (x_2 - x_1)(x_3 - x_1)\cdots(x_n - x_1)\begin{vmatrix} 1 & 1 & \cdots & 1 \\ x_2 & x_3 & \cdots & x_n \\ \vdots & \vdots & & \vdots \\ x_2^{n-2} & x_3^{n-2} & \cdots & x_n^{n-2} \end{vmatrix},$$

上式右端是一个 $n-1$ 阶范德蒙德行列式,按归纳法假设,它等于所有 $(x_i - x_j)$ 因子的乘积,其中 $2\leqslant j<i\leqslant n$. 故

$$D_n = (x_2 - x_1)(x_3 - x_1)\cdots(x_n - x_1)\prod_{2\leqslant j<i\leqslant n}(x_i - x_j) = \prod_{1\leqslant j<i\leqslant n}(x_i - x_j).$$

例 1.12 计算行列式

$$D = \begin{vmatrix} 1 & 1 & 1 & 1 \\ 4 & 3 & 6 & -2 \\ 16 & 9 & 36 & 4 \\ 64 & 27 & 216 & -8 \end{vmatrix}.$$

解 这是范德蒙德行列式,其中 $a_1=4, a_2=3, a_3=6, a_4=-2$,则

$$D=\begin{vmatrix}1&1&1&1\\4&3&6&(-2)\\4^2&3^2&6^2&(-2)^2\\4^3&3^3&6^3&(-2)^3\end{vmatrix}$$

$$=\prod_{1\leqslant j<i\leqslant 4}(a_i-a_j)$$

$$=(a_4-a_1)(a_3-a_1)(a_2-a_1)(a_4-a_2)(a_3-a_2)(a_4-a_3)$$

$$=(-6)\times 2\times(-1)\times(-5)\times 3\times(-8)=1\ 440.$$

习题 1.4

1. 计算下列行列式第2行的全部代数余子式：

(1) $D=\begin{vmatrix}1&-1&2\\3&2&1\\0&1&4\end{vmatrix}$； (2) $D=\begin{vmatrix}1&2&1&4\\0&-1&2&1\\0&0&2&1\\0&0&0&3\end{vmatrix}$.

2. 计算下列行列式的值：

(1) $D=\begin{vmatrix}a&b&0&0&0\\0&a&b&0&0\\0&0&a&b&0\\0&0&0&a&b\\b&0&0&0&a\end{vmatrix}$； (2) $D=\begin{vmatrix}5&1&2&7\\3&0&0&2\\1&3&4&5\\2&0&0&3\end{vmatrix}$；

(3) $D=\begin{vmatrix}3&0&-2&0\\-4&1&0&2\\1&5&7&0\\-3&0&2&4\end{vmatrix}$； (4) $D=\begin{vmatrix}0&0&0&1&0\\0&0&2&0&0\\0&3&10&0&0\\4&11&0&12&0\\9&8&7&6&5\end{vmatrix}$；

(5) $D=\begin{vmatrix}1&1&1&1\\1&2&3&4\\1&4&9&16\\1&8&27&64\end{vmatrix}$； (6) $D=\begin{vmatrix}1+x&1&1&1\\1&1-x&1&1\\1&1&1+y&1\\1&1&1&1-y\end{vmatrix}$.

3. 证明：

(1) $\begin{vmatrix}1&1&1&1\\a&b&c&d\\a^2&b^2&c^2&d^2\\a^4&b^4&c^4&d^4\end{vmatrix}=(a-b)(a-c)(a-d)(b-c)(b-d)(c-d)(a+b+c+d)$；

(2) $D_n=\begin{vmatrix} x & -1 & 0 & \cdots & 0 \\ 0 & x & -1 & \ddots & \vdots \\ \vdots & \ddots & \ddots & \ddots & 0 \\ 0 & \cdots & 0 & x & -1 \\ a_n & a_{n-1} & \cdots & a_2 & x+a_1 \end{vmatrix}=x^n+a_1x^{n-1}+\cdots+a_{n-1}x+a_n$;

(3) $D_{2n}=\begin{vmatrix} a & & & & & b \\ & \ddots & & & \iddots & \\ & & a & b & & \\ & & c & d & & \\ & \iddots & & & \ddots & \\ c & & & & & d \end{vmatrix}=(ad-bc)^n$;

(4) $D_n=\begin{vmatrix} 1+a_1 & 1 & 1 & \cdots & 1 \\ 1 & 1+a_2 & 1 & \cdots & 1 \\ 1 & 1 & 1+a_3 & \cdots & 1 \\ \vdots & \vdots & \vdots & & \vdots \\ 1 & 1 & 1 & \cdots & 1+a_n \end{vmatrix}=a_1a_2\cdots a_n\left(1+\sum_{i=1}^{n}\frac{1}{a_i}\right)$,

其中 $a_1a_2\cdots a_n\neq 0$.

1.5 克拉默(Cramer)法则

含有 n 个未知数、n 个方程的线性方程组

$$\begin{cases} a_{11}x_1+a_{12}x_2+\cdots+a_{1n}x_n=b_1, \\ a_{21}x_1+a_{22}x_2+\cdots+a_{2n}x_n=b_2, \\ \qquad\vdots \\ a_{n1}x_1+a_{n2}x_2+\cdots+a_{nn}x_n=b_n \end{cases} \tag{1-4}$$

与二、三元线性方程组相类似,它的解可以用 n 阶行列式表示.

定理 1.5(克拉默法则) 如果线性方程组(1-4)的系数行列式不等于零,即

$$D=\begin{vmatrix} a_{11} & a_{12} & \cdots & a_{1n} \\ a_{21} & a_{22} & \cdots & a_{2n} \\ \vdots & \vdots & & \vdots \\ a_{n1} & a_{n2} & \cdots & a_{nn} \end{vmatrix}\neq 0,$$

则线性方程组(1-4)有唯一解,即

$$x_1=\frac{D_1}{D},x_2=\frac{D_2}{D},\cdots,x_n=\frac{D_n}{D}. \tag{1-5}$$

其中,D_j 是将 D 中第 j 列换成常数项 $b_1,b_2,\cdots,b_n$ 所得的行列式,即

$$D_j=\begin{vmatrix} a_{11} & \cdots & a_{1,j-1} & b_1 & a_{1,j+1} & \cdots & a_{1n} \\ \vdots & & \vdots & \vdots & \vdots & & \vdots \\ a_{n1} & \cdots & a_{n,j-1} & b_n & a_{n,j+1} & \cdots & a_{nn} \end{vmatrix}.$$

证

$$Dx_j=\begin{vmatrix} a_{11} & \cdots & a_{1,j-1} & a_{1j}x_j & a_{1,j+1} & \cdots & a_{1n} \\ \vdots & & \vdots & \vdots & \vdots & & \vdots \\ a_{n1} & \cdots & a_{n,j-1} & a_{nj}x_j & a_{n,j+1} & \cdots & a_{nn} \end{vmatrix}$$

用 x_1 乘第 1 列，…，用 x_{j-1} 乘第 $j-1$ 列，用 x_{j+1} 乘第 $j+1$ 列，…，用 x_n 乘第 n 列，然后都加到第 j 列得

$$Dx_j=\begin{vmatrix} a_{11} & \cdots & a_{1,j-1} & a_{11}x_1+\cdots+a_{1,j-1}x_{j-1}+a_{1j}x_j+a_{1,j+1}x_{j+1}+\cdots+a_{1n}x_n & a_{1,j+1} & \cdots & a_{1n} \\ \vdots & & \vdots & \vdots & & & \vdots \\ a_{n1} & \cdots & a_{n,j-1} & a_{n1}x_1+\cdots+a_{n,j-1}x_{j-1}+a_{nj}x_j+a_{n,j+1}x_{j+1}+\cdots+a_{nn}x_n & a_{n,j+1} & \cdots & a_{nn} \end{vmatrix}$$

$$=\begin{vmatrix} a_{11} & \cdots & a_{1,j-1} & b_1 & a_{1,j+1} & \cdots & a_{1n} \\ \vdots & & \vdots & \vdots & \vdots & & \vdots \\ a_{n1} & \cdots & a_{n,j-1} & b_n & a_{n,j+1} & \cdots & a_{nn} \end{vmatrix}=D_j. \tag{1-6}$$

当 $D\neq 0$ 时，方程组(1－6)有唯一解 $x_j=\dfrac{D_j}{D}(j=1,2,\cdots,n)$.

由于方程组(1－6)是由方程组(1－4)经数乘与相加两种运算而得的，故方程组(1－4)的解一定是方程组(1－6)的解. 由于方程组(1－6)仅有唯一解(1－5)，故方程组(1－4)如果有解，就只可能是式(1－5).

另一方面，将 $x_j=\dfrac{D_j}{D}(j=1,2,\cdots,n)$ 代入方程组(1－4)，很容易验证它满足方程组(1－4)，故 $x_j=\dfrac{D_j}{D}(j=1,2,\cdots,n)$ 是方程组(1－4)的解，且是唯一解.

例 1.13　解线性方程组

$$\begin{cases} 2x_1-x_2+3x_3+2x_4=6, \\ 3x_1-3x_2+3x_3+2x_4=5, \\ 3x_1-x_2-x_3+2x_4=3, \\ 3x_1-x_2+3x_3-x_4=4. \end{cases}$$

解

$$D=\begin{vmatrix} 2 & -1 & 3 & 2 \\ 3 & -3 & 3 & 2 \\ 3 & -1 & -1 & 2 \\ 3 & -1 & 3 & -1 \end{vmatrix} \xlongequal[r_4-\frac{3}{2}r_1]{\substack{r_2-r_4 \\ r_3-r_4}} \begin{vmatrix} 2 & -1 & 3 & 2 \\ 0 & -2 & 0 & 3 \\ 0 & 0 & -4 & 3 \\ 0 & \frac{1}{2} & -\frac{3}{2} & -4 \end{vmatrix}=2\begin{vmatrix} -2 & 0 & 3 \\ 0 & -4 & 3 \\ \frac{1}{2} & -\frac{3}{2} & -4 \end{vmatrix}$$

$$\xlongequal{r_3 \div \frac{1}{2}} 2 \cdot \frac{1}{2} \begin{vmatrix} -2 & 0 & 3 \\ 0 & -4 & 3 \\ 1 & -3 & -8 \end{vmatrix} \xlongequal{r_1 + 2r_3} \begin{vmatrix} 0 & -6 & -13 \\ 0 & -4 & 3 \\ 1 & -3 & -8 \end{vmatrix} = \begin{vmatrix} -6 & -13 \\ -4 & 3 \end{vmatrix} = -70,$$

$$D_1 = \begin{vmatrix} 6 & -1 & 3 & 2 \\ 5 & -3 & 3 & 2 \\ 3 & -1 & -1 & 2 \\ 4 & -1 & 3 & -1 \end{vmatrix} = -70, D_2 = \begin{vmatrix} 2 & 6 & 3 & 2 \\ 3 & 5 & 3 & 2 \\ 3 & 3 & -1 & 2 \\ 3 & 4 & 3 & -1 \end{vmatrix} = -70,$$

$$D_3 = \begin{vmatrix} 2 & -1 & 6 & 2 \\ 3 & -3 & 5 & 2 \\ 3 & -1 & 3 & 2 \\ 3 & -1 & 4 & -1 \end{vmatrix} = -70, D_4 = \begin{vmatrix} 2 & -1 & 3 & 6 \\ 3 & -3 & 3 & 5 \\ 3 & -1 & -1 & 3 \\ 3 & -1 & 3 & 4 \end{vmatrix} = -70,$$

由克拉默法则,可得方程组的解为

$$x_1 = 1, x_2 = 1, x_3 = 1, x_4 = 1.$$

由此可见,用克拉默法则解方程组并不方便,因为它需要计算很多行列式,故其只适用于解未知量较少和某些特殊的方程组,但把方程组的解用一般公式表示出来,这在理论上是重要的.

使用克拉默法则必须注意:①未知量的个数与方程的个数要相等;②系数行列式不为零. 对于不符合这两个条件的方程组,将在以后的一般线性方程组中讨论.

常数项全为零的线性方程组称为齐次线性方程组. 显然,对于齐次线性方程组

$$\begin{cases} a_{11}x_1 + a_{12}x_2 + \cdots + a_{1n}x_n = 0, \\ a_{21}x_1 + a_{22}x_2 + \cdots + a_{2n}x_n = 0, \\ \quad \vdots \\ a_{n1}x_1 + a_{n2}x_2 + \cdots + a_{nn}x_n = 0, \end{cases} \tag{1-7}$$

$x_1 = x_2 = \cdots = x_n = 0$ 一定是它的解,这个解称为齐次线性方程组(1-7)的零解. 如果一组不全为零的数是方程组(1-7)的解,则这个解称为齐次线性方程组(1-7)的非零解.

推论 1 如果齐次线性方程组(1-7)的系数行列式 $D \neq 0$,则该方程组只有唯一零解.

推论 2 如果齐次线性方程组(1-7)有非零解,则它的系数行列式必为零.

例 1.14 当 λ 和 μ 取何值时,齐次线性方程组

$$\begin{cases} \lambda x_1 + x_2 + x_3 = 0, \\ x_1 + \mu x_2 + x_3 = 0, \\ x_1 + 2\mu x_2 + x_3 = 0 \end{cases}$$

有非零解?

解 由推论 2 可知,齐次线性方程组有非零解,则其系数行列式必为零. 而

$$D = \begin{vmatrix} \lambda & 1 & 1 \\ 1 & \mu & 1 \\ 1 & 2\mu & 1 \end{vmatrix} = \mu(1 - \lambda),$$

由 $D=0$ 得，$\lambda=1$ 或 $\mu=0$.

不难验证，当 $\lambda=1$ 或 $\mu=0$ 时，该齐次线性方程组确有非零解.

习题 1.5

1. 用克拉默法则解下列方程组：

(1) $\begin{cases}x_1+x_2+x_3=1,\\3x_1-2x_2=3,\\x_1-2x_3=-1;\end{cases}$　(2) $\begin{cases}2x_1+x_2-5x_3+x_4=8,\\x_1-3x_2-6x_4=9,\\2x_2-x_3+2x_4=-5,\\x_1+4x_2-7x_3+6x_4=0;\end{cases}$

(3) $\begin{cases}x_2+x_3+x_4=1,\\x_1+x_3+x_4=2,\\x_1+x_2+x_4=3,\\x_1+x_2+x_3=4;\end{cases}$　(4) $\begin{cases}x_1+2x_2-x_3=0,\\2x_1-3x_2+x_3=0,\\4x_1-x_2+x_3=0;\end{cases}$

(5) $\begin{cases}5x_1+6x_2=1,\\x_1+5x_2+6x_3=0,\\x_2+5x_3+6x_4=0,\\x_3+5x_4+6x_5=0,\\x_4+5x_5=1.\end{cases}$

2. 已知下列方程组有非零解，求参数 λ 的值.

(1) $\begin{cases}x_1-x_2=\lambda x_1,\\-x_1+2x_2-x_3=\lambda x_2,\\-x_2+x_3=\lambda x_3;\end{cases}$　(2) $\begin{cases}(5-\lambda)x_1-4x_2-7x_3=0,\\-6x_1+(7-\lambda)x_2+11x_3=0,\\6x_1-6x_2-(10+\lambda)x_3=0.\end{cases}$

3. k 取何值时，齐次线性方程组 $\begin{cases}kx+y-z=0,\\x+ky-z=0,\\2x-y+z=0\end{cases}$ 仅有零解.

4. 判断齐次线性方程组 $\begin{cases}2x_1+2x_2-x_3=0,\\x_1-2x_2+4x_3=0,\\5x_1+8x_2-2x_3=0\end{cases}$ 是否仅有零解.

本章小结

行列式是数学中最重要的基本概念之一，也是线性代数的主要研究对象之一，本章的重点是行列式的计算. 学习本章的基本要求如下.

(1) 会用对角线法则计算二阶和三阶行列式.

(2) 知道 n 阶行列式的定义及性质.

(3)知道代数余子式的定义及性质.

(4)会利用行列式的性质及按行(列)展开计算简单的 n 阶行列式.

(5)会用克拉默法则解线性方程组.

复习题1

1. 填空题.

(1)排列 51243 的逆序数是________,故该排列是________(奇或偶)排列.

(2)若 $a_{23}a_{31}a_{5i}a_{12}a_{4j}$ 为五阶行列式中带正号的一项,则 $i=$________,$j=$________.

(3) $\begin{vmatrix} 0 & a & 0 & b \\ c & 0 & 0 & 0 \\ 0 & d & e & 0 \\ 0 & 0 & f & 0 \end{vmatrix}=$____________.

(4)多项式 $f(x)=\begin{vmatrix} 2 & x & 3 & x \\ 3 & 4 & 2x & 5 \\ 1 & -x & 0 & 1 \\ 4x & 4 & x & 1 \end{vmatrix}$ 中 x^4 项的系数为________.

(5)行列式 $\begin{vmatrix} 1 & 1 & 1 & 1 \\ 3 & 2 & 1 & a \\ 9 & 4 & 1 & a^2 \\ 27 & 8 & 1 & a^3 \end{vmatrix}$ 的值等于________.

(6)设 a、b、$c\in\mathbf{Z}$,若 $\begin{vmatrix} a & b & 0 \\ b & -a & 0 \\ 1000 & 0 & -1 \end{vmatrix}=0$,则 $a=$________,$b=$________.

(7)已知四阶行列式的值为 11,其中第 3 行元素依次为 $2,-1,t,5$,它们的余子式依次为 $3,9,-3,-1$,则 $t=$________.

(8) n 阶行列式 $D_n=\begin{vmatrix} a & 0 & 0 & \cdots & 0 & b \\ 0 & a & 0 & \cdots & 0 & 0 \\ \vdots & \vdots & \vdots & & \vdots & \vdots \\ 0 & 0 & 0 & \cdots & a & 0 \\ b & 0 & 0 & \cdots & 0 & a \end{vmatrix}=$____________.

(9)若 n 元齐次线性方程组有唯一解,则这个解是________________.

(10)已知齐次线性方程组 $\begin{cases} 3x_1-x_2+kx_3=0, \\ 2kx_1+x_2+3x_3=0, \\ x_1+kx_2+x_3=0 \end{cases}$ 有非零解,则 $k=$________.

2. 选择题.

(1) $\tau[(n-1)(n-2)\cdots 21n]=$(　　).

(A) $\frac{(n-1)n}{2}$　　(B) $(n-1)n$

(C) $\frac{(n-1)(n-2)}{2}$　　(D) $n(n+1)$

(2) 四阶行列式中带正号的项为(　　).

(A) $a_{11}a_{24}a_{33}a_{42}$　　(B) $a_{43}a_{24}a_{31}a_{12}$

(C) $a_{12}a_{21}a_{33}a_{44}$　　(D) $a_{31}a_{14}a_{22}a_{43}$

(3) 四阶行列式 $\begin{vmatrix} a_1 & 0 & 0 & b_1 \\ 0 & a_2 & b_2 & 0 \\ 0 & b_3 & a_3 & 0 \\ b_4 & 0 & 0 & a_4 \end{vmatrix}$ 的值等于(　　).

(A) $a_1a_2a_3a_4-b_1b_2b_3b_4$　　(B) $a_1a_2a_3a_4+b_1b_2b_3b_4$

(C) $(a_1a_2-b_1b_2)(a_3a_4-b_3b_4)$　　(D) $(a_1a_4-b_1b_4)(a_2a_3-b_2b_3)$

(4) n 阶行列式 $\begin{vmatrix} 0 & 0 & \cdots & 0 & 1 \\ 0 & 0 & \cdots & 2 & 0 \\ \vdots & \vdots & & \vdots & \vdots \\ 0 & n-1 & \cdots & 0 & 0 \\ n & 0 & \cdots & 0 & 0 \end{vmatrix}$ 的值为(　　).

(A) $n!$　　(B) $-n!$　　(C) $(-1)^{\frac{n(n-1)}{2}}n!$　　(D) $(-1)^{\frac{n^2-n+2}{2}}n!$

(5) 若 n 阶行列式中有 n^2-n+1 个零元素，则此行列式的值(　　).

(A) 等于零　　(B) 一定大于零

(C) 可能等于零，也可能不等于零　　(D) 一定小于零

3. 计算下列行列式：

(1) $D=\begin{vmatrix} 0 & a_{12} & a_{13} & 0 & 0 \\ a_{21} & a_{22} & a_{23} & a_{24} & a_{25} \\ a_{31} & a_{32} & a_{33} & a_{34} & a_{35} \\ 0 & a_{42} & a_{43} & 0 & 0 \\ 0 & a_{52} & a_{53} & 0 & 0 \end{vmatrix}$；　　(2) $D_n=\begin{vmatrix} 1 & 1 & \cdots & 1 \\ 2 & 2^2 & \cdots & 2^n \\ 3 & 3^2 & \cdots & 3^n \\ \vdots & \vdots & & \vdots \\ n & n^2 & \cdots & n^n \end{vmatrix}$；

(3) $D_{n+1}=\begin{vmatrix} x & a_1 & a_2 & a_3 & \cdots & a_n \\ a_1 & x & a_2 & a_3 & \cdots & a_n \\ a_1 & a_2 & x & a_3 & \cdots & a_n \\ \vdots & \vdots & \vdots & \vdots & & \vdots \\ a_1 & a_2 & a_3 & a_4 & \cdots & x \end{vmatrix}$；　　(4) $D_4=\begin{vmatrix} a & b & c & d \\ b & a & d & c \\ c & d & a & b \\ d & c & b & a \end{vmatrix}$.

4. 用克拉默法则解下列方程组：

(1) $\begin{cases} 2x_1 + x_2 + x_3 = 1, \\ x_1 + 2x_2 + x_3 = 2, \\ x_1 + x_2 + 2x_3 = 3; \end{cases}$

(2) $\begin{cases} x_1 + x_2 + x_3 + x_4 = 5, \\ x_1 + 2x_2 - x_3 + 4x_4 = -2, \\ 2x_1 - 3x_2 - x_3 - 5x_4 = -2, \\ 3x_1 + x_2 + 2x_3 + 11x_4 = 0; \end{cases}$

(3) $\begin{cases} x_1 + 2x_2 + 3x_3 - 2x_4 = 6, \\ 2x_1 - x_2 - 2x_3 - 3x_4 = 8, \\ 3x_1 + 2x_2 - x_3 + 2x_4 = 4, \\ 2x_1 - 3x_2 + 2x_3 + x_4 = -8; \end{cases}$

(4) $\begin{cases} x_1 - x_2 + 3x_3 + 2x_4 = 2, \\ x_2 - 2x_3 + 3x_4 = 8, \\ x_1 + 2x_2 + 6x_4 = 13, \\ 4x_1 - 3x_2 + 5x_3 + x_4 = 1; \end{cases}$

(5) $\begin{cases} 2x_1 + 3x_2 - x_3 - x_4 = 0, \\ x_1 - 3x_2 - 6x_4 = 0, \\ 2x_2 - x_3 + 2x_4 = 0, \\ x_1 + 2x_2 + 3x_3 - x_4 = 0. \end{cases}$

5. 当 λ 取何值时，齐次线性方程组

$$\begin{cases} (1-\lambda)x_1 - 2x_2 + 4x_3 = 0, \\ 2x_1 + (3-\lambda)x_2 + x_3 = 0, \\ x_1 + x_2 + (1-\lambda)x_3 = 0 \end{cases}$$

有非零解？

6. 设水银密度 h 和温度 t 的关系为

$$h = a_0 + a_1 t + a_2 t^2 + a_3 t^3,$$

由实验测定得以下数据：

t(℃)	0	10	20	30
h(g/cm^3)	13.60	13.57	13.55	13.52

求 $t=40$ ℃时的水银密度（精确到小数点后两位）.

第 2 章　矩阵及其运算

在线性代数中,矩阵是一个重要的概念,它是从许多实际问题的计算中抽象出来的一个数学概念,是研究线性函数的有力工具,它在数学的其他分支以及自然科学、现代经济学、管理学和工程技术等领域应用广泛. 本章主要介绍矩阵的有关概念及其运算,包括矩阵的求逆、分块运算、矩阵的初等变换和矩阵的秩.

2.1　矩阵的概念

矩阵是数(或函数)的矩形阵表. 在工程技术、生产活动和日常生活中,我们常常用数表表示一些量或关系,如工厂中的产量统计表,市场上的价目表等. 在给出定义之前,我们先看两个例子.

例 2.1　某户居民第三季度各月水(t)、电(kW · h)、天然气(m^3)的使用情况,可以用一个三行三列的数表表示为

$$\begin{array}{c} \\ 7\text{月} \\ 8\text{月} \\ 9\text{月} \end{array}\begin{array}{c} \begin{array}{ccc} \text{水} & \text{电} & \text{气} \end{array} \\ \begin{pmatrix} 10 & 190 & 15 \\ 10 & 195 & 16 \\ 9 & 165 & 14 \end{pmatrix} \end{array}.$$

例 2.2　含有 n 个未知量、m 个方程的线性方程组

$$\begin{cases} a_{11}x_1 + a_{12}x_2 + \cdots + a_{1n}x_n = b_1, \\ a_{21}x_1 + a_{22}x_2 + \cdots + a_{2n}x_n = b_2, \\ \qquad\qquad\vdots \\ a_{m1}x_1 + a_{m2}x_2 + \cdots + a_{mn}x_n = b_m, \end{cases}$$

如果把它的系数和常数项按原来的顺序写出,就可以得到一个 m 行、$n+1$ 列的数表

$$\begin{pmatrix} a_{11} & a_{12} & \cdots & a_{1n} & b_1 \\ a_{21} & a_{22} & \cdots & a_{2n} & b_2 \\ \vdots & \vdots & & \vdots & \vdots \\ a_{m1} & a_{m2} & \cdots & a_{mn} & b_m \end{pmatrix},$$

那么这个数表就可以清晰地表达这一线性方程组.

定义 2.1　由 $m \times n$ 个数 $a_{ij}(i=1,2,\cdots,m;j=1,2,\cdots,n)$ 排成的 m 行 n 列,并括以圆括弧(或方括弧)的数表,记作

$$A=\begin{pmatrix} a_{11} & a_{12} & \cdots & a_{1n} \\ a_{21} & a_{22} & \cdots & a_{2n} \\ \vdots & \vdots & & \vdots \\ a_{m1} & a_{m2} & \cdots & a_{mn} \end{pmatrix},$$

称为 m 行 n 列矩阵，简称 $m\times n$ **矩阵**. 矩阵通常用大写字母 $\boldsymbol{A},\boldsymbol{B},\boldsymbol{C},\cdots$ 表示，这 $m\times n$ 个数称为矩阵 $\boldsymbol{A}$ 的**元素**，简称为**元**，数 a_{ij} 称为矩阵 $\boldsymbol{A}$ 的第 i 行第 j 列元素，也称为矩阵 $\boldsymbol{A}$ 的 (i,j) 元. 一个 $m\times n$ 矩阵 $\boldsymbol{A}$ 也可简记为

$$\boldsymbol{A}=\boldsymbol{A}_{m\times n}=(a_{ij})_{m\times n} \text{或} \boldsymbol{A}=(a_{ij}).$$

当 $m=n$ 时，矩阵 $\boldsymbol{A}=(a_{ij})_{m\times n}$ 称为 ***n* 阶矩阵**或 ***n* 阶方阵**. n 阶矩阵 $\boldsymbol{A}$ 也记作 $\boldsymbol{A}_n$.

元素是实数的矩阵称为实矩阵，元素是复数的矩阵称为复矩阵，本书中的矩阵都指实矩阵(除非有特殊说明).

例如，n 个变量 $x_1,x_2,\cdots,x_n$ 与 m 个变量 $y_1,y_2,\cdots,y_m$ 之间的关系式

$$\begin{cases} y_1=a_{11}x_1+a_{12}x_2+\cdots+a_{1n}x_n, \\ y_2=a_{21}x_1+a_{22}x_2+\cdots+a_{2n}x_n, \\ \qquad\vdots \\ y_m=a_{m1}x_1+a_{m2}x_2+\cdots+a_{mn}x_n \end{cases} \tag{2-1}$$

表示从变量 $x_1,x_2,\cdots,x_n$ 到变量 $y_1,y_2,\cdots,y_m$ 的一个线性变换，其中 a_{ij} 为常数. 线性变换 (2-1) 的系数 a_{ij} 构成一个 $m\times n$ 矩阵 $\boldsymbol{A}=\begin{pmatrix} a_{11} & a_{12} & \cdots & a_{1n} \\ a_{21} & a_{22} & \cdots & a_{2n} \\ \vdots & \vdots & & \vdots \\ a_{m1} & a_{m2} & \cdots & a_{mn} \end{pmatrix}$.

下面介绍一些常用的特殊矩阵.

1. 零矩阵

所有元素都是零的矩阵称为**零矩阵**，记为 $\boldsymbol{O}$. 一个 m 行 n 列零矩阵常记为 $\boldsymbol{O}_{m\times n}$.

2. 行矩阵与列矩阵

只有一行的矩阵称为**行矩阵**(或**行向量**)，只有一列的矩阵称为**列矩阵**(或**列向量**).

$$\boldsymbol{A}=(a_1,a_2,\cdots,a_n), \quad \boldsymbol{B}=\begin{pmatrix} b_1 \\ b_2 \\ \vdots \\ b_m \end{pmatrix},$$

$\boldsymbol{A}$ 为行矩阵(1 行 n 列)，$\boldsymbol{B}$ 是列矩阵(m 行 1 列).

3. 上(下)三角矩阵

主对角线下方的元素全为零的方阵，称为**上三角矩阵**. 类似地，主对角线上方的元素全为零的方阵，称为**下三角矩阵**. 上(下)三角矩阵统称为**三角矩阵**.

例如

$$A=\begin{pmatrix}1&2&2\\0&5&7\\0&0&4\end{pmatrix},\qquad B=\begin{pmatrix}2&0&0\\1&7&0\\5&2&3\end{pmatrix},$$

$\boldsymbol{A}$ 是上三角矩阵,$\boldsymbol{B}$ 是下三角矩阵.

4. 对角矩阵

主对角线以外的元素全为零的 n 阶方阵,称为 n 阶**对角矩阵**. 对角矩阵也称为对角阵,例如

$$A=\begin{pmatrix}d_1&&&\\&d_2&&\\&&\ddots&\\&&&d_n\end{pmatrix}=\mathrm{diag}(d_1,d_2,\cdots,d_n).$$

当一个 n 阶对角矩阵 $\boldsymbol{A}$ 的对角元素全部相等且等于某一数 a 时,称 $\boldsymbol{A}$ 为 n 阶**数量矩阵**, 即

$$A=\begin{pmatrix}a&0&\cdots&0\\0&a&\cdots&0\\\vdots&\vdots&&\vdots\\0&0&\cdots&a\end{pmatrix}.$$

5. 单位矩阵

主对角线上的元素都是 1,其他元素全为零的 n 阶方阵称为 n 阶**单位矩阵**,简称**单位阵**,记为 $\boldsymbol{E}$ 或 $\boldsymbol{I}$,即

$$E=\begin{pmatrix}1&0&\cdots&0\\0&1&\cdots&0\\\vdots&\vdots&&\vdots\\0&0&\cdots&1\end{pmatrix}.$$

例如,线性变换

$$\begin{cases}y_1=x_1,\\y_2=x_2,\\\quad\vdots\\y_n=x_n\end{cases}$$

称为恒等变换,这个线性变换的系数即构成一个 n 阶单位矩阵.

单位阵 $\boldsymbol{E}$ 的(i,j)元为

$$\delta_{ij}=\begin{cases}1,i=j,\\0,i\neq j\end{cases}\quad(i,j=1,2,\cdots,n).$$

所有元素均为非负数的矩阵称为**非负矩阵**. 行数相等、列数也相等的矩阵称为**同型矩阵**. 如果 $A=(a_{ij})_{m\times n}$,$B=(b_{ij})_{m\times n}$,且 $a_{ij}=b_{ij}(i=1,2,\cdots,m;j=1,2,\cdots,n)$,就称**矩阵 $\boldsymbol{A}$ 与矩阵 $\boldsymbol{B}$ 相等**,记为 $A=B$. 也就是说,当两个同型矩阵的对应元素都相等时,两个矩阵相等.

2.2 矩阵的运算

2.2.1 矩阵的加法

定义 2.2 设有两个 $m\times n$ 矩阵 $\boldsymbol{A}=(a_{ij})_{m\times n},\boldsymbol{B}=(b_{ij})_{m\times n}$，规定 $\boldsymbol{A}$ 与 $\boldsymbol{B}$ 的和是由 $\boldsymbol{A}$ 与 $\boldsymbol{B}$ 的对应元素相加所得到的一个 $m\times n$ 矩阵，记为 $\boldsymbol{A}+\boldsymbol{B}$，即

$$\boldsymbol{A}+\boldsymbol{B}=(a_{ij}+b_{ij})_{m\times n}=\begin{pmatrix} a_{11}+b_{11} & a_{12}+b_{12} & \cdots & a_{1n}+b_{1n} \\ a_{21}+b_{21} & a_{22}+b_{22} & \cdots & a_{2n}+b_{2n} \\ \vdots & \vdots & & \vdots \\ a_{m1}+b_{m1} & a_{m2}+b_{m2} & \cdots & a_{mn}+b_{mn} \end{pmatrix}.$$

显然，只有两个同型矩阵才可以进行加法运算.

矩阵加法满足下列运算规律（设 $\boldsymbol{A},\boldsymbol{B},\boldsymbol{C}$ 都是 $m\times n$ 矩阵）：

(1) $\boldsymbol{A}+\boldsymbol{B}=\boldsymbol{B}+\boldsymbol{A}$；

(2) $(\boldsymbol{A}+\boldsymbol{B})+\boldsymbol{C}=\boldsymbol{A}+(\boldsymbol{B}+\boldsymbol{C})$.

设矩阵 $\boldsymbol{A}=(a_{ij})$，记 $-\boldsymbol{A}=(-a_{ij})$，称 $-\boldsymbol{A}$ 为矩阵 $\boldsymbol{A}$ 的负矩阵，显然有

$$\boldsymbol{A}+(-\boldsymbol{A})=\boldsymbol{O}.$$

由此规定矩阵的**减法**为

$$\boldsymbol{A}-\boldsymbol{B}=\boldsymbol{A}+(-\boldsymbol{B})=(a_{ij}-b_{ij})_{m\times n},$$

即两个同型矩阵相减，归结为它们的对应元素相减.

2.2.2 数与矩阵相乘

定义 2.3 设矩阵 $\boldsymbol{A}=(a_{ij})_{m\times n}$，$k$ 为常数，规定 k 与 $\boldsymbol{A}$ 的乘积是 k 乘以 $\boldsymbol{A}$ 的每一个元素所得到的一个 $m\times n$ 矩阵，记为 $k\boldsymbol{A}$（或 $\boldsymbol{A}k$），即

$$k\boldsymbol{A}=\boldsymbol{A}k=(ka_{ij})=\begin{pmatrix} ka_{11} & ka_{12} & \cdots & ka_{1n} \\ ka_{21} & ka_{22} & \cdots & ka_{2n} \\ \vdots & \vdots & & \vdots \\ ka_{m1} & ka_{m2} & \cdots & ka_{mn} \end{pmatrix}.$$

数与矩阵的乘法满足下列运算规律（设 $\boldsymbol{A},\boldsymbol{B}$ 都是 $m\times n$ 矩阵，k,l 为任意常数）：

(1) $(kl)\boldsymbol{A}=k(l\boldsymbol{A})$；

(2) $(k+l)\boldsymbol{A}=k\boldsymbol{A}+l\boldsymbol{A}$；

(3) $k(\boldsymbol{A}+\boldsymbol{B})=k\boldsymbol{A}+k\boldsymbol{B}$.

注意 矩阵的数乘与行列式的不同，矩阵的数乘是数乘以矩阵的每一个元素，行列式的数乘是数乘以行列式的某一行（列）的每一个元素.

矩阵的加法与矩阵的数乘两种运算统称为**矩阵的线性运算**.

例 2.3　已知 $\boldsymbol{A}=\begin{pmatrix}3&-1&2&0\\1&5&7&9\\2&4&6&8\end{pmatrix}$，$\boldsymbol{B}=\begin{pmatrix}7&5&-2&4\\5&1&9&7\\3&2&-1&6\end{pmatrix}$，且 $\boldsymbol{A}+2\boldsymbol{X}=\boldsymbol{B}$，求 $\boldsymbol{X}$.

解　$\boldsymbol{X}=\frac{1}{2}(\boldsymbol{B}-\boldsymbol{A})=\frac{1}{2}\begin{pmatrix}4&6&-4&4\\4&-4&2&-2\\1&-2&-7&-2\end{pmatrix}=\begin{pmatrix}2&3&-2&2\\2&-2&1&-1\\1/2&-1&-7/2&-1\end{pmatrix}$.

2.2.3　矩阵与矩阵相乘

定义 2.4　设

$$\boldsymbol{A}=(a_{ij})_{m\times s}=\begin{pmatrix}a_{11}&a_{12}&\cdots&a_{1s}\\a_{21}&a_{22}&\cdots&a_{2s}\\\vdots&\vdots&&\vdots\\a_{m1}&a_{m2}&\cdots&a_{ms}\end{pmatrix},\boldsymbol{B}=(b_{ij})_{s\times n}=\begin{pmatrix}b_{11}&b_{12}&\cdots&b_{1n}\\b_{21}&b_{22}&\cdots&b_{2n}\\\vdots&\vdots&&\vdots\\b_{s1}&b_{s2}&\cdots&b_{sn}\end{pmatrix}.$$

矩阵 $\boldsymbol{A}$ 与矩阵 $\boldsymbol{B}$ 的乘积记作 $\boldsymbol{AB}$，规定为

$$\boldsymbol{AB}=(c_{ij})_{m\times n}=\begin{pmatrix}c_{11}&c_{12}&\cdots&c_{1n}\\c_{21}&c_{22}&\cdots&c_{2n}\\\vdots&\vdots&&\vdots\\c_{m1}&c_{m2}&\cdots&c_{mn}\end{pmatrix},$$

其中 $c_{ij}=a_{i1}b_{1j}+a_{i2}b_{2j}+\cdots+a_{is}b_{sj}=\sum\limits_{k=1}^{s}a_{ik}b_{kj}(i=1,2,\cdots,m;j=1,2,\cdots,n)$.

记号 $\boldsymbol{AB}$ 常读作 **$\boldsymbol{A}$ 左乘 $\boldsymbol{B}$** 或 **$\boldsymbol{B}$ 右乘 $\boldsymbol{A}$.**

注意　只有当左边矩阵的列数等于右边矩阵的行数时，两个矩阵才能进行乘法运算.

若 $\boldsymbol{C}=\boldsymbol{AB}$，则矩阵 $\boldsymbol{C}$ 的元素 c_{ij} 即为矩阵 $\boldsymbol{A}$ 的第 i 行元素与矩阵 $\boldsymbol{B}$ 的第 j 列对应元素乘积的和，即

$$c_{ij}=(a_{i1},a_{i2},\cdots,a_{is})\begin{pmatrix}b_{1j}\\b_{2j}\\\vdots\\b_{sj}\end{pmatrix}=a_{i1}b_{1j}+a_{i2}b_{2j}+\cdots+a_{is}b_{sj}.$$

例 2.4　求矩阵 $\boldsymbol{A}=\begin{pmatrix}4&3&1\\2&1&3\\3&1&2\end{pmatrix}$ 与 $\boldsymbol{B}=\begin{pmatrix}2&3\\1&3\\0&1\end{pmatrix}$ 的积 $\boldsymbol{AB}$.

解　$\boldsymbol{AB}=\begin{pmatrix}4&3&1\\2&1&3\\3&1&2\end{pmatrix}\begin{pmatrix}2&3\\1&3\\0&1\end{pmatrix}=\begin{pmatrix}4\times2+3\times1+1\times0&4\times3+3\times3+1\times1\\2\times2+1\times1+3\times0&2\times3+1\times3+3\times1\\3\times2+1\times1+2\times0&3\times3+1\times3+2\times1\end{pmatrix}$

$=\begin{pmatrix}11&22\\5&12\\7&14\end{pmatrix}$.

由于 $\boldsymbol{B}$ 的列数不等于 $\boldsymbol{A}$ 的行数，所以 $\boldsymbol{BA}$ 无意义.

例 2.5 设 $\boldsymbol{A}=\begin{pmatrix}-2 & 4\\ 1 & -2\end{pmatrix}$，$\boldsymbol{B}=\begin{pmatrix}2 & 4\\ -3 & -6\end{pmatrix}$，求 $\boldsymbol{AB}$，$\boldsymbol{BA}$.

解
$$\boldsymbol{AB}=\begin{pmatrix}-2 & 4\\ 1 & -2\end{pmatrix}\begin{pmatrix}2 & 4\\ -3 & -6\end{pmatrix}=\begin{pmatrix}-16 & -32\\ 8 & 16\end{pmatrix},$$
$$\boldsymbol{BA}=\begin{pmatrix}2 & 4\\ -3 & -6\end{pmatrix}\begin{pmatrix}-2 & 4\\ 1 & -2\end{pmatrix}=\begin{pmatrix}0 & 0\\ 0 & 0\end{pmatrix}.$$

由以上两例，不难看出：

(1) $\boldsymbol{AB}$ 有意义时，$\boldsymbol{BA}$ 不一定有意义；

(2) 即使 $\boldsymbol{AB}$ 与 $\boldsymbol{BA}$ 都有意义也可能 $\boldsymbol{AB}\neq\boldsymbol{BA}$，即矩阵乘法不满足交换律，因此矩阵相乘时必须注意顺序，如果两矩阵相乘有 $\boldsymbol{AB}=\boldsymbol{BA}$，这时称 $\boldsymbol{A}$ 与 $\boldsymbol{B}$ 是**可交换**的；

(3) 两个非零矩阵的乘积可能是零矩阵，故不能从 $\boldsymbol{AB}=\boldsymbol{O}$ 得出 $\boldsymbol{A}=\boldsymbol{O}$ 或 $\boldsymbol{B}=\boldsymbol{O}$ 的结论.

此外，矩阵乘法一般也不满足消去律，即若 $\boldsymbol{AC}=\boldsymbol{BC}$ 且 $\boldsymbol{C}\neq\boldsymbol{O}$，也不能推出 $\boldsymbol{A}=\boldsymbol{B}$，即在等式两边不能消去同一矩阵. 例如，设
$$\boldsymbol{A}=\begin{pmatrix}1 & 2\\ 0 & 3\end{pmatrix},\boldsymbol{B}=\begin{pmatrix}1 & 0\\ 0 & 4\end{pmatrix},\boldsymbol{C}=\begin{pmatrix}1 & 1\\ 0 & 0\end{pmatrix},$$
则
$$\boldsymbol{AC}=\begin{pmatrix}1 & 2\\ 0 & 3\end{pmatrix}\begin{pmatrix}1 & 1\\ 0 & 0\end{pmatrix}=\begin{pmatrix}1 & 1\\ 0 & 0\end{pmatrix},$$
$$\boldsymbol{BC}=\begin{pmatrix}1 & 0\\ 0 & 4\end{pmatrix}\begin{pmatrix}1 & 1\\ 0 & 0\end{pmatrix}=\begin{pmatrix}1 & 1\\ 0 & 0\end{pmatrix},$$
但 $\boldsymbol{A}\neq\boldsymbol{B}$.

矩阵的乘法满足下列运算规律（假定下列运算都是可行的）：

(1) $(\boldsymbol{AB})\boldsymbol{C}=\boldsymbol{A}(\boldsymbol{BC})$；

(2) $k(\boldsymbol{AB})=(k\boldsymbol{A})\boldsymbol{B}=\boldsymbol{A}(k\boldsymbol{B})$；

(3) $(\boldsymbol{A}+\boldsymbol{B})\boldsymbol{C}=\boldsymbol{AC}+\boldsymbol{BC}$，$\boldsymbol{C}(\boldsymbol{A}+\boldsymbol{B})=\boldsymbol{CA}+\boldsymbol{CB}$.

注意 对于单位矩阵 $\boldsymbol{E}$，容易证明
$$\boldsymbol{E}_m\boldsymbol{A}_{m\times n}=\boldsymbol{A}_{m\times n},\ \boldsymbol{A}_{m\times n}\boldsymbol{E}_n=\boldsymbol{A}_{m\times n}.$$
或简写成
$$\boldsymbol{EA}=\boldsymbol{AE}=\boldsymbol{A}.$$
可见单位矩阵 $\boldsymbol{E}$ 在矩阵乘法中的作用类似于数 1.

根据矩阵的乘法及矩阵相等的定义，可以把一个线性方程组用矩阵的形式来表示. 一般地，由 m 个方程、n 个未知量组成的线性方程组
$$\begin{cases}a_{11}x_1+a_{12}x_2+\cdots+a_{1n}x_n=b_1,\\ a_{21}x_1+a_{22}x_2+\cdots+a_{2n}x_n=b_2,\\ \qquad\vdots\\ a_{m1}x_1+a_{m2}x_2+\cdots+a_{mn}x_n=b_m,\end{cases}\tag{2-2}$$

可表示成

$$\boldsymbol{Ax}=\boldsymbol{b}, \tag{2-3}$$

其中

$$\boldsymbol{A}=\begin{pmatrix} a_{11} & a_{12} & \cdots & a_{1n} \\ a_{21} & a_{22} & \cdots & a_{2n} \\ \vdots & \vdots & & \vdots \\ a_{m1} & a_{m2} & \cdots & a_{mn} \end{pmatrix}, \boldsymbol{x}=\begin{pmatrix} x_1 \\ x_2 \\ \vdots \\ x_n \end{pmatrix}, \boldsymbol{b}=\begin{pmatrix} b_1 \\ b_2 \\ \vdots \\ b_m \end{pmatrix},$$

称 $\boldsymbol{A}$ 为方程组(2-2)的**系数矩阵**,称式(2-3)为方程组(2-2)的矩阵形式,又称为矩阵方程. 如果把 $\boldsymbol{b}$ 中的元素添加在系数矩阵 $\boldsymbol{A}$ 的第 n 列的右边,便得到一个 $m\times(n+1)$ 矩阵

$$\boldsymbol{B}=\begin{pmatrix} a_{11} & a_{12} & \cdots & a_{1n} & b_1 \\ a_{21} & a_{22} & \cdots & a_{2n} & b_2 \\ \vdots & \vdots & & \vdots & \vdots \\ a_{m1} & a_{m2} & \cdots & a_{mn} & b_m \end{pmatrix},$$

称 $\boldsymbol{B}$ 为方程组(2-2)的**增广矩阵**.

特别地,齐次线性方程组可以表示为

$$\boldsymbol{Ax}=\boldsymbol{O}$$

将线性方程组写成矩阵方程的形式,不仅书写方便,而且可以把线性方程组的理论与矩阵理论联系起来,这给线性方程组的讨论带来很大的便利.

有了矩阵的乘法,就可以定义 n 阶方阵的幂,设 $\boldsymbol{A}$ 为 n 阶方阵,规定

$$\boldsymbol{A}^0=\boldsymbol{E},\quad \boldsymbol{A}^k=\underbrace{\boldsymbol{A}\cdot\boldsymbol{A}\cdot\cdots\cdot\boldsymbol{A}}_{k个}\quad (k\text{ 为自然数}),$$

$\boldsymbol{A}^k$ 称为 $\boldsymbol{A}$ 的 k 次幂.

由于矩阵乘法满足结合律,所以方阵的幂满足以下运算规律:

(1) $\boldsymbol{A}^m\boldsymbol{A}^n=\boldsymbol{A}^{m+n}$ (m,n 为正整数);

(2) $(\boldsymbol{A}^m)^n=\boldsymbol{A}^{mn}$.

注意　因为矩阵乘法一般不满足交换律,一般来说 $(\boldsymbol{AB})^m\neq\boldsymbol{A}^m\boldsymbol{B}^m$,但若 $\boldsymbol{AB}=\boldsymbol{BA}$,则有 $(\boldsymbol{AB})^m=\boldsymbol{A}^m\boldsymbol{B}^m$,类似可知只有 $\boldsymbol{AB}=\boldsymbol{BA}$,才有 $(\boldsymbol{A}+\boldsymbol{B})^2=\boldsymbol{A}^2+2\boldsymbol{AB}+\boldsymbol{B}^2$、$(\boldsymbol{A}-\boldsymbol{B})^2=\boldsymbol{A}^2-2\boldsymbol{AB}+\boldsymbol{B}^2$、$(\boldsymbol{A}+\boldsymbol{B})(\boldsymbol{A}-\boldsymbol{B})=(\boldsymbol{A}-\boldsymbol{B})(\boldsymbol{A}+\boldsymbol{B})=\boldsymbol{A}^2-\boldsymbol{B}^2$ 成立.

2.2.4　矩阵的转置

定义 2.5　把 $m\times n$ 矩阵 $\boldsymbol{A}$ 的行依次换成同序数的列(列依次换成同序数的行)所得到的 $n\times m$ 矩阵,称为 $\boldsymbol{A}$ 的**转置矩阵**,记作 A^{T}(或 $\boldsymbol{A}'$). 即若

$$\boldsymbol{A}=\begin{pmatrix} a_{11} & a_{12} & \cdots & a_{1n} \\ a_{21} & a_{22} & \cdots & a_{2n} \\ \vdots & \vdots & & \vdots \\ a_{m1} & a_{m2} & \cdots & a_{mn} \end{pmatrix}$$

则

$$A^{\mathrm{T}}=\begin{pmatrix}a_{11}&a_{21}&\cdots&a_{m1}\\a_{12}&a_{22}&\cdots&a_{m2}\\\vdots&\vdots&&\vdots\\a_{1n}&a_{2n}&\cdots&a_{mn}\end{pmatrix}.$$

矩阵的转置也是一种运算,满足以下运算规律(假设下列运算都是可行的):

(1) $(A^{\mathrm{T}})^{\mathrm{T}}=A$;

(2) $(A+B)^{\mathrm{T}}=A^{\mathrm{T}}+B^{\mathrm{T}}$;

(3) $(kA)^{\mathrm{T}}=kA^{\mathrm{T}}$($k$ 为常数);

(4) $(AB)^{\mathrm{T}}=B^{\mathrm{T}}A^{\mathrm{T}}$.

我们只证明规律(4).

设 $A=(a_{ij})_{m\times s}$,$B=(b_{ij})_{s\times n}$,记 $AB=C=(c_{ij})_{m\times n}$,$B^{\mathrm{T}}A^{\mathrm{T}}=D=(d_{ij})_{n\times m}$,于是由矩阵的乘法规则,有

$$c_{ji}=\sum_{k=1}^{s}a_{jk}b_{ki},$$

而 B^{T} 的第 i 行为$(b_{1i},\cdots,b_{si})$,A^{T} 的第 j 列为$(a_{j1},\cdots,b_{js})^{\mathrm{T}}$,因此

$$d_{ij}=\sum_{k=1}^{s}b_{ki}a_{jk}=\sum_{k=1}^{s}a_{jk}b_{ki},$$

所以
$$d_{ij}=c_{ji}(i=1,2,\cdots,n;j=1,2,\cdots,m).$$

即 $D=C^{\mathrm{T}}$,亦即

$$B^{\mathrm{T}}A^{\mathrm{T}}=(AB)^{\mathrm{T}}.$$

规律(4)可推广到 k 个矩阵相乘的情况. 例如

$$(ABC)^{\mathrm{T}}=[(AB)C]^{\mathrm{T}}=C^{\mathrm{T}}(AB)^{\mathrm{T}}=C^{\mathrm{T}}B^{\mathrm{T}}A^{\mathrm{T}}.$$

例 2.6 已知 $A=\begin{pmatrix}4&-1\\0&2\\-3&2\end{pmatrix}$,$B=\begin{pmatrix}2&1\\3&4\end{pmatrix}$,求$(AB)^{\mathrm{T}}$.

解法 1

因为

$$AB=\begin{pmatrix}4&-1\\0&2\\-3&2\end{pmatrix}\begin{pmatrix}2&1\\3&4\end{pmatrix}=\begin{pmatrix}5&0\\6&8\\0&5\end{pmatrix},$$

所以
$$(AB)^{\mathrm{T}}=\begin{pmatrix}5&6&0\\0&8&5\end{pmatrix}.$$

解法 2

$$(AB)^{\mathrm{T}}=B^{\mathrm{T}}A^{\mathrm{T}}=\begin{pmatrix}2&3\\1&4\end{pmatrix}\begin{pmatrix}4&0&-3\\-1&2&2\end{pmatrix}=\begin{pmatrix}5&6&0\\0&8&5\end{pmatrix}.$$

如果 n 阶方阵 A 满足 $A^{\mathrm{T}}=A$,即

$$a_{ij}=a_{ji}(i,j=1,2,\cdots,n),$$

则称 A 为**对称矩阵**,简称**对称阵**. 对称矩阵的特点是它的元素以主对角线为对称轴对应相等. 例如

$$\begin{pmatrix} 0 & -1 \\ -1 & 0 \end{pmatrix} \text{和} \begin{pmatrix} 8 & 6 & 1 \\ 6 & 9 & 0 \\ 1 & 0 & 5 \end{pmatrix}$$

均为对称矩阵.

如果 n 阶方阵 A 满足 $A^{\mathrm{T}}=-A$, 即

$$a_{ij}=-a_{ji}(i,j=1,2,\cdots,n),$$

则称 A 为**反对称阵**. 根据此定义,应有 $a_{ii}=-a_{ii}(i=1,2,\cdots,n)$,即 $a_{ii}=0$,表明主对角线上的元素全为零. 例如,$A=\begin{pmatrix} 0 & 1 & 3 \\ -1 & 0 & -2 \\ -3 & 2 & 0 \end{pmatrix}$为反对称阵.

例 2.7　设列矩阵 $X=(x_1,x_2,\cdots,x_n)^{\mathrm{T}}$ 满足 $X^{\mathrm{T}}X=1$,E 为 n 阶单位阵,$H=E-2XX^{\mathrm{T}}$,证明 H 是对称矩阵,且 $HH^{\mathrm{T}}=E$.

注意:$X^{\mathrm{T}}X=x_1^2+x_2^2+\cdots+x_n^2$ 是一阶方阵,也就是一个数,而 XX^{T} 是 n 阶方阵.

证　因为 $H^{\mathrm{T}}=(E-2XX^{\mathrm{T}})^{\mathrm{T}}=E-2(XX^{\mathrm{T}})^{\mathrm{T}}=E-2XX^{\mathrm{T}}=H$,所以 H 是对称矩阵.

$$\begin{aligned} HH^{\mathrm{T}} &= H^2=(E-2XX^{\mathrm{T}})^2=E-4XX^{\mathrm{T}}+4(XX^{\mathrm{T}})(XX^{\mathrm{T}}) \\ &= E-4XX^{\mathrm{T}}+4X(X^{\mathrm{T}}X)X^{\mathrm{T}}=E-4XX^{\mathrm{T}}+4XX^{\mathrm{T}}=E. \end{aligned}$$

2.2.5　方阵的行列式

定义 2.6　由 n 阶方阵 A 的元素所构成的行列式(各元素的位置不变),称为方阵 A 的行列式,记作 $|A|$ 或 $\det A$.

注意　方阵与行列式是两个不同的概念, n 阶方阵是 n^2 个数按一定方式排成的数表,而 n 阶行列式则是这些数按一定的运算法则所确定的一个数值(实数或复数).

方阵 A 的行列式 $|A|$ 满足以下运算规律(设 A,B 为 n 阶方阵, k 为常数):

(1) $|A^{\mathrm{T}}|=|A|$(行列式性质 1);

(2) $|kA|=k^n|A|$;

(3) $|AB|=|A||B|$,进一步有 $|A||B|=|B||A|=|BA|$.

由规律(3)可知,对于 n 阶矩阵 A,B,一般来说 $AB\neq BA$,但总有 $|AB|=|BA|$.

下面仅证明规律(3),且仅就 $n=2$ 的情形给出证明,$n\geqslant 3$ 的情形证明类似. 设 $A=(a_{ij})$,$B=(b_{ij})$. 记 4 阶行列式

$$D=\begin{vmatrix} a_{11} & a_{12} & 0 & 0 \\ a_{21} & a_{22} & 0 & 0 \\ -1 & 0 & b_{11} & b_{12} \\ 0 & -1 & b_{21} & b_{22} \end{vmatrix}=\begin{vmatrix} A & O \\ -E & B \end{vmatrix}.$$

第 1 步,根据第 1 章例 1.10 得 $D=|A||B|$.

第 2 步,证明 $D=|AB|$.

在 D 中以 b_{11} 乘第 1 列，以 b_{21} 乘第 2 列都加到第 3 列上；再以 b_{12} 乘第 1 列，以 b_{22} 乘第 2 列都加到第 4 列上，有

$$D \xlongequal[c_4+b_{12}c_1+b_{22}c_2]{c_3+b_{11}c_1+b_{21}c_2} \begin{vmatrix} a_{11} & a_{12} & a_{11}b_{11}+a_{12}b_{21} & a_{11}b_{12}+a_{12}b_{22} \\ a_{21} & a_{22} & a_{21}b_{11}+a_{22}b_{21} & a_{21}b_{12}+a_{22}b_{22} \\ -1 & 0 & 0 & 0 \\ 0 & -1 & 0 & 0 \end{vmatrix} = \begin{vmatrix} A & X \\ -E & O \end{vmatrix},$$

其中二阶矩阵 $X=(x_{ij})$，$x_{ij}=a_{i1}b_{1j}+a_{i2}b_{2j}$，由矩阵乘法公式知 $X=AB$. 再对上式作两次行对换即 $r_1\leftrightarrow r_3$，$r_2\leftrightarrow r_4$，得

$$D=(-1)^2\begin{vmatrix} -E & O \\ A & X \end{vmatrix}=(-1)^2|-E||X|=(-1)^2(-1)^2|X|=|X|=|AB|.$$

因此
$$|AB|=|A||B|.$$

例 2.8 设 $A=\begin{pmatrix} 1 & 0 & -1 \\ 2 & 1 & 0 \\ 3 & 2 & -1 \end{pmatrix}$，$B=\begin{pmatrix} -2 & 1 & 0 \\ 0 & 3 & 1 \\ 0 & 0 & 2 \end{pmatrix}$，则

$$AB=\begin{pmatrix} -2 & 1 & -2 \\ -4 & 5 & 1 \\ -6 & 9 & 0 \end{pmatrix},\ |AB|=\begin{vmatrix} -2 & 1 & -2 \\ -4 & 5 & 1 \\ -6 & 9 & 0 \end{vmatrix}=24;$$

又

$$|A|=\begin{vmatrix} 1 & 0 & -1 \\ 2 & 1 & 0 \\ 3 & 2 & -1 \end{vmatrix}=-2,\ |B|=\begin{vmatrix} -2 & 1 & 0 \\ 0 & 3 & 1 \\ 0 & 0 & 2 \end{vmatrix}=-12,$$

因此
$$|AB|=24=(-2)(-12)=|A||B|.$$

例 2.9 行列式 $|A|$ 的各个元素的代数余子式 A_{ij} 所构成的矩阵

$$A^*=\begin{pmatrix} A_{11} & A_{21} & \cdots & A_{n1} \\ A_{12} & A_{22} & \cdots & A_{n2} \\ \vdots & \vdots & & \vdots \\ A_{1n} & A_{2n} & \cdots & A_{nn} \end{pmatrix}$$

称为矩阵 A 的**伴随矩阵**，简称**伴随阵**. 试证：$AA^*=A^*A=|A|E$.

证 设 $A=(a_{ij})$，由行列式按一行（列）展开公式有

$$a_{i1}A_{j1}+a_{i2}A_{j2}+\cdots+a_{in}A_{jn}=\begin{cases} |A|, & i=j, \\ 0, & i\neq j, \end{cases}$$

则
$$AA^*=\begin{pmatrix} a_{11} & a_{12} & \cdots & a_{1n} \\ a_{21} & a_{22} & \cdots & a_{2n} \\ \vdots & \vdots & & \vdots \\ a_{n1} & a_{n2} & \cdots & a_{nn} \end{pmatrix}\begin{pmatrix} A_{11} & A_{21} & \cdots & A_{n1} \\ A_{12} & A_{22} & \cdots & A_{n2} \\ \vdots & \vdots & & \vdots \\ A_{1n} & A_{2n} & \cdots & A_{nn} \end{pmatrix}=\begin{pmatrix} |A| & & & \\ & |A| & & \\ & & \ddots & \\ & & & |A| \end{pmatrix}=|A|E,$$

类似地有 $A^*A=|A|E$.

例 2.10　求矩阵 $\boldsymbol{A}=\begin{pmatrix}1&1&-1\\1&2&-3\\0&1&1\end{pmatrix}$ 的伴随矩阵 $\boldsymbol{A}^*$.

解

$$A_{11}=(-1)^{1+1}\begin{vmatrix}2&-3\\1&1\end{vmatrix}=5,A_{12}=(-1)^{1+2}\begin{vmatrix}1&-3\\0&1\end{vmatrix}=-1,$$

$$A_{13}=(-1)^{1+3}\begin{vmatrix}1&2\\0&1\end{vmatrix}=1,A_{21}=(-1)^{2+1}\begin{vmatrix}1&-1\\1&1\end{vmatrix}=-2,$$

$$A_{22}=(-1)^{2+2}\begin{vmatrix}1&-1\\0&1\end{vmatrix}=1,A_{23}=(-1)^{2+3}\begin{vmatrix}1&1\\0&1\end{vmatrix}=-1,$$

$$A_{31}=(-1)^{3+1}\begin{vmatrix}1&-1\\2&-3\end{vmatrix}=-1,A_{32}=(-1)^{3+2}\begin{vmatrix}1&-1\\1&-3\end{vmatrix}=2,A_{33}=(-1)^{3+3}\begin{vmatrix}1&1\\1&2\end{vmatrix}=1,$$

于是 $\boldsymbol{A}$ 的伴随矩阵

$$\boldsymbol{A}^*=\begin{pmatrix}5&-2&-1\\-1&1&2\\1&-1&1\end{pmatrix}.$$

习题 2.1

1. 设 $\boldsymbol{A}=\begin{pmatrix}2&4&1\\0&3&5\end{pmatrix},\boldsymbol{B}=\begin{pmatrix}-1&3&1\\2&0&5\end{pmatrix},\boldsymbol{C}=\begin{pmatrix}0&1&2\\-3&-1&3\end{pmatrix}$,求 $3\boldsymbol{A}-2\boldsymbol{B}+\boldsymbol{C}$.

2. 设 $\boldsymbol{A}=\begin{pmatrix}1&2&1&2\\2&1&2&1\\1&2&3&4\end{pmatrix},\boldsymbol{B}=\begin{pmatrix}4&3&2&1\\-2&1&-2&1\\0&-1&0&-1\end{pmatrix}$,$\boldsymbol{X}$ 满足 $(2\boldsymbol{A}-\boldsymbol{X})+2(\boldsymbol{B}-\boldsymbol{X})=\boldsymbol{O}$,

求 $\boldsymbol{X}$.

3. 计算:

(1) $\begin{pmatrix}2&1&4&0\\1&-1&3&4\end{pmatrix}\begin{pmatrix}1&3&1\\0&-1&2\\1&-3&1\\4&0&-2\end{pmatrix}$;　　(2) $\begin{pmatrix}1&2&3\\2&4&6\\3&6&9\end{pmatrix}\begin{pmatrix}-1&-2&-4\\-1&-2&-4\\1&2&4\end{pmatrix}$;

(3) $\begin{pmatrix}3&1&2&-1\\0&3&1&0\end{pmatrix}\begin{pmatrix}1&0&5\\0&2&0\\1&0&1\\0&3&0\end{pmatrix}\begin{pmatrix}-1&0\\1&5\\0&2\end{pmatrix}$;　(4) $\begin{pmatrix}\lambda_1&0&0\\0&\lambda_2&0\\0&0&\lambda_3\end{pmatrix}\begin{pmatrix}a_{11}&a_{12}\\a_{21}&a_{22}\\a_{31}&a_{32}\end{pmatrix}$.

4. 求下列矩阵的幂:

(1) $\begin{pmatrix}1&1&0\\0&1&1\\0&0&1\end{pmatrix}^5$;　　(2) $\begin{pmatrix}a&0&0\\0&b&0\\0&0&c\end{pmatrix}^5$;

(3) $\begin{pmatrix}1 & 1\\0 & 1\end{pmatrix}^n$；　(4) $\begin{pmatrix}\lambda & 1 & 0\\0 & \lambda & 1\\0 & 0 & \lambda\end{pmatrix}^n$（$n$ 为正整数）.

5. 设 $\boldsymbol{A}=\begin{pmatrix}1 & 0 & 1\\0 & 2 & 0\\1 & 0 & 1\end{pmatrix}$，求 $\boldsymbol{A}^{2013}-2\boldsymbol{A}^{2012}$.

6. 已知 $\boldsymbol{A}=\begin{pmatrix}1 & 1 & 1\\1 & 1 & -1\\1 & -1 & 1\end{pmatrix}$，$\boldsymbol{B}=\begin{pmatrix}1 & 2 & 3\\-1 & -2 & 4\\0 & 5 & 1\end{pmatrix}$，求 $3\boldsymbol{AB}-2\boldsymbol{A}$ 及 $\boldsymbol{A}^{\mathrm{T}}\boldsymbol{B}$.

7. 举例说明下列命题是错误的：

(1) 若 $\boldsymbol{A}^2=\boldsymbol{O}$，则 $\boldsymbol{A}=\boldsymbol{O}$；

(2) 若 $\boldsymbol{A}^2=\boldsymbol{A}$，则 $\boldsymbol{A}=\boldsymbol{O}$ 或 $\boldsymbol{A}=\boldsymbol{E}$；

(3) 若 $\boldsymbol{AB}=\boldsymbol{AC}$，且 $\boldsymbol{A}\neq\boldsymbol{O}$，则 $\boldsymbol{B}=\boldsymbol{C}$.

8. 设 $\boldsymbol{A}$ 为 n 阶矩阵，证明 $\boldsymbol{A}+\boldsymbol{A}^{\mathrm{T}}$，$\boldsymbol{AA}^{\mathrm{T}}$ 是对称矩阵.

9. 设 $\boldsymbol{A}$ 为 3 阶方阵，且 $|\boldsymbol{A}|=3$，求 $|(2\boldsymbol{A})^2|$.

2.3 逆矩阵

在数的运算中，对于数 $a\neq 0$，总存在唯一一个数 a^{-1}，使得

$$a\cdot a^{-1}=a^{-1}\cdot a=1.$$

数的逆在解方程中起着重要作用. 例如，解一元线性方程

$$ax=b,$$

当 $a\neq 0$ 时，其解为

$$x=a^{-1}b.$$

对一个矩阵 $\boldsymbol{A}$，是否也存在类似的运算？在回答这个问题之前，我们先引入可逆矩阵与逆矩阵的概念.

2.3.1 逆矩阵的概念

定义 2.7 对于 n 阶矩阵 $\boldsymbol{A}$，如果存在一个 n 阶矩阵 $\boldsymbol{B}$，使

$$\boldsymbol{AB}=\boldsymbol{BA}=\boldsymbol{E},$$

则称矩阵 $\boldsymbol{A}$ 为可逆矩阵，而矩阵 $\boldsymbol{B}$ 称为 $\boldsymbol{A}$ 的**逆矩阵**，简称**逆阵**.

若矩阵 $\boldsymbol{A}$ 是可逆的，则 $\boldsymbol{A}$ 的逆矩阵是唯一的. 这是因为：设 $\boldsymbol{B}$ 与 $\boldsymbol{C}$ 都是 $\boldsymbol{A}$ 的逆矩阵，则有

$$\boldsymbol{B}=\boldsymbol{BE}=\boldsymbol{B}(\boldsymbol{AC})=(\boldsymbol{BA})\boldsymbol{C}=\boldsymbol{EC}=\boldsymbol{C},$$

所以 $\boldsymbol{A}$ 的逆矩阵是唯一的.

$\boldsymbol{A}$ 的逆矩阵记作 $\boldsymbol{A}^{-1}$，即若 $\boldsymbol{AB}=\boldsymbol{BA}=\boldsymbol{E}$，则 $\boldsymbol{B}=\boldsymbol{A}^{-1}$.

2.3.2 逆矩阵的性质与运算规律

定理 2.1　若矩阵 $\boldsymbol{A}$ 可逆，则 $|\boldsymbol{A}|\neq 0$.

证　$\boldsymbol{A}$ 可逆，即有 $\boldsymbol{A}^{-1}$，使 $\boldsymbol{A}\boldsymbol{A}^{-1}=\boldsymbol{E}$. 故 $|\boldsymbol{A}||\boldsymbol{A}^{-1}|=|\boldsymbol{E}|=1$，所以 $|\boldsymbol{A}|\neq 0$.

定理 2.2　若 $|\boldsymbol{A}|\neq 0$，则矩阵 $\boldsymbol{A}$ 可逆，且

$$\boldsymbol{A}^{-1}=\frac{1}{|\boldsymbol{A}|}\boldsymbol{A}^{*},$$

其中 $\boldsymbol{A}^{*}$ 为 $\boldsymbol{A}$ 的伴随矩阵.

证　由第 2.2 节例 2.9 知

$$\boldsymbol{A}\boldsymbol{A}^{*}=\boldsymbol{A}^{*}\boldsymbol{A}=|\boldsymbol{A}|\boldsymbol{E},$$

因 $|\boldsymbol{A}|\neq 0$，故有

$$\boldsymbol{A}\frac{\boldsymbol{A}^{*}}{|\boldsymbol{A}|}=\frac{\boldsymbol{A}^{*}}{|\boldsymbol{A}|}\boldsymbol{A}=\boldsymbol{E},$$

所以，按逆矩阵的定义，即知 $\boldsymbol{A}$ 可逆，且

$$\boldsymbol{A}^{-1}=\frac{1}{|\boldsymbol{A}|}\boldsymbol{A}^{*}.$$

如果 n 阶矩阵 $\boldsymbol{A}$ 的行列式 $|\boldsymbol{A}|\neq 0$，则称 $\boldsymbol{A}$ 为**非奇异矩阵**，否则称为**奇异矩阵**. 由上面两个定理可知：$\boldsymbol{A}$ 是可逆矩阵的充分必要条件是 $|\boldsymbol{A}|\neq 0$，即可逆矩阵就是非奇异矩阵.

由定理 2.2 可得下述推论.

推论　若 $\boldsymbol{AB}=\boldsymbol{E}$（或 $\boldsymbol{BA}=\boldsymbol{E}$），则 $\boldsymbol{B}=\boldsymbol{A}^{-1}$.

证　由 $\boldsymbol{AB}=\boldsymbol{E}$ 可得 $|\boldsymbol{AB}|=|\boldsymbol{A}||\boldsymbol{B}|=|\boldsymbol{E}|=1$，故 $|\boldsymbol{A}|\neq 0$，因此 $\boldsymbol{A}^{-1}$ 存在，于是

$$\boldsymbol{B}=\boldsymbol{EB}=(\boldsymbol{A}^{-1}\boldsymbol{A})\boldsymbol{B}=\boldsymbol{A}^{-1}(\boldsymbol{AB})=\boldsymbol{A}^{-1}\boldsymbol{E}=\boldsymbol{A}^{-1}.$$

同理可得 $\boldsymbol{BA}=\boldsymbol{E}$ 时，$\boldsymbol{B}=\boldsymbol{A}^{-1}$.

方阵的逆阵满足下列运算规律：

(1) 若矩阵 $\boldsymbol{A}$ 可逆，则 $\boldsymbol{A}^{-1}$ 也可逆，且 $(\boldsymbol{A}^{-1})^{-1}=\boldsymbol{A}$；

(2) 若矩阵 $\boldsymbol{A}$ 可逆，数 $k\neq 0$，则 $(k\boldsymbol{A})^{-1}=\frac{1}{k}\boldsymbol{A}^{-1}$；

(3) 两个同阶可逆矩阵 $\boldsymbol{A}$，$\boldsymbol{B}$ 的乘积是可逆矩阵，且 $(\boldsymbol{AB})^{-1}=\boldsymbol{B}^{-1}\boldsymbol{A}^{-1}$；

证　$(\boldsymbol{AB})(\boldsymbol{B}^{-1}\boldsymbol{A}^{-1})=\boldsymbol{A}(\boldsymbol{BB}^{-1})\boldsymbol{A}^{-1}=\boldsymbol{AEA}^{-1}=\boldsymbol{AA}^{-1}=\boldsymbol{E}$，由推论有 $(\boldsymbol{AB})^{-1}=\boldsymbol{B}^{-1}\boldsymbol{A}^{-1}$.

(4) 若矩阵 $\boldsymbol{A}$ 可逆，则 $\boldsymbol{A}^{\mathrm{T}}$ 也可逆，且有 $(\boldsymbol{A}^{\mathrm{T}})^{-1}=(\boldsymbol{A}^{-1})^{\mathrm{T}}$；

证　$\boldsymbol{A}^{\mathrm{T}}(\boldsymbol{A}^{-1})^{\mathrm{T}}=(\boldsymbol{A}^{-1}\boldsymbol{A})^{\mathrm{T}}=\boldsymbol{E}^{\mathrm{T}}=\boldsymbol{E}$，所以 $(\boldsymbol{A}^{\mathrm{T}})^{-1}=(\boldsymbol{A}^{-1})^{\mathrm{T}}$.

(5) 若矩阵 $\boldsymbol{A}$ 可逆，则 $|\boldsymbol{A}^{-1}|=|\boldsymbol{A}|^{-1}$.

证　由 $\boldsymbol{AA}^{-1}=\boldsymbol{E}$，得 $|\boldsymbol{A}||\boldsymbol{A}^{-1}|=|\boldsymbol{E}|=1$，所以 $|\boldsymbol{A}^{-1}|=|\boldsymbol{A}|^{-1}$.

$\boldsymbol{A}$ 可逆，还可定义 $\boldsymbol{A}^{0}=\boldsymbol{E}$，$\boldsymbol{A}^{-k}=(\boldsymbol{A}^{-1})^{k}$ $(k=1,2,\cdots)$，则有

$$\boldsymbol{A}^{k}\boldsymbol{A}^{l}=\boldsymbol{A}^{k+l},(\boldsymbol{A}^{k})^{l}=\boldsymbol{A}^{kl}\quad(k,l\text{ 为整数}).$$

例 2.11　求 $\boldsymbol{A}=\begin{pmatrix}1&1&-1\\1&2&-3\\0&1&1\end{pmatrix}$ 的逆矩阵.

解 因为$|A|=\begin{vmatrix}1&1&-1\\1&2&-3\\0&1&1\end{vmatrix}=3\neq0$，所以$A^{-1}$存在.

利用例 2.10 的结果，$A^*=\begin{pmatrix}5&-2&-1\\-1&1&2\\1&-1&1\end{pmatrix}$，则$A$的逆矩阵为

$$A^{-1}=\frac{1}{|A|}A^*=\frac{1}{3}\begin{pmatrix}5&-2&-1\\-1&1&2\\1&-1&1\end{pmatrix}=\begin{pmatrix}5/3&-2/3&-1/3\\-1/3&1/3&2/3\\1/3&-1/3&1/3\end{pmatrix}.$$

对于标准矩阵方程(设A,B可逆)

$$AX=C,$$
$$XA=C,$$
$$AXB=C,$$

利用矩阵乘法的运算规律和逆矩阵的运算性质，通过在方程两边左乘或右乘相应的矩阵的逆矩阵，可求出其解分别为

$$X=A^{-1}C,$$
$$X=CA^{-1},$$
$$X=A^{-1}CB^{-1},$$

而其他形式的矩阵方程，则可通过矩阵的有关运算性质转化为标准矩阵方程后进行求解.

例 2.12 设$A=\begin{pmatrix}1&2&3\\2&2&1\\3&4&3\end{pmatrix}$，$B=\begin{pmatrix}2&1\\5&3\end{pmatrix}$，$C=\begin{pmatrix}1&3\\2&0\\3&1\end{pmatrix}$，求满足$AXB=C$的矩阵$X$.

解 因为$|A|=\begin{vmatrix}1&2&3\\2&2&1\\3&4&3\end{vmatrix}=2\neq0$，$|B|=\begin{vmatrix}2&1\\5&3\end{vmatrix}=1\neq0$，故$A^{-1}$，$B^{-1}$都存在.

且
$$A^{-1}=\begin{pmatrix}1&3&-2\\-3/2&-3&5/2\\1&1&-1\end{pmatrix},B^{-1}=\begin{pmatrix}3&-1\\-5&2\end{pmatrix},$$

又由$AXB=C$得$A^{-1}AXBB^{-1}=A^{-1}CB^{-1}$，即

$$X=A^{-1}CB^{-1}=\begin{pmatrix}1&3&-2\\-3/2&-3&5/2\\1&1&-1\end{pmatrix}\begin{pmatrix}1&3\\2&0\\3&1\end{pmatrix}\begin{pmatrix}3&-1\\-5&2\end{pmatrix}=\begin{pmatrix}-2&1\\10&-4\\-10&4\end{pmatrix}.$$

例 2.13 设n阶矩阵A满足$A^2-2A-4E=O$，证明$(A+E)$可逆，并求$(A+E)^{-1}$.

证 由$A^2-2A-4E=O$得$A^2-2A-3E=E$，即

$$(A+E)(A-3E)=E$$

由定理 2.2 的推论可知$(A+E)$可逆，且$(A+E)^{-1}=A-3E$.

例2.14　设$A=\begin{pmatrix}2&5\\1&3\end{pmatrix}$,$B=\begin{pmatrix}4&-6\\2&1\end{pmatrix}$,解矩阵方程$AX=B+X$.

解　由$AX=B+X$得$(A-E)X=B$,当$A-E$可逆时,有

$$X=(A-E)^{-1}B.$$

又
$$A-E=\begin{pmatrix}1&5\\1&2\end{pmatrix},|A-E|=-3\neq0,(A-E)^{-1}=\begin{pmatrix}-2/3&5/3\\1/3&-1/3\end{pmatrix}.$$

故
$$X=(A-E)^{-1}B=\begin{pmatrix}-2/3&5/3\\1/3&-1/3\end{pmatrix}\begin{pmatrix}4&-6\\2&1\end{pmatrix}=\begin{pmatrix}2/3&17/3\\2/3&-7/3\end{pmatrix}.$$

例2.15　设A是三阶方阵,$|A|=-\dfrac{1}{2}$,求$|(3A)^{-1}-2A^*|$.

解　由于$(3A)^{-1}=\dfrac{1}{3}A^{-1}$,$A^{-1}=\dfrac{1}{|A|}A^*$,$A^*=|A|A^{-1}$,

$$|A^{-1}A|=|A||A^{-1}|=|E|=1,|A^{-1}|=\frac{1}{|A|}=-2,$$

所以

$$|(3A)^{-1}-2A^*|=\left|\frac{1}{3}A^{-1}-2\times\left(-\frac{1}{2}\right)A^{-1}\right|=\left|\frac{4}{3}A^{-1}\right|=\left(\frac{4}{3}\right)^3|A^{-1}|=-\frac{128}{27}.$$

例2.16　设$P=\begin{pmatrix}1&2\\1&4\end{pmatrix}$,$\Lambda=\begin{pmatrix}1&0\\0&2\end{pmatrix}$,$AP=P\Lambda$, 求$A^n$.

解　$|P|=2$,$P^{-1}=\dfrac{1}{2}\begin{pmatrix}4&-2\\-1&1\end{pmatrix}$.

$$A=P\Lambda P^{-1},A^2=P\Lambda P^{-1}P\Lambda P^{-1}=P\Lambda^2P^{-1},\cdots,A^n=P\Lambda^nP^{-1},$$

而
$$\Lambda^2=\begin{pmatrix}1&0\\0&2\end{pmatrix}\begin{pmatrix}1&0\\0&2\end{pmatrix}=\begin{pmatrix}1&0\\0&2^2\end{pmatrix},\cdots,\Lambda^n=\begin{pmatrix}1&0\\0&2^n\end{pmatrix},$$

故
$$A^n=\begin{pmatrix}1&2\\1&4\end{pmatrix}\begin{pmatrix}1&0\\0&2^n\end{pmatrix}\frac{1}{2}\begin{pmatrix}4&-2\\-1&1\end{pmatrix}=\frac{1}{2}\begin{pmatrix}1&2^{n+1}\\1&2^{n+2}\end{pmatrix}\begin{pmatrix}4&-2\\-1&1\end{pmatrix}$$
$$=\frac{1}{2}\begin{pmatrix}4-2^{n+1}&2^{n+1}-2\\4-2^{n+2}&2^{n+2}-2\end{pmatrix}=\begin{pmatrix}2-2^n&2^n-1\\2-2^{n+1}&2^{n+1}-1\end{pmatrix}.$$

习题 2.2

1. 求下列矩阵的逆矩阵:

(1)$\begin{pmatrix}1&2\\2&5\end{pmatrix}$;　(2)$\begin{pmatrix}\cos\theta&\sin\theta\\-\sin\theta&\cos\theta\end{pmatrix}$;　(3)$\begin{pmatrix}1&2&-3\\0&1&2\\0&0&1\end{pmatrix}$;

(4)$\begin{pmatrix}1&2&-1\\3&4&-2\\5&-4&1\end{pmatrix}$;　(5)$\begin{pmatrix}2&0&0\\0&3&0\\0&0&4\end{pmatrix}$.

2. 解下列矩阵方程：

(1) $X+\begin{pmatrix}2&5\\1&3\end{pmatrix}X=\begin{pmatrix}4&-6\\2&1\end{pmatrix}$； (2) $X\begin{pmatrix}1&1&1\\0&1&1\\0&0&1\end{pmatrix}=\begin{pmatrix}1&-2&1\\0&1&-1\end{pmatrix}$；

(3) $\begin{pmatrix}1&4\\-1&2\end{pmatrix}X\begin{pmatrix}2&0\\-1&1\end{pmatrix}=\begin{pmatrix}3&1\\0&-1\end{pmatrix}$.

3. 利用逆矩阵解下列线性方程组：

(1) $\begin{cases}2x_1+4x_2=2,\\3x_1+8x_2+2x_3=5,\\x_1+3x_2+4x_3=8;\end{cases}$ (2) $\begin{cases}x_1+x_2+x_3=6,\\2x_1-2x_2+x_3=1,\\4x_2-x_3=5.\end{cases}$

4. 设方阵 A 满足 $A^2-A-2E=O$，证明 A 及 $A+2E$ 都可逆，并求 A^{-1} 及 $(A+2E)^{-1}$.

5. 设 $A^k=O$（k 为正整数），证明 $(E-A)^{-1}=E+A+A^2+\cdots+A^{k-1}$.

6. 对下列矩阵，计算 A^2，A^{-2} 和 A^{-k}：

(1) $\begin{pmatrix}1&0\\0&-2\end{pmatrix}$； (2) $\begin{pmatrix}1&0&0\\0&3&0\\0&0&-2\end{pmatrix}$.

7. 设 A 是 4 阶方阵，$|A|=\frac{1}{3}$，求 $|3A^*-4A^{-1}|$.

8. 设 $A=\begin{pmatrix}4&2&3\\1&1&0\\-1&2&3\end{pmatrix}$，$AB=A+2B$，求 B.

9. 设 3 阶矩阵 A,B 满足关系 $A^{-1}BA=6A+BA$，且 $A=\begin{pmatrix}1/2&0&0\\0&1/4&0\\0&0&1/7\end{pmatrix}$，求 B.

10. 设 $A^2-AX=E$，其中 $A=\begin{pmatrix}1&1&-1\\0&1&1\\0&0&-1\end{pmatrix}$，$E$ 为 3 阶单位矩阵，求 X.

11. 设 $A=\begin{pmatrix}-8&2&-2\\2&x&-4\\-2&-4&x\end{pmatrix}$ 不可逆，求 x.

12. 设矩阵 A 可逆，且 $A^2=|A|E$，证明 A 的伴随矩阵为 $A^*=A$.

13. 设矩阵 A 可逆，证明其伴随矩阵 A^* 也可逆，且 $(A^*)^{-1}=(A^{-1})^*$.

14. 设 n 阶方阵 A 的伴随矩阵为 A^*，证明：

(1) 若 $|A|=0$，则 $|A^*|=0$；

(2) $|A^*|=|A|^{n-1}$.

2.4　分块矩阵

2.4.1　分块矩阵的概念

对于行数和列数较高的矩阵，为了简化运算，经常采用分块法，使大矩阵的运算化成若干小矩阵间的运算，同时也使原矩阵的结构显得简单而清晰. 具体做法是将大矩阵用若干条纵线和横线分成多个小矩阵. 每个小矩阵称为 $\boldsymbol{A}$ 的子块，以子块为元素的形式上的矩阵称为**分块矩阵**.

例如，将矩阵

$$\boldsymbol{A}=\begin{pmatrix}1&3&-1&0\\2&5&0&-2\\3&1&-1&3\end{pmatrix}$$

分块的方式有多种，比如：

$$(1)\ \boldsymbol{A}=\left(\begin{array}{ccc:c}1&3&-1&0\\2&5&0&-2\\\hdashline 3&1&-1&3\end{array}\right);$$

$$(2)\ \boldsymbol{A}=\left(\begin{array}{c:c:c:c}1&3&-1&0\\2&5&0&-2\\3&1&-1&3\end{array}\right);$$

$$(3)\boldsymbol{A}=\left(\begin{array}{c:cc:c}1&3&-1&0\\2&5&0&-2\\\hdashline 3&1&-1&3\end{array}\right).$$

若记

$$\boldsymbol{A}_{11}=\begin{pmatrix}1&3&-1\\2&5&0\end{pmatrix},\boldsymbol{A}_{12}=\begin{pmatrix}0\\-2\end{pmatrix},$$
$$\boldsymbol{A}_{21}=(3,1,-1),\quad \boldsymbol{A}_{22}=(3),$$

则分块(1)$\boldsymbol{A}$ 可表示为

$$\boldsymbol{A}=\begin{pmatrix}\boldsymbol{A}_{11}&\boldsymbol{A}_{12}\\\boldsymbol{A}_{21}&\boldsymbol{A}_{22}\end{pmatrix},$$

这是一个分成了 4 块的分块矩阵. 其中 $\boldsymbol{A}_{11},\boldsymbol{A}_{12},\boldsymbol{A}_{21},\boldsymbol{A}_{22}$ 为 $\boldsymbol{A}$ 的子块，而 $\boldsymbol{A}$ 形式上成为以这些子块为元素的分块矩阵. 分法(2)及(3)的分块矩阵请读者写出.

本章第 2.2 节证明公式 $|\boldsymbol{AB}|=|\boldsymbol{A}||\boldsymbol{B}|$ 时出现的矩阵 $\begin{pmatrix}\boldsymbol{A}&\boldsymbol{O}\\-\boldsymbol{E}&\boldsymbol{B}\end{pmatrix}$ 及 $\begin{pmatrix}\boldsymbol{A}&\boldsymbol{AB}\\-\boldsymbol{E}&\boldsymbol{B}\end{pmatrix}$ 正是分块矩阵.

2.4.2　分块矩阵的运算

分块矩阵的运算与普通矩阵的运算规则相似，分别说明如下.

1. 分块矩阵的加法及数与分块矩阵的乘法

设矩阵 $\boldsymbol{A}$ 与 $\boldsymbol{B}$ 的行数相同、列数相同,采用相同的分块法,若

$$\boldsymbol{A}=\begin{pmatrix}\boldsymbol{A}_{11} & \cdots & \boldsymbol{A}_{1t}\\ \vdots & & \vdots\\ \boldsymbol{A}_{s1} & \cdots & \boldsymbol{A}_{st}\end{pmatrix},\quad \boldsymbol{B}=\begin{pmatrix}\boldsymbol{B}_{11} & \cdots & \boldsymbol{B}_{1t}\\ \vdots & & \vdots\\ \boldsymbol{B}_{s1} & \cdots & \boldsymbol{B}_{st}\end{pmatrix},$$

其中 $\boldsymbol{A}_{ij}$ 与 $\boldsymbol{B}_{ij}$ 的行数相同、列数相同, 则

$$\boldsymbol{A}+\boldsymbol{B}=\begin{pmatrix}\boldsymbol{A}_{11}+\boldsymbol{B}_{11} & \cdots & \boldsymbol{A}_{1t}+\boldsymbol{B}_{1t}\\ \vdots & & \vdots\\ \boldsymbol{A}_{s1}+\boldsymbol{B}_{s1} & \cdots & \boldsymbol{A}_{st}+\boldsymbol{B}_{st}\end{pmatrix};$$

$$k\boldsymbol{A}=\begin{pmatrix}k\boldsymbol{A}_{11} & \cdots & k\boldsymbol{A}_{1t}\\ \vdots & & \vdots\\ k\boldsymbol{A}_{s1} & \cdots & k\boldsymbol{A}_{st}\end{pmatrix}(k\text{ 为常数}).$$

2. 分块矩阵的乘法

设 $\boldsymbol{A}$ 为 $m\times l$ 矩阵,$\boldsymbol{B}$ 为 $l\times n$ 矩阵,分块成

$$\boldsymbol{A}=\begin{pmatrix}\boldsymbol{A}_{11} & \cdots & \boldsymbol{A}_{1t}\\ \vdots & & \vdots\\ \boldsymbol{A}_{s1} & \cdots & \boldsymbol{A}_{st}\end{pmatrix},\boldsymbol{B}=\begin{pmatrix}\boldsymbol{B}_{11} & \cdots & \boldsymbol{B}_{1r}\\ \vdots & & \vdots\\ \boldsymbol{B}_{t1} & \cdots & \boldsymbol{B}_{tr}\end{pmatrix},$$

其中 $\boldsymbol{A}_{i1},\boldsymbol{A}_{i2},\cdots,\boldsymbol{A}_{it}$ 的列数分别等于 $\boldsymbol{B}_{1j},\boldsymbol{B}_{2j},\cdots,\boldsymbol{B}_{tj}$ 的行数, 则

$$\boldsymbol{AB}=\begin{pmatrix}\boldsymbol{C}_{11} & \cdots & \boldsymbol{C}_{1r}\\ \vdots & & \vdots\\ \boldsymbol{C}_{s1} & \cdots & \boldsymbol{C}_{sr}\end{pmatrix},$$

其中

$$\boldsymbol{C}_{ij}=\sum_{k=1}^{t}\boldsymbol{A}_{ik}\boldsymbol{B}_{kj}(i=1,2,\cdots,s;j=1,2,\cdots,r).$$

例 2.17 设矩阵 $\boldsymbol{A}=\begin{pmatrix}1 & 0 & 1 & 3\\ 0 & 1 & 2 & 4\\ 0 & 0 & -1 & 0\\ 0 & 0 & 0 & -1\end{pmatrix},\boldsymbol{B}=\begin{pmatrix}1 & 2 & 0 & 0\\ 2 & 0 & 0 & 0\\ 6 & 3 & 1 & 0\\ 0 & -2 & 0 & 1\end{pmatrix}$,用分块矩阵计算 $k\boldsymbol{A}$, $\boldsymbol{A}+\boldsymbol{B},\boldsymbol{AB}$.

解 将矩阵 $\boldsymbol{A},\boldsymbol{B}$ 分块如下:

$$\boldsymbol{A}=\begin{pmatrix}1 & 0 & 1 & 3\\ 0 & 1 & 2 & 4\\ 0 & 0 & -1 & 0\\ 0 & 0 & 0 & -1\end{pmatrix}=\begin{pmatrix}\boldsymbol{E} & \boldsymbol{C}\\ \boldsymbol{O} & -\boldsymbol{E}\end{pmatrix},\quad \boldsymbol{B}=\begin{pmatrix}1 & 2 & 0 & 0\\ 2 & 0 & 0 & 0\\ 6 & 3 & 1 & 0\\ 0 & -2 & 0 & 1\end{pmatrix}=\begin{pmatrix}\boldsymbol{D} & \boldsymbol{O}\\ \boldsymbol{F} & \boldsymbol{E}\end{pmatrix},$$

则

$$kA=k\begin{pmatrix}E & C\\ O & -E\end{pmatrix}=\begin{pmatrix}kE & kC\\ O & -kE\end{pmatrix}=\begin{pmatrix}k & 0 & k & 3k\\ 0 & k & 2k & 4k\\ 0 & 0 & -k & 0\\ 0 & 0 & 0 & -k\end{pmatrix},$$

$$A+B=\begin{pmatrix}E & C\\ O & -E\end{pmatrix}+\begin{pmatrix}D & O\\ F & E\end{pmatrix}=\begin{pmatrix}E+D & C\\ F & O\end{pmatrix}=\begin{pmatrix}2 & 2 & 1 & 3\\ 2 & 1 & 2 & 4\\ 6 & 3 & 0 & 0\\ 0 & -2 & 0 & 0\end{pmatrix},$$

$$AB=\begin{pmatrix}E & C\\ O & -E\end{pmatrix}\begin{pmatrix}D & O\\ F & E\end{pmatrix}=\begin{pmatrix}D+CF & C\\ -F & -E\end{pmatrix}=\begin{pmatrix}7 & -1 & 1 & 3\\ 14 & -2 & 2 & 4\\ -6 & -3 & -1 & 0\\ 0 & 2 & 0 & -1\end{pmatrix}.$$

3. 分块矩阵的转置

设 $A=\begin{pmatrix}A_{11} & \cdots & A_{1t}\\ \vdots & & \vdots\\ A_{s1} & \cdots & A_{st}\end{pmatrix}$，则

$$A^{\mathrm{T}}=\begin{pmatrix}A_{11}^{\mathrm{T}} & \cdots & A_{s1}^{\mathrm{T}}\\ \vdots & & \vdots\\ A_{1t}^{\mathrm{T}} & \cdots & A_{st}^{\mathrm{T}}\end{pmatrix}.$$

4. 分块对角矩阵及其性质

设 A 为 n 阶矩阵，若 A 的分块矩阵只在对角线上有非零子块，其余子块都为零矩阵，且在对角线上的子块都是方阵，即

$$A=\begin{pmatrix}A_1 & & & O\\ & A_2 & & \\ & & \ddots & \\ O & & & A_s\end{pmatrix},$$

其中 $A_i(i=1,2,\cdots,s)$ 都是方阵，则称 A 为**分块对角矩阵（或准对角阵）**.

分块对角矩阵具有以下性质：

(1) 若 $|A_i|\neq 0(i=1,2,\cdots,s)$，则 $|A|\neq 0$，且 $|A|=|A_1||A_2|\cdots|A_s|$；

(2) $A^{-1}=\begin{pmatrix}A_1^{-1} & & & O\\ & A_2^{-1} & & \\ & & \ddots & \\ O & & & A_s^{-1}\end{pmatrix}$.

例 2.18　设 $A=\begin{pmatrix}5 & 0 & 0\\ 0 & 3 & 1\\ 0 & 2 & 1\end{pmatrix}$，求 A^{-1}.

解 $\boldsymbol{A}=\begin{pmatrix}5&0&0\\0&3&1\\0&2&1\end{pmatrix}=\begin{pmatrix}\boldsymbol{A}_1&\boldsymbol{O}\\\boldsymbol{O}&\boldsymbol{A}_2\end{pmatrix},\boldsymbol{A}_1=(5),\boldsymbol{A}_2=\begin{pmatrix}3&1\\2&1\end{pmatrix}$,

$$\boldsymbol{A}_1^{-1}=\left(\frac{1}{5}\right),\boldsymbol{A}_2^{-1}=\begin{pmatrix}1&-1\\-2&3\end{pmatrix},$$

故
$$\boldsymbol{A}^{-1}=\begin{pmatrix}\boldsymbol{A}_1^{-1}&\boldsymbol{O}\\\boldsymbol{O}&\boldsymbol{A}_2^{-1}\end{pmatrix}=\begin{pmatrix}1/5&0&0\\0&1&-1\\0&-2&3\end{pmatrix}.$$

注意 矩阵按行(列)分块是最常见的一种分块方法. 一般地,$m\times n$ 矩阵 $\boldsymbol{A}$ 有 m 行,称为矩阵 $\boldsymbol{A}$ 的 m 个**行向量**,若记第 i 行为

$$\boldsymbol{\alpha}_i^{\mathrm{T}}=(a_{i1},a_{i2},\cdots,a_{in}),$$

则矩阵 $\boldsymbol{A}$ 就可以表示为

$$\boldsymbol{A}=\begin{pmatrix}\boldsymbol{\alpha}_1^{\mathrm{T}}\\\boldsymbol{\alpha}_2^{\mathrm{T}}\\\vdots\\\boldsymbol{\alpha}_m^{\mathrm{T}}\end{pmatrix}.$$

$m\times n$ 矩阵 $\boldsymbol{A}$ 有 n 列, 称为矩阵 $\boldsymbol{A}$ 的 n 个**列向量**, 若记第 j 列为

$$\boldsymbol{\alpha}_j=\begin{pmatrix}a_{1j}\\a_{2j}\\\vdots\\a_{mj}\end{pmatrix},$$

则矩阵 $\boldsymbol{A}$ 就可以表示为

$$\boldsymbol{A}=(\boldsymbol{\alpha}_1,\boldsymbol{\alpha}_2,\cdots,\boldsymbol{\alpha}_n).$$

矩阵 $\boldsymbol{A}=(a_{ij})_{m\times s}$ 与 $\boldsymbol{B}=(b_{ij})_{s\times n}$ 的乘积为矩阵 $\boldsymbol{AB}=\boldsymbol{C}=(c_{ij})_{m\times n}$,若把 $\boldsymbol{A}$ 按行分成 m 块,$\boldsymbol{B}$ 按列分成 n 块,便有

$$\boldsymbol{AB}=\begin{pmatrix}\boldsymbol{\alpha}_1^{\mathrm{T}}\\\boldsymbol{\alpha}_2^{\mathrm{T}}\\\vdots\\\boldsymbol{\alpha}_m^{\mathrm{T}}\end{pmatrix}(\boldsymbol{b}_1,\boldsymbol{b}_2,\cdots,\boldsymbol{b}_n)=\begin{pmatrix}\boldsymbol{\alpha}_1^{\mathrm{T}}\boldsymbol{b}_1&\boldsymbol{\alpha}_1^{\mathrm{T}}\boldsymbol{b}_2&\cdots&\boldsymbol{\alpha}_1^{\mathrm{T}}\boldsymbol{b}_n\\\boldsymbol{\alpha}_2^{\mathrm{T}}\boldsymbol{b}_1&\boldsymbol{\alpha}_2^{\mathrm{T}}\boldsymbol{b}_2&\cdots&\boldsymbol{\alpha}_2^{\mathrm{T}}\boldsymbol{b}_n\\\vdots&\vdots&&\vdots\\\boldsymbol{\alpha}_m^{\mathrm{T}}\boldsymbol{b}_1&\boldsymbol{\alpha}_m^{\mathrm{T}}\boldsymbol{b}_2&\cdots&\boldsymbol{\alpha}_m^{\mathrm{T}}\boldsymbol{b}_n\end{pmatrix}=(c_{ij})_{m\times n},$$

其中

$$c_{ij}=\boldsymbol{\alpha}_i^{\mathrm{T}}\boldsymbol{b}_j=(a_{i1},a_{i2},\cdots,a_{is})\begin{pmatrix}b_{1j}\\b_{2j}\\\vdots\\b_{sj}\end{pmatrix}=\sum_{k=1}^{s}a_{ik}b_{kj}.$$

例 2.19 证明矩阵 $\boldsymbol{A}=\boldsymbol{O}$ 的充分必要条件是方阵 $\boldsymbol{A}^{\mathrm{T}}\boldsymbol{A}=\boldsymbol{O}$.

证　必要性显然成立，下面证明充分性.

设 $\boldsymbol{A}=(a_{ij})_{m\times n}$，把 $\boldsymbol{A}$ 按列分块表示为 $\boldsymbol{A}=(\boldsymbol{\alpha}_1,\boldsymbol{\alpha}_2,\cdots,\boldsymbol{\alpha}_n)$，则

$$\boldsymbol{A}^{\mathrm{T}}\boldsymbol{A}=\begin{pmatrix}\boldsymbol{\alpha}_1^{\mathrm{T}}\\ \boldsymbol{\alpha}_2^{\mathrm{T}}\\ \vdots\\ \boldsymbol{\alpha}_n^{\mathrm{T}}\end{pmatrix}(\boldsymbol{\alpha}_1,\boldsymbol{\alpha}_2,\cdots,\boldsymbol{\alpha}_n)=\begin{pmatrix}\boldsymbol{\alpha}_1^{\mathrm{T}}\boldsymbol{\alpha}_1 & \boldsymbol{\alpha}_1^{\mathrm{T}}\boldsymbol{\alpha}_2 & \cdots & \boldsymbol{\alpha}_1^{\mathrm{T}}\boldsymbol{\alpha}_n\\ \boldsymbol{\alpha}_2^{\mathrm{T}}\boldsymbol{\alpha}_1 & \boldsymbol{\alpha}_2^{\mathrm{T}}\boldsymbol{\alpha}_2 & \cdots & \boldsymbol{\alpha}_2^{\mathrm{T}}\boldsymbol{\alpha}_n\\ \vdots & \vdots & & \vdots\\ \boldsymbol{\alpha}_n^{\mathrm{T}}\boldsymbol{\alpha}_1 & \boldsymbol{\alpha}_n^{\mathrm{T}}\boldsymbol{\alpha}_2 & \cdots & \boldsymbol{\alpha}_n^{\mathrm{T}}\boldsymbol{\alpha}_n\end{pmatrix},$$

即 $\boldsymbol{A}^{\mathrm{T}}\boldsymbol{A}$ 的 (i,j) 元为 $\boldsymbol{\alpha}_i^{\mathrm{T}}\boldsymbol{\alpha}_j$，因 $\boldsymbol{A}^{\mathrm{T}}\boldsymbol{A}=\boldsymbol{O}$，故 $\boldsymbol{\alpha}_i^{\mathrm{T}}\boldsymbol{\alpha}_j=0\ (i,j=1,2,\cdots,n)$.

特别地，有 $\boldsymbol{\alpha}_j^{\mathrm{T}}\boldsymbol{\alpha}_j=0\ (j=1,2,\cdots,n)$，而

$$\boldsymbol{\alpha}_j^{\mathrm{T}}\boldsymbol{\alpha}_j=(a_{1j},a_{2j},\cdots,a_{mj})\begin{pmatrix}a_{1j}\\ a_{2j}\\ \vdots\\ a_{mj}\end{pmatrix}=a_{1j}^2+a_{2j}^2+\cdots+a_{mj}^2,$$

则 $a_{1j}^2+a_{2j}^2+\cdots+a_{mj}^2=0$（因 a_{ij} 为实数），得

$$a_{1j}=a_{2j}=\cdots=a_{mj}=0\quad (j=1,2,\cdots,n),$$

即
$$\boldsymbol{A}=\boldsymbol{O}.$$

习题 2.3

1. 设矩阵 $\boldsymbol{A}=\begin{pmatrix}1&0&1&3\\0&1&2&4\\0&0&-1&0\\0&0&0&-1\end{pmatrix}$，$\boldsymbol{B}=\begin{pmatrix}1&2&0&0\\2&0&0&0\\6&3&1&0\\0&-2&0&1\end{pmatrix}$，用分块矩阵计算 $k\boldsymbol{A}$，$\boldsymbol{A}+\boldsymbol{B}$ 及 $\boldsymbol{AB}$.

2. 按指定分块的方法，用分块矩阵乘法求下列矩阵的乘积：

(1) $\left(\begin{array}{cc:c}1&-2&0\\-1&1&1\\ \hdashline 0&3&2\end{array}\right)\left(\begin{array}{c:c}0&1\\1&0\\0&-1\end{array}\right)$；　(2) $\left(\begin{array}{ccc}2&1&-1\\ \hdashline 3&0&-2\\ \hdashline 1&-1&1\end{array}\right)\left(\begin{array}{c:c:c}1&1&0\\0&0&-1\\1&2&1\end{array}\right)$.

3. 求下列分块对角阵的逆矩阵：

(1) $\left(\begin{array}{c:cc}2&0&0\\0&1&2\\ \hdashline 0&3&4\end{array}\right)$；　(2) $\left(\begin{array}{cc:cc}2&0&0&0\\1&2&0&0\\ \hdashline 0&0&3&0\\0&0&1&3\end{array}\right)$.

4. 设 $\boldsymbol{X}=\begin{pmatrix}\boldsymbol{A}&\boldsymbol{O}\\ \boldsymbol{C}&\boldsymbol{B}\end{pmatrix}$，其中 $\boldsymbol{A}$，$\boldsymbol{B}$ 均为 n 阶可逆方阵，求 $\boldsymbol{X}^{-1}$.

5. 设 $\boldsymbol{A}=\begin{pmatrix}3&4&0&0\\4&-3&0&0\\0&0&2&0\\0&0&2&2\end{pmatrix}$,求 $\boldsymbol{A}^4$,$|\boldsymbol{A}^4|$.

6. 设 $\boldsymbol{A}=\begin{pmatrix}5&2&0&0\\2&1&0&0\\\cos\theta&\sin\theta&-1&3\\-\sin\theta&\cos\theta&0&1\end{pmatrix}$,求 $\boldsymbol{A}^{-1}$.

2.5 矩阵的初等变换与初等矩阵

2.5.1 矩阵的初等变换

矩阵的初等变换是矩阵的一种十分重要的运算,在解线性方程组、求逆矩阵及矩阵理论的探讨中都起到重要的作用. 为引进矩阵的初等变换,先来分析用消元法解线性方程组的例子.

引例 求解方程组

$$\begin{cases}2x_1-x_2+3x_3=1,\\4x_1+2x_2+5x_3=4,\\2x_1+2x_3=6.\end{cases}$$

解 第二个方程减去第一个方程的 2 倍,第三个方程减去第一个方程,方程组就变成

$$\begin{cases}2x_1-x_2+3x_3=1,\\4x_2-x_3=2,\\x_2-x_3=5;\end{cases}$$

第二个方程减去第三个方程的 4 倍,把第二、第三两个方程的次序互换,方程组就变成

$$\begin{cases}2x_1-x_2+3x_3=1,\\x_2-x_3=5,\\3x_3=-18;\end{cases}$$

将第三个方程乘以$\frac{1}{3}$,得

$$\begin{cases}2x_1-x_2+3x_3=1,\\x_2-x_3=5,\\x_3=-6;\end{cases}$$

第二个方程加第三个方程,第一个方程减去第三个方程的 3 倍,得

$$\begin{cases}2x_1 - x_2 = 19, \\ x_2 = -1, \\ x_3 = -6;\end{cases}$$

第一个方程加第二个方程,并将得到的方程两边同乘以$\frac{1}{2}$,得方程解为

$$\begin{cases}x_1 = 9, \\ x_2 = -1, \\ x_3 = -6.\end{cases}$$

用消元法求解线性方程组的具体做法就是对方程组反复实施以下三种变换:

(1)互换两个方程的位置;

(2)用非零常数乘某个方程;

(3)将某个方程的若干倍加到另一个方程.

以上这三种变换称为线性方程组的同解变换. 而消元法的目的就是利用方程组的同解变换将原方程组化为阶梯形方程组，显然这个阶梯形方程组与原线性方程组同解,解这个阶梯形方程组可得原方程组的解. 在上述变换过程中,实际上只对方程组的系数和常数进行运算,未知数并未参与运算,我们用 $\boldsymbol{A}$ 表示系数矩阵,$\boldsymbol{B}$ 表示系数与常数组成的增广矩阵,即 $\boldsymbol{B}=(\boldsymbol{A},\boldsymbol{b})$,那么上述对方程组的同解变换就相当于对此增广矩阵施行变换,以上方程组中的消元法用矩阵可表示如下:

$$\boldsymbol{B}=(\boldsymbol{A},\boldsymbol{b})=\begin{pmatrix}2 & -1 & 3 & 1\\ 4 & 2 & 5 & 4\\ 2 & 0 & 2 & 6\end{pmatrix}\rightarrow\begin{pmatrix}2 & -1 & 3 & 1\\ 0 & 4 & -1 & 2\\ 0 & 1 & -1 & 5\end{pmatrix}\rightarrow\begin{pmatrix}2 & -1 & 3 & 1\\ 0 & 1 & -1 & 5\\ 0 & 0 & 3 & -18\end{pmatrix}$$

$$\rightarrow\begin{pmatrix}2 & -1 & 3 & 1\\ 0 & 1 & -1 & 5\\ 0 & 0 & 1 & -6\end{pmatrix}\rightarrow\begin{pmatrix}2 & -1 & 0 & 19\\ 0 & 1 & 0 & -1\\ 0 & 0 & 1 & -6\end{pmatrix}\rightarrow\begin{pmatrix}1 & 0 & 0 & 9\\ 0 & 1 & 0 & -1\\ 0 & 0 & 1 & -6\end{pmatrix}.$$

定义 2.8　矩阵的下列三种变换称为矩阵的**初等行变换**:

(1)对换矩阵的两行(对换 i,j 两行,记作 $r_i \leftrightarrow r_j$);

(2)以一个非零的数 k 乘以某一行中的所有元素(第 i 行乘以 k,记作 $r_i \times k$);

(3)把某一行所有元素的 k 倍加到另一行对应的元素上去(第 j 行的 k 倍加到第 i 行,记作 $r_i + kr_j$).

把定义中的“行”换成“列”,即得矩阵的**初等列变换**的定义(相应记号中把 r 换成 c).

矩阵的初等行变换与初等列变换统称为**初等变换**.

显然,三种初等变换都是可逆的,且其逆变换是同一类型的初等变换,如

(1)变换 $r_i \leftrightarrow r_j$ 的逆变换即为其本身;

(2)变换 $r_i \times k$ 的逆变换为 $r_i \times \left(\frac{1}{k}\right)$(或记作 $r_i \div k$);

(3)变换 $r_i + kr_j$ 的逆变换为 $r_i + (-k)r_j$(或记作 $r_i - kr_j$).

定义 2.9　若矩阵 $\boldsymbol{A}$ 经过有限次初等变换变成矩阵 $\boldsymbol{B}$,则称矩阵 $\boldsymbol{A}$ 与 $\boldsymbol{B}$ **等价**,记为 $\boldsymbol{A} \sim$

$\boldsymbol{B}$(或$\boldsymbol{A}\to\boldsymbol{B}$).

注意 在理论表述或证明中常用记号"~",在对矩阵作初等变换运算的过程中常用记号"→".

矩阵之间的等价关系具有下列基本性质:

(1)反身性 $\boldsymbol{A}\sim\boldsymbol{A}$;

(2)对称性 若$\boldsymbol{A}\sim\boldsymbol{B}$,则$\boldsymbol{B}\sim\boldsymbol{A}$;

(3)传递性 若$\boldsymbol{A}\sim\boldsymbol{B}$,$\boldsymbol{B}\sim\boldsymbol{C}$,则$\boldsymbol{A}\sim\boldsymbol{C}$.

下面用矩阵的初等行变换来解引例中的方程组,其过程可与方程组的消元过程一一对照:

$$\boldsymbol{B}=(\boldsymbol{A},\boldsymbol{b})=\begin{pmatrix}2&-1&3&1\\4&2&5&4\\2&0&2&6\end{pmatrix}\xrightarrow[r_3-r_1]{r_2-2r_1}\begin{pmatrix}2&-1&3&1\\0&4&-1&2\\0&1&-1&5\end{pmatrix}\xrightarrow[r_2\leftrightarrow r_3]{r_2-4r_3}\begin{pmatrix}2&-1&3&1\\0&1&-1&5\\0&0&3&-18\end{pmatrix}$$

$$\xrightarrow{r_3\times\frac{1}{3}}\begin{pmatrix}2&-1&3&1\\0&1&-1&5\\0&0&1&-6\end{pmatrix}\xrightarrow[r_1-3r_3]{r_2+r_3}\begin{pmatrix}2&-1&0&19\\0&1&0&-1\\0&0&1&-6\end{pmatrix}\xrightarrow[r_1\times\frac{1}{2}]{r_1+r_2}\begin{pmatrix}1&0&0&9\\0&1&0&-1\\0&0&1&-6\end{pmatrix}.$$

一般地,称满足下列条件的矩阵为**行阶梯形矩阵**:

(1)如果有零行(元素全为零的行),那么零行全部位于矩阵的下方;

(2)各非零行的第一个不为零的元素(简称首非零元),它们左边的零元素的个数随行的序数增大而增多.

特别地,当行阶梯形矩阵满足:

(1)各非零行的首非零元都是1;

(2)每个首非零元所在列的其余元素都是零,

这时称它为**行最简形矩阵**.

如$\begin{pmatrix}1&6&-4&-1&4\\0&-4&3&1&-1\\0&0&0&4&-8\\0&0&0&0&0\end{pmatrix}$,$\begin{pmatrix}1&-1&0&2&-3\\0&0&1&-2&2\\0&0&0&1&0\\0&0&0&0&0\end{pmatrix}$分别为行阶梯形矩阵和行最简形矩阵.

例 2.20 用初等行变换把矩阵

$$\boldsymbol{A}=\begin{pmatrix}1&-1&-1&1&0\\0&1&2&-4&1\\2&-2&-4&6&-1\\3&-3&-5&7&-1\end{pmatrix}$$

化为行阶梯形矩阵和行最简形矩阵.

解　$A=\begin{pmatrix}1&-1&-1&1&0\\0&1&2&-4&1\\2&-2&-4&6&-1\\3&-3&-5&7&-1\end{pmatrix}\xrightarrow[r_4-3r_1]{r_3-2r_1}\begin{pmatrix}1&-1&-1&1&0\\0&1&2&-4&1\\0&0&-2&4&-1\\0&0&-2&4&-1\end{pmatrix}$

$$\xrightarrow{r_4-r_3}\begin{pmatrix}1&-1&-1&1&0\\0&1&2&-4&1\\0&0&-2&4&-1\\0&0&0&0&0\end{pmatrix}=B,$$

这是行阶梯形矩阵;继续施行初等行变换,有

$$B\xrightarrow[r_1-\frac{1}{2}r_3]{r_2+r_3}\begin{pmatrix}1&-1&0&-1&1/2\\0&1&0&0&0\\0&0&-2&4&-1\\0&0&0&0&0\end{pmatrix}\xrightarrow[r_3\times(-\frac{1}{2})]{r_1+r_2}\begin{pmatrix}1&0&0&-1&1/2\\0&1&0&0&0\\0&0&1&-2&1/2\\0&0&0&0&0\end{pmatrix}=C,$$

这时为行最简形矩阵.

矩阵 A 经初等行变换可化为行阶梯形矩阵和行最简形矩阵,若再经过初等列变换,还可变成一种形式更简单的矩阵,称为**标准形**. 例如

$$\begin{pmatrix}E_r&O\\O&O\end{pmatrix}.$$

这是一个分块矩阵,它的特点是左上角是一个 r 阶单位阵,其他元素都是零.

若 A 等价于 B,则 A 与 B 有相同的标准形.

例 2.21　用初等变换把矩阵 $A=\begin{pmatrix}0&0&3&2\\2&6&-4&5\\1&3&-2&2\\-1&-3&4&0\end{pmatrix}$ 化为标准形.

解　$A=\begin{pmatrix}0&0&3&2\\2&6&-4&5\\1&3&-2&2\\-1&-3&4&0\end{pmatrix}\xrightarrow{r_1\leftrightarrow r_3}\begin{pmatrix}1&3&-2&2\\2&6&-4&5\\0&0&3&2\\-1&-3&4&0\end{pmatrix}\xrightarrow[r_4\times\frac{1}{2}]{\substack{r_2-2r_1\\r_4+r_1}}\begin{pmatrix}1&3&-2&2\\0&0&0&1\\0&0&3&2\\0&0&1&1\end{pmatrix}$

$$\xrightarrow[\substack{r_3\times\frac{1}{3}\\r_4-r_3\\r_2\leftrightarrow r_3}]{\substack{r_3-2r_2\\r_4-r_2}}\begin{pmatrix}1&3&-2&2\\0&0&1&0\\0&0&0&1\\0&0&0&0\end{pmatrix}\xrightarrow[c_4-2c_1]{\substack{c_2-3c_1\\c_3+2c_1}}\begin{pmatrix}1&0&0&0\\0&0&1&0\\0&0&0&1\\0&0&0&0\end{pmatrix}\xrightarrow[c_3\leftrightarrow c_4]{c_2\leftrightarrow c_3}\begin{pmatrix}1&0&0&0\\0&1&0&0\\0&0&1&0\\0&0&0&0\end{pmatrix}.$$

2.5.2　初等矩阵

定义 2.10　对单位矩阵 E 施以一次初等变换所得到的矩阵称为**初等矩阵**.

三种初等变换分别对应三种初等矩阵.

1. 对调两行或对调两列

把单位矩阵 $\boldsymbol{E}$ 的第 i,j 两行(列)对调,得初等矩阵

$$\boldsymbol{E}(i,j)=\begin{pmatrix}1&&&&&&&&\\&\ddots&&&&&&&\\&&1&&&&&&\\&&&0&\cdots&1&&&\\&&&&1&&&&\\&&&\vdots&\ddots&\vdots&&&\\&&&&&1&&&\\&&&1&\cdots&0&&&\\&&&&&&1&&\\&&&&&&&\ddots&\\&&&&&&&&1\end{pmatrix}\begin{matrix}\\\\\\\leftarrow\text{第}\,i\,\text{行}\\\\\\\\\leftarrow\text{第}\,j\,\text{行}\\\\\\\\\end{matrix}.$$

用 m 阶初等矩阵 $\boldsymbol{E}_m(i,j)$ 左乘矩阵 $\boldsymbol{A}=(a_{ij})_{m\times n}$,得

$$\boldsymbol{E}_m(i,j)\boldsymbol{A}=\begin{pmatrix}a_{11}&a_{12}&\cdots&a_{1n}\\\vdots&\vdots&&\vdots\\a_{j1}&a_{j2}&\cdots&a_{jn}\\\vdots&\vdots&&\vdots\\a_{i1}&a_{i2}&\cdots&a_{in}\\\vdots&\vdots&&\vdots\\a_{m1}&a_{m2}&\cdots&a_{mn}\end{pmatrix}\begin{matrix}\\\\\leftarrow\text{第}\,i\,\text{行}\\\\\leftarrow\text{第}\,j\,\text{行}\\\\\\\end{matrix}.$$

其结果相当于对矩阵 $\boldsymbol{A}$ 实行第一种初等行变换:把 $\boldsymbol{A}$ 的第 i 行与第 j 行对换($r_i\leftrightarrow r_j$).

类似地,用 n 阶初等矩阵 $\boldsymbol{E}_n(i,j)$ 右乘矩阵 $\boldsymbol{A}=(a_{ij})_{m\times n}$,其结果相当于对矩阵 $\boldsymbol{A}$ 实行第一种初等列变换:把 $\boldsymbol{A}$ 的第 i 列与第 j 列对换($c_i\leftrightarrow c_j$).

2. 以数 $k\neq0$ 乘以某行或某列

以数 $k\neq0$ 乘以单位阵 $\boldsymbol{E}$ 的第 i 行(列),得初等矩阵

$$\boldsymbol{E}(i(k))=\begin{pmatrix}1&&&&\\&\ddots&&&\\&&k&&\\&&&\ddots&\\&&&&1\end{pmatrix}\begin{matrix}\\\\\leftarrow\text{第}\,i\,\text{行}.\\\\\\\end{matrix}$$

可以验知:以 $\boldsymbol{E}_m(i(k))$ 左乘矩阵 $\boldsymbol{A}$,其结果相当于以数 k 乘 $\boldsymbol{A}$ 的第 i 行($r_i\times k$);以 $\boldsymbol{E}_n(i(k))$ 右乘矩阵 $\boldsymbol{A}$,其结果相当于以数 k 乘 $\boldsymbol{A}$ 的第 i 列($c_i\times k$).

3. 以数 k 乘以某行(列)加到另一行(列)上去

以数 k 乘以 $\boldsymbol{E}$ 的第 j 行加到第 i 行上,或以 k 乘以 $\boldsymbol{E}$ 的第 i 列加到第 j 列上,得初等矩阵

$$E(i,j(k))=\begin{pmatrix}1&&&&&&\\&\ddots&&&&&\\&&1&\cdots&k&&\\&&&\ddots&\vdots&&\\&&&&1&&\\&&&&&\ddots&\\&&&&&&1\end{pmatrix}\begin{matrix}\\\\\leftarrow\text{第 }i\text{ 行}\\\\\leftarrow\text{第 }j\text{ 行}\\\\\\\end{matrix}.$$

可以验知:以 $E_m(i,j(k))$ 左乘矩阵 A,其结果相当于把 A 第 j 行乘以 k 加到第 i 行上(r_i+kr_j);以 $E_n(i,j(k))$ 右乘矩阵 A,其结果相当于把 A 第 i 列乘以 k 加到第 j 列上(c_j+kc_i).

综上所述,可得下述定理.

定理 2.3　设 A 是一个 $m\times n$ 矩阵,对 A 施行一次初等行变换,相当于在 A 的左边乘以相应的 m 阶初等矩阵;对 A 施行一次初等列变换,相当于在 A 的右边乘以相应的 n 阶初等矩阵.

例如

$$A=\begin{pmatrix}3&0&1\\1&-1&2\\0&1&1\end{pmatrix},$$

则

$$E_3(1,2)=\begin{pmatrix}0&1&0\\1&0&0\\0&0&1\end{pmatrix},E_3(3,1(2))=\begin{pmatrix}1&0&0\\0&1&0\\2&0&1\end{pmatrix},$$

$$E_3(1,2)A=\begin{pmatrix}0&1&0\\1&0&0\\0&0&1\end{pmatrix}\begin{pmatrix}3&0&1\\1&-1&2\\0&1&1\end{pmatrix}=\begin{pmatrix}1&-1&2\\3&0&1\\0&1&1\end{pmatrix},$$

即用 $E_3(1,2)$ 左乘 A,相当于交换矩阵 A 的第 1 行与第 2 行;

又

$$AE_3(3,1(2))=\begin{pmatrix}3&0&1\\1&-1&2\\0&1&1\end{pmatrix}\begin{pmatrix}1&0&0\\0&1&0\\2&0&1\end{pmatrix}=\begin{pmatrix}5&0&1\\5&-1&2\\2&1&1\end{pmatrix},$$

即用 $E_3(3,1(2))$ 右乘 A,相当于将矩阵 A 的第 3 列乘 2 加到第 1 列.

容易验证,三种初等矩阵的行列式都不等于零,因此初等矩阵都是可逆的,且它们的逆矩阵也是初等矩阵,即

$$E(i,j)^{-1}=E(i,j),E(i(k))^{-1}=E(i(\frac{1}{k})),E(i,j(k))^{-1}=E(i,j(-k)).$$

2.5.3　利用初等变换求逆矩阵

在第 2.3 节中,在给出了矩阵 A 可逆的充要条件的同时,也给出了利用伴随矩阵求逆矩阵 A^{-1} 的一种方法,即

$$A^{-1}=\frac{1}{|A|}A^*,$$

该方法称为伴随矩阵法.

对于较高阶的矩阵,用伴随矩阵法求逆矩阵计算量太大,下面介绍一种较为简便的方法——初等变换法.

定理 2.4 方阵 A 可逆的充分必要条件是存在有限个初等矩阵 $P_1,P_2,\cdots,P_l$,使 $A=P_1P_2\cdots P_l$.

证 先证充分性. 设 $A=P_1P_2\cdots P_l$,因为初等矩阵可逆,有限个可逆矩阵的乘积仍可逆,故 A 可逆.

再证必要性. 设 n 阶方阵 A 可逆,且 A 的标准形为 $F=\begin{pmatrix} E_r & O \\ O & O \end{pmatrix}_n$,由于 $F\sim A$,知 F 经有限次初等变换可变为 A,即有初等方阵 $P_1,P_2,\cdots,P_l$,使 $P_1P_2\cdots P_sFP_{s+1}\cdots P_l=A$. 因为 A,$P_1,P_2,\cdots,P_l$ 都可逆,故标准形矩阵 F 可逆,所以 $r=n$,即 $F=E$,从而

$$A=P_1P_2\cdots P_rEP_{r+1}\cdots P_l=P_1P_2\cdots P_l.$$ 证毕.

上述证明显示:可逆矩阵的标准形矩阵是单位阵,即有以下推论.

推论 任何可逆方阵 A 都可经过若干次初等行变换化成单位矩阵 E.

证 方阵 A 可逆的充分必要条件是 A 为有限个初等方阵的乘积即 $A=P_1P_2\cdots P_l$,则 $P_l^{-1}P_{l-1}^{-1}\cdots P_1^{-1}A=E$,表示 A 经过有限次初等行变换可变为单位矩阵 E,即 $A\overset{r}{\sim}E$. 证毕.

由推论可知,对于任意一个 n 阶矩阵 A,一定存在一组初等方阵 $Q_1,Q_2,\cdots,Q_k$,使

$$Q_k\cdots Q_2Q_1A=E,$$

对上式两边右乘 A^{-1},得

$$Q_k\cdots Q_2Q_1AA^{-1}=EA^{-1}=A^{-1}.$$

即

$$A^{-1}=Q_k\cdots Q_2Q_1E.$$

由此可知,经过一系列的初等行变换可以把可逆矩阵 A 化成单位矩阵 E,那么用同样一系列的初等行变换作用到单位矩阵 E 上,就可以把 E 化为 A^{-1}. 因此,我们得到用初等变换法求逆矩阵的方法:构造 $n\times 2n$ 矩阵

$$(A,E),$$

然后对其施以初等行变换将矩阵 A 化为单位矩阵 E,则上述初等变换同时也将其中的单位矩阵 E 化为 A^{-1},即

$$(A,E)\xrightarrow{\text{初等行变换}}(E,A^{-1}).$$

例 2.22 设 $A=\begin{pmatrix} 1 & 2 & 3 \\ 2 & 2 & 1 \\ 3 & 4 & 3 \end{pmatrix}$,求 A^{-1}.

解 $$(A,E)=\left(\begin{array}{ccc:ccc} 1 & 2 & 3 & 1 & 0 & 0 \\ 2 & 2 & 1 & 0 & 1 & 0 \\ 3 & 4 & 3 & 0 & 0 & 1 \end{array}\right)\xrightarrow[r_3-3r_1]{r_2-2r_1}\left(\begin{array}{ccc:ccc} 1 & 2 & 3 & 1 & 0 & 0 \\ 0 & -2 & -5 & -2 & 1 & 0 \\ 0 & -2 & -6 & -3 & 0 & 1 \end{array}\right)$$

$$\xrightarrow[r_3-r_2]{r_1+r_2}\left(\begin{array}{ccc:ccc} 1 & 0 & -2 & -1 & 1 & 0 \\ 0 & -2 & -5 & -2 & 1 & 0 \\ 0 & 0 & -1 & -1 & -1 & 1 \end{array}\right)\xrightarrow[r_2-5r_3]{r_1-2r_3}\left(\begin{array}{ccc:ccc} 1 & 0 & 0 & 1 & 3 & -2 \\ 0 & -2 & 0 & 3 & 6 & -5 \\ 0 & 0 & -1 & -1 & -1 & 1 \end{array}\right)$$

$$\xrightarrow[r_3\times(-1)]{r_2\times\left(-\frac{1}{2}\right)}\left(\begin{array}{ccc:ccc}1&0&0&1&3&-2\\0&1&0&-3/2&-3&5/2\\0&0&1&1&1&-1\end{array}\right)$$

故
$$A^{-1}=\begin{pmatrix}1&3&-2\\-3/2&-3&5/2\\1&1&-1\end{pmatrix}.$$

习题 2.4

1. 用初等行变换将下列矩阵化为行阶梯形矩阵和行最简形矩阵：

(1) $\begin{pmatrix}1&-1&2\\3&-3&1\end{pmatrix}$;　(2) $\begin{pmatrix}1&3\\-1&-3\\2&1\end{pmatrix}$;　(3) $\begin{pmatrix}1&-1&2\\3&-3&1\\-2&2&-4\end{pmatrix}$;

(4) $\begin{pmatrix}4&-1&3&-2\\3&-1&4&-2\\3&-2&2&-4\\0&1&2&2\end{pmatrix}$;　(5) $\begin{pmatrix}1&0&0&2&2\\5&7&6&8&3\\4&0&0&8&4\\7&1&0&1&0\end{pmatrix}$;　(6) $\begin{pmatrix}0&1&1&-1&2\\0&2&2&2&0\\0&-1&-1&1&1\\1&1&0&0&1\end{pmatrix}$.

2. 用初等变换将下列矩阵化为标准形：

(1) $\begin{pmatrix}1&-1\\3&2\end{pmatrix}$;　(2) $\begin{pmatrix}1&-1&2\\3&2&1\\1&-2&0\end{pmatrix}$;　(3) $\begin{pmatrix}-1&0&1&2\\3&1&0&-1\\0&2&1&4\end{pmatrix}$;

(4) $\begin{pmatrix}1&2&3&4\\0&-1&0&-2\\1&1&3&2\\2&2&6&4\end{pmatrix}$;　(5) $\begin{pmatrix}1&0&0&2&2\\5&7&6&8&3\\4&0&0&8&4\\7&1&0&1&0\end{pmatrix}$;　(6) $\begin{pmatrix}1&1&1&1&1\\3&2&1&1&-3\\0&1&3&2&5\\5&4&3&3&-1\end{pmatrix}$.

3. 用初等行变换求下列矩阵的逆矩阵：

(1) $\begin{pmatrix}2&1&0\\1&0&1\\-3&2&-5\end{pmatrix}$;　(2) $\begin{pmatrix}1&0&0&0\\2&1&0&0\\3&2&1&0\\4&3&2&1\end{pmatrix}$;

(3) $\begin{pmatrix}1&1&0&0\\1&2&0&0\\3&7&2&3\\2&5&1&2\end{pmatrix}$;　(4) $\begin{pmatrix}3&-2&0&-1\\0&2&2&1\\1&-2&-3&-2\\0&1&2&1\end{pmatrix}$.

2.6 矩阵的秩

2.6.1 矩阵的秩的概念

矩阵的秩讨论的是向量组的线性相关性，是深入研究线性方程组等问题的重要工具. 为了更好地理解矩阵的秩的概念，重新讨论 2.5 节例 2.20 中矩阵 $\boldsymbol{A}$ 及其行阶梯形矩阵 $\boldsymbol{B}$ 和行最简形矩阵 $\boldsymbol{C}$.

$$\boldsymbol{A}=\begin{pmatrix}1&-1&-1&1&0\\0&1&2&-4&1\\2&-2&-4&6&-1\\3&-3&-5&7&-1\end{pmatrix}\to\begin{pmatrix}1&-1&-1&1&0\\0&1&2&-4&1\\0&0&-2&4&-1\\0&0&0&0&0\end{pmatrix}=\boldsymbol{B}$$

$$\to\begin{pmatrix}1&0&0&-1&1/2\\0&1&0&0&0\\0&0&1&-2&1/2\\0&0&0&0&0\end{pmatrix}=\boldsymbol{C}.$$

我们发现 $\boldsymbol{B}$ 和 $\boldsymbol{C}$ 都恰好有 3 个非零行. 自然要问：每一个与 $\boldsymbol{A}$ 等价的行阶梯形矩阵是否都恰好有 3 个非零行？回答是肯定的. 为阐明这个问题先引入矩阵子式的概念.

定义 2.11 在 $m\times n$ 矩阵 $\boldsymbol{A}$ 中，任取 k 行 k 列（$k\leqslant m,k\leqslant n$），位于这些行列交叉处的 k^2 个元素，不改变它们在 $\boldsymbol{A}$ 中所处的位置次序而得到的 k 阶行列式，称为矩阵 $\boldsymbol{A}$ 的 k 阶子式.

注意 $m\times n$ 矩阵 $\boldsymbol{A}$ 的 k 阶子式共有 $C_m^k\cdot C_n^k$ 个.

我们来观察上面行阶梯形矩阵 $\boldsymbol{B}$ 的子式，取 $\boldsymbol{B}$ 的第 1、第 2、第 3 行和第 1、第 2、第 4 列，得到 3 阶非零子式 $\begin{vmatrix}1&-1&1\\0&1&-4\\0&0&4\end{vmatrix}$；而它的任一 4 阶子式都将因含有零行而成为 0. 换言之，$\boldsymbol{B}$ 中非零子式的最高阶数是 3. 同样，$\boldsymbol{C}$ 中非零子式的最高阶数也是 3.

定义 2.12 设 $\boldsymbol{A}$ 为 $m\times n$ 矩阵，如果存在 $\boldsymbol{A}$ 的 r 阶子式不为零，而任何 $r+1$ 阶子式（如果存在的话）皆为零，则称数 r 为矩阵 $\boldsymbol{A}$ 的**秩**，记为 $R(\boldsymbol{A})$，并规定零矩阵的秩等于零.

由定义可知，矩阵 $\boldsymbol{A}$ 的秩 $R(\boldsymbol{A})$ 就是 $\boldsymbol{A}$ 的非零子式的最高阶数.

显然，矩阵的秩具有下列性质：

（1）若矩阵 $\boldsymbol{A}$ 中有某个 s 阶子式不为 0，则 $R(\boldsymbol{A})\geqslant s$；

（2）若 $\boldsymbol{A}$ 中所有 t 阶子式全为 0，则 $R(\boldsymbol{A})<t$；

（3）若 $\boldsymbol{A}$ 为 $m\times n$ 矩阵，则 $0\leqslant R(\boldsymbol{A})\leqslant\min\{m,n\}$；

（4）$R(\boldsymbol{A})=R(\boldsymbol{A}^{\mathrm{T}})$.

如果 n 阶方阵 $\boldsymbol{A}$ 的秩为 n，就称 $\boldsymbol{A}$ 为**满秩矩阵**. 如果 n 阶方阵 $\boldsymbol{A}$ 的秩小于 n，就称 $\boldsymbol{A}$ 为**降秩矩阵**. 显然满秩矩阵就是可逆矩阵，降秩矩阵就是不可逆矩阵.

例 2.23 求下列矩阵的秩：

$$(1)A=\begin{pmatrix}1&3&-9&3\\0&1&-3&4\\-2&-3&9&6\end{pmatrix};\qquad (2)B=\begin{pmatrix}2&-1&0&3&-2\\0&3&1&-2&5\\0&0&0&4&-3\\0&0&0&0&0\end{pmatrix}.$$

解　(1)A 中最高阶子式为 3 阶,共有 4 个,即

$$\begin{vmatrix}1&3&-9\\0&1&-3\\-2&-3&9\end{vmatrix}=0,\quad \begin{vmatrix}1&3&3\\0&1&4\\-2&-3&6\end{vmatrix}=0,$$

$$\begin{vmatrix}1&-9&3\\0&-3&4\\-2&9&6\end{vmatrix}=0,\quad \begin{vmatrix}3&-9&3\\1&-3&4\\-3&9&6\end{vmatrix}=0;$$

又有二阶子式 $\begin{vmatrix}1&3\\0&1\end{vmatrix}\neq0$,所以 $R(A)=2$.

(2)因为 B 是一个行阶梯形矩阵,其非零行只有 3 行,即知 B 的所有 4 阶子式全为零;而显然有 3 阶子式 $\begin{vmatrix}2&-1&3\\0&3&-2\\0&0&4\end{vmatrix}\neq0$,因此 $R(B)=3$.

利用定义计算矩阵的秩,需要由高阶到低阶考虑矩阵的子式,当矩阵的行数与列数较高时,按定义求秩是非常麻烦的. 由于行阶梯形矩阵的秩很容易判断,而任意矩阵都可以经过初等变换化为行阶梯形矩阵,因而可考虑借助初等变换法来求矩阵的秩.

2.6.2　利用初等变换求矩阵的秩

矩阵的初等变换作为一种运算,其深刻意义在于它不改变矩阵的秩.

定理 2.5　若 $A\sim B$, 则 $R(A)=R(B)$.

证　先证明:若 A 经过一次初等行变换变为 B,则 $R(A)\leqslant R(B)$.

设 $R(A)=r$,且 A 的某个 r 阶子式 $D\neq0$.

当 $A\overset{r_i\leftrightarrow r_j}{\sim}B$ 或 $A\overset{r_i\times k}{\sim}B$ 时,在 B 中总能找到与 D 相应的 r 阶子式 D_1,由于 $D_1=D$ 或 $D_1=-D$ 或 $D_1=kD$,因此 $D_1\neq0$,从而 $R(B)\geqslant r$.

当 $A\overset{r_i+kr_j}{\sim}B$ 时,由于对于变换 $r_i\leftrightarrow r_j$ 时结论成立,因此只需考虑当 $A\overset{r_1+kr_2}{\sim}B$ 这一特殊情形. 分两种情形讨论:①A 的 r 阶非零子式 D 不包含 A 的第 1 行,这时 D 也是 B 的 r 阶非零子式,故 $R(B)\geqslant r$;②D 包含 A 的第 1 行,这时把 B 中与 D 对应的 r 阶子式 D_1 记作

$$D_1=\begin{vmatrix}r_1+kr_2\\ r_p\\ \vdots\\ r_q\end{vmatrix}=\begin{vmatrix}r_1\\ r_p\\ \vdots\\ r_q\end{vmatrix}+k\begin{vmatrix}r_2\\ r_p\\ \vdots\\ r_q\end{vmatrix}=D+kD_2.$$

若 $p=2$,则 $D_1=D\neq0$;若 $p\neq2$,则 D_2 也是 B 的 r 阶子式,由 $D_1-kD_2=D\neq0$ 知 D_1 与 D_2 不

同时为0. 总之,$\boldsymbol{B}$ 中存在 r 阶非零子式 D_1 或 D_2,故 $R(\boldsymbol{B})\geqslant r$.

上述证明了若 $\boldsymbol{A}$ 经一次初等行变换变为 $\boldsymbol{B}$, 则

$$R(\boldsymbol{A})\leqslant R(\boldsymbol{B});$$

由于 $\boldsymbol{B}$ 亦可经一次初等行变换变为 $\boldsymbol{A}$, 故也有

$$R(\boldsymbol{B})\leqslant R(\boldsymbol{A}),$$

因此 $$R(\boldsymbol{A})=R(\boldsymbol{B}).$$

经一次初等行变换矩阵的秩不变, 即可知经有限次初等行变换矩阵的秩也不变.

设 $\boldsymbol{A}$ 经初等列变换变为 $\boldsymbol{B}$,则 $\boldsymbol{A}^{\mathrm{T}}$ 经初等行变换变为 $\boldsymbol{B}^{\mathrm{T}}$,由于 $R(\boldsymbol{A}^{\mathrm{T}})=R(\boldsymbol{B}^{\mathrm{T}})$,又

$$R(\boldsymbol{A})=R(\boldsymbol{A}^{\mathrm{T}}),R(\boldsymbol{B})=R(\boldsymbol{B}^{\mathrm{T}}),$$

因此 $$R(\boldsymbol{A})=R(\boldsymbol{B}).$$

总之,若 $\boldsymbol{A}$ 经过有限次初等变换变为 $\boldsymbol{B}$(即 $\boldsymbol{A}\sim\boldsymbol{B}$),则

$$R(\boldsymbol{A})=R(\boldsymbol{B}).$$

根据上述定理, 我们得到利用初等变换求矩阵的秩的方法:把矩阵用初等行变换变成行阶梯形矩阵,行阶梯形矩阵中非零行的行数就是该矩阵的秩.

例 2.24 设 $\boldsymbol{A}=\begin{pmatrix}1&-2&2&-1\\2&-4&8&0\\-2&4&-2&3\\3&-6&0&-6\end{pmatrix}$,$\boldsymbol{b}=\begin{pmatrix}1\\2\\3\\4\end{pmatrix}$,求矩阵 $\boldsymbol{A}$ 及矩阵 $\tilde{\boldsymbol{A}}=(\boldsymbol{A},\boldsymbol{b})$ 的秩.

解 $$\tilde{\boldsymbol{A}}=\begin{pmatrix}1&-2&2&-1&1\\2&-4&8&0&2\\-2&4&-2&3&3\\3&-6&0&-6&4\end{pmatrix}\xrightarrow[r_4-3r_1]{\substack{r_2-2r_1\\r_3+2r_1}}\begin{pmatrix}1&-2&2&-1&1\\0&0&4&2&0\\0&0&2&1&5\\0&0&-6&-3&1\end{pmatrix}$$

$$\xrightarrow[r_4+3r_2]{\substack{r_2\times\frac{1}{2}\\r_3-r_2}}\begin{pmatrix}1&-2&2&-1&1\\0&0&2&1&0\\0&0&0&0&5\\0&0&0&0&1\end{pmatrix}\xrightarrow[r_4-r_3]{r_3\times\frac{1}{5}}\begin{pmatrix}1&-2&2&-1&1\\0&0&2&1&0\\0&0&0&0&1\\0&0&0&0&0\end{pmatrix},$$

因此 $$R(\boldsymbol{A})=2,R(\tilde{\boldsymbol{A}})=3.$$

例 2.25 设 $\boldsymbol{A}=\begin{pmatrix}1&-1&1&2\\3&\lambda&-1&2\\5&3&\mu&6\end{pmatrix}$,已知 $R(\boldsymbol{A})=2$, 求 λ 与 μ 的值.

解 $$\boldsymbol{A}\xrightarrow[r_3-5r_1]{r_2-3r_1}\begin{pmatrix}1&-1&1&2\\0&\lambda+3&-4&-4\\0&8&\mu-5&-4\end{pmatrix}\xrightarrow{r_3-r_2}\begin{pmatrix}1&-1&1&2\\0&\lambda+3&-4&-4\\0&5-\lambda&\mu-1&0\end{pmatrix},$$

因 $R(\boldsymbol{A})=2$,故

$$\begin{cases}5-\lambda=0,\\\mu-1=0,\end{cases}\text{得}\begin{cases}\lambda=5,\\\mu=1.\end{cases}$$

例 2.26　设 A 为 n 阶非奇异矩阵，B 为 $n\times m$ 矩阵. 试证：A 与 B 之积的秩等于 B 的秩，即 $R(AB)=R(B)$.

证　因为 A 非奇异，故可表示成若干初等矩阵之积，即 $A=P_1P_2\cdots P_s$，$P_i(i=1,2,\cdots,s)$ 皆为初等矩阵. $AB=P_1P_2\cdots P_sB$，即 AB 是 B 经 s 次初等行变换后得出的，因而 $R(AB)=R(B)$.

习题 2.5

1. 判断题.

(1) 设矩阵 A 的秩为 r，则 A 中所有 $r-1$ 阶子式都不等于零.

(2) 设矩阵 A 的秩为 r，则 A 中有可能存在值为零的 r 阶子式.

(3) 设矩阵 A 的秩为 r，则 A 中至少有一个 r 阶子式不为零.

(4) 设矩阵 A 的秩为 r，则 A 中可以有不为零的 $r+1$ 阶子式.

(5) 从 $m\times n(n>1)$ 矩阵 A 中划去一列得到矩阵 B，则 $R(A)>R(B)$.

(6) 设 A,B 均为 $m\times n$ 矩阵，若 $R(A)=R(B)$，则 A 与 B 必有相同的标准形.

2. 选择题.

(1) 已知对 3 阶矩阵 A 施行初等行变换得到 A 的行阶梯形矩阵为 $\begin{pmatrix}6&7&1\\0&2&5\\0&0&0\end{pmatrix}$，则 $R(A)=(\quad)$.

(A) 0　　(B) 1　　(C) 2　　(D) 3

(2) 矩阵 $A=\begin{pmatrix}1&a&a^2\\1&b&b^2\\1&c&c^2\end{pmatrix}$ 的秩为 3，则(　　).

(A) a,b,c 都不等于 1　　(B) a,b,c 都不等于 0

(C) a,b,c 互不相等　　(D) $a=b=c$

(3) 设 A 为 3 阶方阵，$R(A)=1$，则(　　).

(A) $R(A^*)=3$　　(B) $R(A^*)=2$　　(C) $R(A^*)=1$　　(D) $R(A^*)=0$.

3. 求下列矩阵的秩：

(1) $\begin{pmatrix}4&-3&1\\-3&6&-3\\1&-3&2\end{pmatrix}$；　　(2) $\begin{pmatrix}3&1&0&2\\1&-1&2&-1\\1&3&-4&4\end{pmatrix}$；

(3) $\begin{pmatrix}0&1&1&-1&2\\0&2&2&2&0\\0&-1&-1&1&1\\1&1&0&0&1\end{pmatrix}$；　　(4) $\begin{pmatrix}2&1&8&3&7\\2&-3&0&7&-5\\3&-2&5&8&0\\1&0&3&2&0\end{pmatrix}$.

4. 设 $A=\begin{pmatrix} 1 & -2 & 3k \\ -1 & 2k & -3 \\ k & -2 & 3 \end{pmatrix}$,求 k 为何值,可使

(1)$R(A)=1$; (2)$R(A)=2$; (3)$R(A)=3$.

5. 设 A,B 均为 $m\times n$ 矩阵,证明:$R(A+B)\leqslant R(A)+R(B)$.

6. 设 A 为 n 阶方阵,证明:$R(A+E)+R(A-E)\geqslant n$.

本章小结

矩阵是本课程研究的主要对象,也是本课程讨论问题的主要工具. 学习本章的基本要求如下.

(1)理解矩阵的概念,掌握零矩阵、对角矩阵、单位矩阵、对称矩阵等特殊矩阵的概念及有关性质.

(2)熟练掌握矩阵的线性运算、矩阵与矩阵的乘法、矩阵的转置、方阵的行列式以及它们的运算规律.

(3)理解逆矩阵的概念、性质以及矩阵可逆的充要条件,掌握矩阵求逆方法;理解伴随矩阵的概念和性质,会用伴随矩阵求矩阵的逆矩阵.

(4)了解分块矩阵的概念及运算,理解分块对角阵的概念,掌握其性质.

(5)掌握矩阵的初等变换,会用初等行变换把矩阵化成行阶梯形矩阵和行最简形矩阵,理解初等矩阵及其相关定理,掌握用初等变换求逆矩阵的方法.

(6)理解矩阵秩的概念,熟练掌握运用初等变换求矩阵的秩的方法.

复习题 2

1. 选择题.

(1)已知矩阵 $A_{2\times3},B_{3\times4}$,则下列(   )运算可行.

(A)$A+B$　　(B)$A-B$　　(C)AB　　(D)BA

(2)设 A,B 为 n 阶矩阵,且满足等式 $AB=O$,则必有(   ).

(A)$A=O$ 或 $B=O$　　(B)$A+B=O$

(C)$|A|=0$ 或 $|B|=0$　　(D)$|A|+|B|=0$

(3)在下列矩阵中,可逆的是(   ).

(A)$\begin{pmatrix} 0 & 0 & 0 \\ 0 & 1 & 0 \\ 0 & 0 & 1 \end{pmatrix}$　　(B)$\begin{pmatrix} 1 & 1 & 0 \\ 2 & 2 & 0 \\ 0 & 0 & 1 \end{pmatrix}$　　(C)$\begin{pmatrix} 1 & 1 & 0 \\ 0 & 1 & 1 \\ 1 & 2 & 1 \end{pmatrix}$　　(D)$\begin{pmatrix} 1 & 0 & 0 \\ 1 & 1 & 1 \\ 1 & 0 & 1 \end{pmatrix}$

(4)设矩阵 $A=\begin{pmatrix} 3 & -1 & 2 \\ 1 & 0 & -1 \\ -2 & 1 & 4 \end{pmatrix}$,$A^*$ 是 A 的伴随矩阵,则 A^* 中位于(1,2)的元素是(   ).

(A) -6　　(B) 6　　(C) 2　　(D) -2

(5) 设 $\boldsymbol{A},\boldsymbol{B},\boldsymbol{C}$ 均为 3 阶方阵，当 $\boldsymbol{A}$ 满足条件(　　)时，由 $\boldsymbol{AB}=\boldsymbol{AC}$，必能推出 $\boldsymbol{B}=\boldsymbol{C}$.

(A) $\boldsymbol{A}\neq\boldsymbol{O}$　　(B) $\boldsymbol{A}=\boldsymbol{O}$　　(C) $|\boldsymbol{A}|=0$　　(D) $|\boldsymbol{A}|\neq 0$

(6) 设 $\boldsymbol{A}_{n\times n}$ 为 n 阶可逆矩阵，$\boldsymbol{A}^*$ 是 $\boldsymbol{A}$ 的伴随矩阵，则(　　).

(A) $|\boldsymbol{A}^*|=|\boldsymbol{A}|^{n-1}$　　(B) $|\boldsymbol{A}^*|=|\boldsymbol{A}|$　　(C) $|\boldsymbol{A}^*|=|\boldsymbol{A}|^n$　　(D) $|\boldsymbol{A}^*|=|\boldsymbol{A}^{-1}|$

(7) 以初等矩阵 $\begin{pmatrix}1&0&0\\0&0&1\\0&1&0\end{pmatrix}$ 左乘 $\boldsymbol{A}=\begin{pmatrix}0&0&1\\1&0&0\\0&1&0\end{pmatrix}$ 相当于对矩阵实行(　　)初等变换.

(A) $r_2\leftrightarrow r_3$　　(B) $c_2\leftrightarrow c_3$　　(C) $r_1\leftrightarrow r_3$　　(D) $c_1\leftrightarrow c_3$

(8) 设矩阵 $\boldsymbol{A}$ 的秩为 r，则 $\boldsymbol{A}$ 中(　　).

(A) 所有 $r-1$ 阶子式都不为 0　　(B) 所有 $r-1$ 阶子式全为 0

(C) 至少有一个 r 阶子式不等于 0　　(D) 所有 r 阶子式都不为 0

(9) 设矩阵 $\boldsymbol{A}=\begin{pmatrix}1&1&1\\1&2&1\\2&3&\lambda+1\end{pmatrix}$ 的秩为 2，则 $\lambda=$(　　).

(A) 2　　(B) 1　　(C) 0　　(D) -1

(10) 设 $\boldsymbol{A}=\begin{pmatrix}1&2&3\\4&5&6\\7&8&9\end{pmatrix}$，$\boldsymbol{B}=\begin{pmatrix}7&8&9\\4&5&6\\1&2&3\end{pmatrix}$，$\boldsymbol{P}=\begin{pmatrix}0&0&1\\0&1&0\\1&0&0\end{pmatrix}$，则 $\boldsymbol{B}=$(　　).

(A) $\boldsymbol{PA}$　　(B) $\boldsymbol{AP}$　　(C) $\boldsymbol{PA}^{-1}$　　(D) $\boldsymbol{AP}^{-1}$

(11) 下列矩阵不是初等矩阵的是(　　).

(A) $\begin{pmatrix}2&0\\0&1\end{pmatrix}$　　(B) $\begin{pmatrix}1&0\\-2&1\end{pmatrix}$　　(C) $\begin{pmatrix}1&0&0\\0&1&0\\0&0&-1\end{pmatrix}$　　(D) $\begin{pmatrix}0&1&0\\1&0&0\\2&0&1\end{pmatrix}$

(12) 设 $\boldsymbol{A}=\begin{pmatrix}a_{11}&a_{12}&a_{13}\\a_{21}&a_{22}&a_{23}\\a_{31}&a_{32}&a_{33}\end{pmatrix}$，$\boldsymbol{B}=\begin{pmatrix}a_{13}&a_{12}&a_{11}+a_{12}\\a_{23}&a_{22}&a_{21}+a_{22}\\a_{33}&a_{32}&a_{31}+a_{32}\end{pmatrix}$，$\boldsymbol{P}=\begin{pmatrix}0&0&1\\0&1&0\\1&0&0\end{pmatrix}$，

$\boldsymbol{Q}=\begin{pmatrix}1&0&0\\0&1&1\\0&0&1\end{pmatrix}$，则必有(　　).

(A) $\boldsymbol{B}=\boldsymbol{APQ}$　　(B) $\boldsymbol{B}=\boldsymbol{AQP}$　　(C) $\boldsymbol{A}=\boldsymbol{BPQ}$　　(D) $\boldsymbol{A}=\boldsymbol{BQP}$

2. 填空题.

(1) $(1,0,4)\begin{pmatrix}1\\1\\0\end{pmatrix}=$__________；$\begin{pmatrix}1\\1\\0\end{pmatrix}(1,0,4)=$__________.

(2)已知 $\boldsymbol{\alpha}=\begin{pmatrix}1\\2\\3\end{pmatrix}$, $\boldsymbol{\beta}=\begin{pmatrix}1\\-1\\0\end{pmatrix}$, $\boldsymbol{E}$ 是 3 阶单位矩阵,则 $\boldsymbol{\alpha\beta}^{\mathrm{T}}+\boldsymbol{\beta}^{\mathrm{T}}\boldsymbol{\alpha E}=$__________.

(3) $(\boldsymbol{A}+\boldsymbol{B})^2=\boldsymbol{A}^2+2\boldsymbol{AB}+\boldsymbol{B}^2$ 成立的充分必要条件是__________.

(4)已知 $\boldsymbol{A},\boldsymbol{B}$ 为 n 阶矩阵, $|\boldsymbol{A}|=2$, $|\boldsymbol{B}|=-3$,则 $|\boldsymbol{A}^{\mathrm{T}}\boldsymbol{B}^{-1}|=$__________.

(5)已知 $\boldsymbol{A}^{-1}=\dfrac{1}{3}\begin{pmatrix}1&0&0\\0&1/2&0\\0&0&1/5\end{pmatrix}$,则 $\boldsymbol{A}=$__________.

(6)已知 $\boldsymbol{A}=\begin{pmatrix}1&5&4\\0&2&4\\1&3&1\end{pmatrix}$,则 $(\boldsymbol{A}^*)^{-1}=$__________.

(7)设 $\boldsymbol{A},\boldsymbol{B}$ 都为可逆方阵,则 $\begin{pmatrix}\boldsymbol{A}&\boldsymbol{O}\\\boldsymbol{O}&\boldsymbol{B}\end{pmatrix}^{-1}=$__________, $\begin{pmatrix}\boldsymbol{O}&\boldsymbol{A}\\\boldsymbol{B}&\boldsymbol{O}\end{pmatrix}^{-1}=$__________.

(8)已知 $\boldsymbol{A}=\begin{pmatrix}1&2&3&4\\2&3&4&1\\3&4&1&2\end{pmatrix}$,则

①初等矩阵 $\boldsymbol{E}(1,3)$ 左乘 $\boldsymbol{A}$ 的结果 $\boldsymbol{A}_1=$______,这时 $\boldsymbol{E}(1,3)=$______;

②初等矩阵 $\boldsymbol{E}(1,3)$ 右乘 $\boldsymbol{A}$ 的结果 $\boldsymbol{A}_2=$______,这时 $\boldsymbol{E}(1,3)=$______;

③初等矩阵 $\boldsymbol{E}(3,1(-2))$ 左乘 $\boldsymbol{A}$ 的结果 $\boldsymbol{A}_3=$______,这时 $\boldsymbol{E}(3,1(-2))=$______;

④初等矩阵 $\boldsymbol{E}(3,1(-2))$ 右乘 $\boldsymbol{A}$ 的结果 $\boldsymbol{A}_4=$______,这时 $\boldsymbol{E}(3,1(-2))=$______.

3. 设 $\boldsymbol{A}=(1,2,3)$, $\boldsymbol{B}=(1,1,1)$,求 $(\boldsymbol{A}^{\mathrm{T}}\boldsymbol{B})^k$.

4. 设 $\boldsymbol{A}$ 为 n 阶方阵, $|\boldsymbol{A}|=2$,求 $\left|\left(\dfrac{1}{2}\boldsymbol{A}\right)^{-1}-3\boldsymbol{A}^*\right|$.

5. 设矩阵 $\boldsymbol{A},\boldsymbol{B}$ 满足 $\boldsymbol{A}^*\boldsymbol{BA}=2\boldsymbol{BA}-8\boldsymbol{E}$,其中 $\boldsymbol{A}=\begin{pmatrix}1&&\\&-2&\\&&1\end{pmatrix}$, $\boldsymbol{A}^*$ 为 $\boldsymbol{A}$ 的伴随矩阵, $\boldsymbol{E}$ 为单位矩阵,求矩阵 $\boldsymbol{B}$.

6. 设 n 阶方阵 $\boldsymbol{A},\boldsymbol{B}$ 满足 $\boldsymbol{A}+\boldsymbol{B}=\boldsymbol{AB}$,则

(1)证明 $\boldsymbol{A}-\boldsymbol{E}$ 为可逆矩阵;

(2)证明 $\boldsymbol{AB}=\boldsymbol{BA}$;

(3)已知 $\boldsymbol{B}=\begin{pmatrix}1&-3&0\\2&1&0\\0&0&2\end{pmatrix}$,求 $\boldsymbol{A}$.

7. 设方阵 $\boldsymbol{A}$ 满足 $\boldsymbol{A}^2-4\boldsymbol{A}-\boldsymbol{E}=\boldsymbol{O}$,证明 $\boldsymbol{A}$ 及 $4\boldsymbol{A}+\boldsymbol{E}$ 都可逆,并求它们的逆矩阵.

8. 解下列矩阵方程:

(1) $\begin{pmatrix}2&3\\3&5\end{pmatrix}\boldsymbol{X}=\begin{pmatrix}1&2\\3&4\end{pmatrix}$; (2) $\boldsymbol{X}\begin{pmatrix}1&1&-1\\0&2&2\\1&-1&0\end{pmatrix}=\begin{pmatrix}1&-1&1\\1&1&0\\2&1&1\end{pmatrix}$;

(3) $\begin{pmatrix}0&1&0\\1&0&0\\0&0&1\end{pmatrix}X\begin{pmatrix}1&0&0\\0&0&1\\0&1&0\end{pmatrix}=\begin{pmatrix}1&-4&3\\2&0&-1\\1&-2&0\end{pmatrix}$.

9. 设矩阵 X 满足 $XA=X+BB^{\mathrm{T}}$,其中

$$A=\begin{pmatrix}1&-1&1\\-1&1&-1\\1&-1&1\end{pmatrix},B=\begin{pmatrix}1\\-1\\1\end{pmatrix},$$

求 X.

10. 设 3 阶矩阵 A,B 满足关系 $A^{-1}BA=4A+BA$,且 $A=\begin{pmatrix}1/2&0&0\\0&1/3&0\\0&0&1/5\end{pmatrix}$,求 B.

11. 设 $P^{-1}AP=\Lambda$,其中 $P=\begin{pmatrix}-1&-4\\1&1\end{pmatrix}$,$\Lambda=\begin{pmatrix}-1&0\\0&2\end{pmatrix}$,求 A^{11}.

12. 设 $A=\begin{pmatrix}3&4&&\\4&-3&\multicolumn{2}{c}{O}\\&&2&0\\O&&2&2\end{pmatrix}$,求 $|A^8|$ 及 A^4.

13. 已知 a_1,a_2,a_3,a_4,a 均不为零,求下列矩阵的逆矩阵:

(1) $\begin{pmatrix}a_1&&&\\&a_2&&\\&&a_3&\\&&&a_4\end{pmatrix}$;　(2) $\begin{pmatrix}&&&a_1\\&&a_2&\\&a_3&&\\a_4&&&\end{pmatrix}$;　(3) $\begin{pmatrix}a&0&0&0\\1&a&0&0\\0&1&a&0\\0&0&1&a\end{pmatrix}$.

14. 求下列矩阵的秩:

(1) $\begin{pmatrix}1&2&3&4\\1&-2&4&5\\1&10&1&2\end{pmatrix}$;　(2) $\begin{pmatrix}1&-1&2&1&0\\2&-2&4&2&0\\3&0&6&-1&1\\0&3&0&0&1\end{pmatrix}$.

15. 设矩阵 $A=\begin{pmatrix}1&2&3&2\\3&6&9&6\\4&8&12&\lambda\end{pmatrix}$,则 λ 为何值,可使

(1) $R(A)=1$;　(2) $R(A)=2$;　(3) $R(A)=3$.

16. 设 n 阶方阵 A 满足 $A^2-2A-3E=O$,证明 $R(A+E)+R(A-3E)=n$.

第3章　线性方程组

本章讨论一般线性方程组,包括对线性方程组的解的存在性判别、解的个数以及解的结构等问题.

为此,我们引入了 n 维向量的有关概念,这些概念不仅可以用来讨论线性方程组,也是线性代数中的基本概念,有极其广泛的应用.

3.1　线性方程组有解的判别定理

设有 n 个未知数、m 个方程的线性方程组为

$$\begin{cases} a_{11}x_1+a_{12}x_2+\cdots+a_{1n}x_n=b_1, \\ a_{21}x_1+a_{22}x_2+\cdots+a_{2n}x_n=b_2, \\ \qquad\vdots \\ a_{m1}x_1+a_{m2}x_2+\cdots+a_{mn}x_n=b_m. \end{cases} \tag{3-1}$$

当右端的常数项 $b_1,b_2,\cdots,b_m$ 全为零时,方程组(3－1)称为齐次线性方程组;当 $b_1,b_2,\cdots,b_m$ 不全为零时,方程组(3－1)称为非齐次线性方程组.

在第2章中已经说明,线性方程组(3－1)可以写成矩阵形式,即

$$\boldsymbol{Ax}=\boldsymbol{b}, \tag{3-2}$$

其中

$$\boldsymbol{A}=\begin{pmatrix} a_{11} & a_{12} & \cdots & a_{1n} \\ a_{21} & a_{22} & \cdots & a_{2n} \\ \vdots & \vdots & & \vdots \\ a_{m1} & a_{m2} & \cdots & a_{mn} \end{pmatrix},\quad \boldsymbol{x}=\begin{pmatrix} x_1 \\ x_2 \\ \vdots \\ x_n \end{pmatrix},\quad \boldsymbol{b}=\begin{pmatrix} b_1 \\ b_2 \\ \vdots \\ b_m \end{pmatrix},$$

$\boldsymbol{A}$ 称为方程组(3－1)的**系数矩阵**,$\boldsymbol{x}$ 称为**未知量矩阵**,$\boldsymbol{b}$ 称为**常数项矩阵**.

定理3.1　对于 n 元线性方程组 $\boldsymbol{Ax}=\boldsymbol{b}$:

(1)无解的充分必要条件是 $R(\boldsymbol{A})<R(\boldsymbol{A},\boldsymbol{b})$;

(2)有唯一解的充分必要条件是 $R(\boldsymbol{A})=R(\boldsymbol{A},\boldsymbol{b})=n$;

(3)有无穷多解的充分必要条件是 $R(\boldsymbol{A})=R(\boldsymbol{A},\boldsymbol{b})<n$.

证　设 $R(\boldsymbol{A})=r$,n 元线性方程组 $\boldsymbol{Ax}=\boldsymbol{b}$ 的增广矩阵 $\boldsymbol{B}=(\boldsymbol{A},\boldsymbol{b})$ 的行最简形矩阵为

$$\tilde{\boldsymbol{B}}=\begin{pmatrix}1 & 0 & \cdots & 0 & b_{1,r+1} & \cdots & b_{1n} & d_1\\ 0 & 1 & \ddots & \vdots & b_{2,r+1} & \cdots & b_{2n} & d_2\\ \vdots & \ddots & \ddots & 0 & \vdots & & \vdots & \vdots\\ 0 & \cdots & 0 & 1 & b_{r,r+1} & \cdots & b_{rn} & d_r\\ 0 & 0 & \cdots & 0 & 0 & \cdots & 0 & d_{r+1}\\ \vdots & \vdots & & \vdots & \vdots & & \vdots & \vdots\\ 0 & 0 & \cdots & 0 & 0 & \cdots & 0 & 0\end{pmatrix}.$$

(1)若 $R(\boldsymbol{A})<R(\boldsymbol{A},\boldsymbol{b})$，则 $\tilde{\boldsymbol{B}}$ 中的 $d_{r+1}=1$，于是 $\tilde{\boldsymbol{B}}$ 的第 $r+1$ 行对应的方程为 $0=1$，这是矛盾方程，故线性方程组(3-2)无解.

(2)若 $R(\boldsymbol{A})=R(\boldsymbol{A},\boldsymbol{b})=r=n$，则 $\tilde{\boldsymbol{B}}$ 为

$$\tilde{\boldsymbol{B}}=\begin{pmatrix}1 & 0 & \cdots & 0 & d_1\\ 0 & 1 & \cdots & 0 & d_2\\ \vdots & \vdots & & \vdots & \vdots\\ 0 & 0 & \cdots & 1 & d_n\end{pmatrix},$$

于是 $\tilde{\boldsymbol{B}}$ 对应的方程组为

$$\begin{cases}x_1=d_1,\\ x_2=d_2,\\ \quad\vdots\\ x_n=d_n,\end{cases}$$

故线性方程组(3-2)有唯一解.

(3)若 $R(\boldsymbol{A})=R(\boldsymbol{A},\boldsymbol{b})=r<n$，则 $\tilde{\boldsymbol{B}}$ 中的 $d_{r+1}=0$，于是 $\tilde{\boldsymbol{B}}$ 对应的方程组为

$$\begin{cases}x_1=d_1-b_{1,r+1}x_{r+1}-\cdots-b_{1n}x_n,\\ x_2=d_2-b_{2,r+1}x_{r+1}-\cdots-b_{2n}x_n,\\ \quad\vdots\\ x_r=d_r-b_{r,r+1}x_{r+1}-\cdots-b_{rn}x_n.\end{cases}\tag{3-3}$$

这时方程组(3-3)中有 $n-r$ 个自由未知量 $x_{r+1},x_{r+2},\cdots,x_n$，自由未知量取不同的值，就可以得到不同的解. 分别取 $x_{r+1}=c_1,x_{r+2}=c_2,\cdots,x_n=c_{n-r}$，其中 $c_1,c_2,\cdots,c_{n-r}$为任意常数，则线性方程组(3-2)有如下无穷多解：

$$\begin{cases} x_1 = d_1 - b_{1,r+1}c_1 - b_{1,r+2}c_2 - \cdots - b_{1n}c_{n-r}, \\ x_2 = d_2 - b_{2,r+1}c_1 - b_{2,r+2}c_2 - \cdots - b_{2n}c_{n-r}, \\ \qquad \vdots \\ x_r = d_r - b_{r,r+1}c_1 - b_{r,r+2}c_2 - \cdots - b_{rn}c_{n-r}, \\ x_{r+1} = c_1, \\ x_{r+2} = c_2, \\ \qquad \vdots \\ x_n = c_{n-r}. \end{cases}$$

例 3.1 求解齐次线性方程组

$$\begin{cases} x_1 + 2x_2 + 2x_3 + x_4 = 0, \\ 2x_1 + x_2 - 2x_3 - 2x_4 = 0, \\ x_1 - x_2 - 4x_3 - 3x_4 = 0. \end{cases}$$

解 对系数矩阵 $\boldsymbol{A}$ 施行初等行变换变为行最简形矩阵,即

$$\boldsymbol{A} = \begin{pmatrix} 1 & 2 & 2 & 1 \\ 2 & 1 & -2 & -2 \\ 1 & -1 & -4 & -3 \end{pmatrix} \xrightarrow[r_3 - r_1]{r_2 - 2r_1} \begin{pmatrix} 1 & 2 & 2 & 1 \\ 0 & -3 & -6 & -4 \\ 0 & -3 & -6 & -4 \end{pmatrix}$$

$$\xrightarrow[r_2 \div (-3)]{r_3 - r_2} \begin{pmatrix} 1 & 2 & 2 & 1 \\ 0 & 1 & 2 & \frac{4}{3} \\ 0 & 0 & 0 & 0 \end{pmatrix} \xrightarrow{r_1 - 2r_2} \begin{pmatrix} 1 & 0 & -2 & -\frac{5}{3} \\ 0 & 1 & 2 & \frac{4}{3} \\ 0 & 0 & 0 & 0 \end{pmatrix},$$

得原方程组的同解方程组为

$$\begin{cases} x_1 - 2x_3 - \frac{5}{3}x_4 = 0, \\ x_2 + 2x_3 + \frac{4}{3}x_4 = 0, \end{cases}$$

即

$$\begin{cases} x_1 = 2x_3 + \frac{5}{3}x_4, \\ x_2 = -2x_3 - \frac{4}{3}x_4. \end{cases}$$

令 $x_3 = c_1, x_4 = c_2$,得原方程组的解为

$$\begin{cases} x_1 = 2c_1 + \frac{5}{3}c_2, \\ x_2 = -2c_1 - \frac{4}{3}c_2, (c_1, c_2 \in \mathbf{R}). \\ x_3 = c_1, \\ x_4 = c_2, \end{cases}$$

例 3.2 求解线性方程组

$$\begin{cases}2x_1+2x_2-x_3=0,\\x_1-2x_2+4x_3=0,\\5x_1+8x_2-2x_3=0.\end{cases}$$

解　对系数矩阵 $\boldsymbol{A}$ 施行初等行变换变为行最简形矩阵,即

$$\boldsymbol{A}=\begin{pmatrix}2&2&-1\\1&-2&4\\5&8&-2\end{pmatrix}\xrightarrow[\substack{r_2-2r_1\\r_3-5r_1}]{r_1\leftrightarrow r_2}\begin{pmatrix}1&-2&4\\0&6&-9\\0&18&-22\end{pmatrix}$$

$$\xrightarrow[r_3\div(5)]{r_3-3r_2}\begin{pmatrix}1&-2&4\\0&6&-9\\0&0&1\end{pmatrix}\xrightarrow[\substack{r_2\div 6\\r_1+2r_2}]{\substack{r_2+9r_3\\r_1-4r_3}}\begin{pmatrix}1&0&0\\0&1&0\\0&0&1\end{pmatrix},$$

得原方程组的同解方程组为

$$\begin{cases}x_1=0,\\x_2=0,\\x_3=0,\end{cases}$$

即原方程组只有零解.

例 3.3　求解线性方程组

$$\begin{cases}x_1+x_2+2x_3+3x_4=1,\\x_2+x_3-4x_4=1,\\x_1+2x_2+3x_3-x_4=4,\\2x_1+3x_2-x_3-x_4=-6.\end{cases}$$

解　$$(\boldsymbol{A},\boldsymbol{b})=\begin{pmatrix}1&1&2&3&1\\0&1&1&-4&1\\1&2&3&-1&4\\2&3&-1&-1&-6\end{pmatrix}\xrightarrow[r_4-2r_1]{r_3-r_1}\begin{pmatrix}1&1&2&3&1\\0&1&1&-4&1\\0&1&1&-4&3\\0&1&-5&-7&-8\end{pmatrix}$$

$$\xrightarrow[r_4-r_2]{r_3-r_2}\begin{pmatrix}1&1&2&3&1\\0&1&1&-4&1\\0&0&0&0&2\\0&0&-6&-3&-9\end{pmatrix}\xrightarrow{r_3\leftrightarrow r_4}\begin{pmatrix}1&1&2&3&1\\0&1&1&-4&1\\0&0&-6&-3&-9\\0&0&0&0&2\end{pmatrix},$$

因为 $R(\boldsymbol{A})=3,R(\boldsymbol{A},\boldsymbol{b})=4,R(\boldsymbol{A})<R(\boldsymbol{A},\boldsymbol{b})$,所以原方程组无解.

例 3.4　求解线性方程组

$$\begin{cases}x_2+x_3=2,\\2x_1+3x_2+2x_3=5,\\3x_1+x_2-x_3=-1.\end{cases}$$

解 $(\boldsymbol{A},\boldsymbol{b})=\begin{pmatrix}0&1&1&2\\2&3&2&5\\3&1&-1&-1\end{pmatrix}\xrightarrow[r_3-\frac{3}{2}r_1]{r_1\leftrightarrow r_2}\begin{pmatrix}2&3&2&5\\0&1&1&2\\0&-\frac{7}{2}&-4&-\frac{17}{2}\end{pmatrix}$

$$\xrightarrow[r_3\times(-2)]{r_3+\frac{7}{2}r_2}\begin{pmatrix}2&3&2&5\\0&1&1&2\\0&0&1&3\end{pmatrix}\xrightarrow[r_1-2r_3]{r_2-r_3}\begin{pmatrix}2&3&0&-1\\0&1&0&-1\\0&0&1&3\end{pmatrix}$$

$$\xrightarrow[r_1\div 2]{r_1-3r_2}\begin{pmatrix}1&0&0&1\\0&1&0&-1\\0&0&1&3\end{pmatrix},$$

因为$R(\boldsymbol{A})=R(\boldsymbol{A},\boldsymbol{b})=3=n$,所以方程组有唯一解,且解为

$$\begin{cases}x_1=1,\\x_2=-1,\\x_3=3.\end{cases}$$

例 3.5 求解线性方程组

$$\begin{cases}2x_1+x_2+x_3+2x_4=1,\\x_1+x_2=5,\\5x_1+3x_2+2x_3+2x_4=3.\end{cases}$$

解 $(\boldsymbol{A},\boldsymbol{b})=\begin{pmatrix}2&1&1&2&1\\1&1&0&0&5\\5&3&2&2&3\end{pmatrix}\xrightarrow[\substack{r_2-2r_1\\r_3-5r_1}]{r_1\leftrightarrow r_2}\begin{pmatrix}1&1&0&0&5\\0&-1&1&2&-9\\0&-2&2&2&-22\end{pmatrix}$

$$\xrightarrow[r_3\div(-2)]{r_3-2r_2}\begin{pmatrix}1&1&0&0&5\\0&-1&1&2&-9\\0&0&0&1&2\end{pmatrix}\xrightarrow[r_1+r_2]{r_2-2r_3}\begin{pmatrix}1&0&1&0&-8\\0&-1&1&0&-13\\0&0&0&1&2\end{pmatrix}$$

$$\xrightarrow{r_2\times(-1)}\begin{pmatrix}1&0&1&0&-8\\0&1&-1&0&13\\0&0&0&1&2\end{pmatrix}.$$

原方程组的同解方程组为

$$\begin{cases}x_1=-8-x_3,\\x_2=13+x_3,\\x_4=2.\end{cases}$$

令$x_3=c$,得原方程组的解为

$$\begin{cases}x_1=-8-c,\\x_2=13+c,\\x_3=c,\\x_4=2,\end{cases}\quad(c\in\mathbf{R}).$$

例 3.6　设有线性方程组

$$\begin{cases} x_1+x_2+2x_3=0, \\ 2x_1+x_2+ax_3=1, \\ 3x_1+2x_2+4x_3=b, \end{cases}$$

求 a,b 各取何值时，此线性方程组：(1)无解；(2)有唯一解；(3)有无穷多解，并在有无穷多解时求其解.

解

$$(\boldsymbol{A},\boldsymbol{b})=\begin{pmatrix} 1 & 1 & 2 & 0 \\ 2 & 1 & a & 1 \\ 3 & 2 & 4 & b \end{pmatrix} \xrightarrow[r_3-3r_1]{r_2-2r_1} \begin{pmatrix} 1 & 1 & 2 & 0 \\ 0 & -1 & a-4 & 1 \\ 0 & -1 & -2 & b \end{pmatrix} \xrightarrow{r_3-r_2} \begin{pmatrix} 1 & 1 & 2 & 0 \\ 0 & -1 & a-4 & 1 \\ 0 & 0 & 2-a & b-1 \end{pmatrix},$$

(1)当 $a=2,b\neq1$ 时，$R(\boldsymbol{A})=2,R(\boldsymbol{A},\boldsymbol{b})=3,R(\boldsymbol{A})<R(\boldsymbol{A},\boldsymbol{b})$，原方程组无解；

(2)当 $a\neq2$ 时，$R(\boldsymbol{A})=R(\boldsymbol{A},\boldsymbol{b})=3$，原方程组有唯一解；

(3)当 $a=2,b=1$ 时，$R(\boldsymbol{A})=R(\boldsymbol{A},\boldsymbol{b})=2<3$，原方程组有无穷多解，此时

$$\begin{pmatrix} 1 & 1 & 2 & 0 \\ 0 & -1 & a-4 & 1 \\ 0 & 0 & 2-a & b-1 \end{pmatrix} = \begin{pmatrix} 1 & 1 & 2 & 0 \\ 0 & -1 & -2 & 1 \\ 0 & 0 & 0 & 0 \end{pmatrix} \xrightarrow[r_1-r_2]{r_2\times(-1)} \begin{pmatrix} 1 & 0 & 0 & 1 \\ 0 & 1 & 2 & -1 \\ 0 & 0 & 0 & 0 \end{pmatrix},$$

原方程组的同解方程组为

$$\begin{cases} x_1=1, \\ x_2=-1-2x_3. \end{cases}$$

令 $x_3=c$，得原方程组的解为

$$\begin{cases} x_1=1, \\ x_2=-1-2c,(c\in\mathbf{R}). \\ x_3=c, \end{cases}$$

由定理 3.1 容易得出线性方程组理论中两个最基本的定理.

定理 3.2　n 元齐次线性方程组 $\boldsymbol{Ax}=\boldsymbol{0}$ 有非零解的充分必要条件是 $R(\boldsymbol{A})<n$.

定理 3.3　线性方程组 $\boldsymbol{Ax}=\boldsymbol{b}$ 有解的充分必要条件是 $R(\boldsymbol{A})=R(\boldsymbol{A},\boldsymbol{b})$.

习题 3.1

1. 选择题.

(1)设 $\boldsymbol{A}$ 为 $m\times n$ 矩阵，非齐次线性方程组 $\boldsymbol{Ax}=\boldsymbol{b}$ 有无穷多解的充分必要条件是(　　).

(A) $m<n$　　　　(B) $R(\boldsymbol{A},\boldsymbol{b})<n$

(C) $R(\boldsymbol{A})=R(\boldsymbol{A},\boldsymbol{b})$　　　　(D) $R(\boldsymbol{A})=R(\boldsymbol{A},\boldsymbol{b})<n$

(2)设 $\boldsymbol{A}$ 为 $m\times n$ 矩阵，$R(\boldsymbol{A})=m<n$，则下列结论正确的是(　　).

(A)齐次线性方程组 $\boldsymbol{Ax}=\boldsymbol{0}$ 只有零解

(B)非齐次线性方程组 $\boldsymbol{Ax}=\boldsymbol{b}$ 有无穷多解

(C) $\boldsymbol{A}$ 中任一个 m 阶子式均不等于零

(D) $\boldsymbol{A}$ 中任意 m 个列向量必线性无关

2. 填空题.

(1) 非齐次线性方程组 $\boldsymbol{Ax}=\boldsymbol{b}$ 有解，则 $R(\boldsymbol{A})$______ $R(\boldsymbol{A},\boldsymbol{b})$.

(2) 在线性方程组 $\boldsymbol{Ax}=\boldsymbol{b}$ 有解的条件下，解唯一的充分必要条件是 $\boldsymbol{Ax}=\boldsymbol{0}$______.

3. 求解下列齐次线性方程组：

(1) $\begin{cases} x_1+x_2+2x_3-x_4=0, \\ 2x_1+x_2+x_3-x_4=0, \\ 2x_1+2x_2+x_3+2x_4=0; \end{cases}$
(2) $\begin{cases} x_1+2x_2+x_3-x_4=0, \\ 3x_1+6x_2-x_3-3x_4=0, \\ 5x_1+10x_2+x_3-5x_4=0; \end{cases}$

(3) $\begin{cases} 2x_1+2x_2-x_3=0, \\ x_1-2x_2+4x_3=0, \\ 5x_1+8x_2-2x_3=0; \end{cases}$
(4) $\begin{cases} x_1+x_2+x_3=0, \\ -x_1+2x_2+5x_3=0, \\ 2x_1-x_2-4x_3=0. \end{cases}$

4. 求解下列非齐次线性方程组：

(1) $\begin{cases} x_1+2x_3=3, \\ 2x_1+x_2+2x_3+x_4=0, \\ 3x_1+2x_2+x_4=2; \end{cases}$
(2) $\begin{cases} 2x_1+x_2-x_3+x_4=1, \\ 4x_1+2x_2-2x_3+x_4=2, \\ 2x_1+x_2-x_3-x_4=1; \end{cases}$

(3) $\begin{cases} x_1-x_2+x_3-x_4=1, \\ x_1-x_2-x_3+x_4=0, \\ x_1-x_2-2x_3+3x_4=-2; \end{cases}$
(4) $\begin{cases} x_1+2x_2+x_3-x_4=3, \\ 2x_1+5x_2+x_3+x_4=8, \\ 3x_1+5x_2+3x_3-2x_4=6, \\ x_1+4x_2-x_3+5x_4=7. \end{cases}$

5. 已知非齐次线性方程组 $\begin{cases} x_1+x_2+x_3+x_4=-1, \\ 4x_1+3x_2+5x_3-x_4=-1, \\ ax_1+x_2+3x_3+bx_4=1, \end{cases}$ 其系数矩阵 $\boldsymbol{A}$ 的秩 $R(\boldsymbol{A})=2$，试求常数 a,b 的值以及该方程组的解.

6. λ 取何值时，非齐次线性方程组

$$\begin{cases} x_1+x_2+x_3=1, \\ 2x_1+3x_2-x_3=\lambda, \\ 4x_1+5x_2+\lambda^2x_3=3, \end{cases}$$

(1) 有唯一解；(2) 无解；(3) 有无穷多解.

7. 对于非齐次线性方程组

$$\begin{cases} -2x_1+x_2+x_3=-2, \\ x_1-2x_2+x_3=\lambda, \\ x_1+x_2-2x_3=\lambda^2, \end{cases}$$

当 λ 取何值时有解，并求出它的解.

3.2　向量及其运算

3.2.1　n 维向量

定义 3.1　n 个数组成的有序数组

$$(a_1, a_2, \cdots, a_n) \tag{3-4}$$

或

$$\begin{pmatrix} a_1 \\ a_2 \\ \vdots \\ a_n \end{pmatrix} \tag{3-5}$$

称为一个 n **维向量**,简称**向量**.

式(3-4)称为一个行向量,式(3-5)称为一个列向量,数 $a_1, a_2, \cdots, a_n$ 称为这个向量的分量,a_i 称为这个向量的第 i 个分量或坐标。分量都是实数的向量称为实向量,分量是复数的向量称为复向量. 本书中除特别说明外,一般只讨论实向量.

本书中,列向量用黑体小写字母 $\boldsymbol{a}, \boldsymbol{b}, \boldsymbol{\alpha}, \boldsymbol{\beta}, \boldsymbol{\gamma}$ 等表示,行向量用 $\boldsymbol{a}^{\mathrm{T}}, \boldsymbol{b}^{\mathrm{T}}, \boldsymbol{\alpha}^{\mathrm{T}}, \boldsymbol{\beta}^{\mathrm{T}}, \boldsymbol{\gamma}^{\mathrm{T}}$ 等表示.

实际上,n 维行向量可以看成行矩阵,n 维列向量也常看成列矩阵.

分量全为 0 的向量称为**零向量**,记为 $\mathbf{0}$,即 $\mathbf{0} = (0, 0, \cdots, 0)^{\mathrm{T}}$.

向量 $\boldsymbol{\alpha} = (a_1, a_2, \cdots, a_n)^{\mathrm{T}}$ 的各分量的相反数构成的向量 $(-a_1, -a_2, \cdots, -a_n)^{\mathrm{T}}$ 称为向量 $\boldsymbol{\alpha}$ 的**负向量**,记为 $-\boldsymbol{\alpha}$,即

$$-\boldsymbol{\alpha} = (-a_1, -a_2, \cdots, -a_n)^{\mathrm{T}}.$$

若干个同维数的列向量(或同维数的行向量)所组成的集合称为**向量组**.

如矩阵 $\boldsymbol{A} = \begin{pmatrix} a_{11} & a_{12} & \cdots & a_{1n} \\ a_{21} & a_{22} & \cdots & a_{2n} \\ \vdots & \vdots & & \vdots \\ a_{m1} & a_{m2} & \cdots & a_{mn} \end{pmatrix}$ 中的每一行 $\boldsymbol{\alpha}_i^{\mathrm{T}} = (a_{i1}, a_{i2}, \cdots, a_{in})$ $(i = 1, 2, \cdots, m)$ 都是 n 维行向量,即可以看作 $1 \times n$ 的矩阵,每一列 $\boldsymbol{a}_j = \begin{pmatrix} a_{1j} \\ a_{2j} \\ \vdots \\ a_{mj} \end{pmatrix}$ $(j = 1, 2, \cdots, n)$ 都是 m 维列向量,也可以看作 $m \times 1$ 的矩阵. 显然,一个 $m \times n$ 矩阵 $\boldsymbol{A} = (a_{ij})$ 有 m 个 n 维行向量,同时它又有 n 个 m 维列向量,从而可记为

$$\boldsymbol{A} = \begin{pmatrix} \boldsymbol{\alpha}_1^{\mathrm{T}} \\ \boldsymbol{\alpha}_2^{\mathrm{T}} \\ \vdots \\ \boldsymbol{\alpha}_m^{\mathrm{T}} \end{pmatrix} = (\boldsymbol{a}_1, \boldsymbol{a}_2, \cdots, \boldsymbol{a}_n).$$

总之,一个含有限个向量的向量组可构成矩阵,而一个矩阵也可看作是由有限个有顺序的行向量(或列向量)所构成的向量组. 含有限个向量的有序向量组可以与矩阵一一对应.

向量组 $\boldsymbol{\varepsilon}_1=(1,0,\cdots,0)^{\mathrm{T}},\boldsymbol{\varepsilon}_2=(0,1,\cdots,0)^{\mathrm{T}},\cdots,\boldsymbol{\varepsilon}_n=(0,0,\cdots,1)^{\mathrm{T}}$ 称为 **n 维基本单位向量组**.

3.2.2 向量的运算

1. 向量的相等

如果 n 维向量 $\boldsymbol{\alpha}=(a_1,a_2,\cdots,a_n)^{\mathrm{T}}$ 与 $\boldsymbol{\beta}=(b_1,b_2,\cdots,b_n)^{\mathrm{T}}$ 的对应分量相等,即

$$a_i=b_i \quad (i=1,2,\cdots,n),$$

则称**向量 $\boldsymbol{\alpha}$ 与 $\boldsymbol{\beta}$ 相等**,记作 $\boldsymbol{\alpha}=\boldsymbol{\beta}$.

2. 向量的加法

由两个 n 维向量 $\boldsymbol{\alpha}=(a_1,a_2,\cdots,a_n)^{\mathrm{T}},\boldsymbol{\beta}=(b_1,b_2,\cdots,b_n)^{\mathrm{T}}$ 各对应分量之和构成的向量称为**向量 $\boldsymbol{\alpha}$ 与 $\boldsymbol{\beta}$ 的和**,记为 $\boldsymbol{\alpha}+\boldsymbol{\beta}$,即

$$\boldsymbol{\alpha}+\boldsymbol{\beta}=(a_1+b_1,a_2+b_2,\cdots,a_n+b_n)^{\mathrm{T}}.$$

3. 向量的减法

由两个 n 维向量 $\boldsymbol{\alpha}=(a_1,a_2,\cdots,a_n)^{\mathrm{T}},\boldsymbol{\beta}=(b_1,b_2,\cdots,b_n)^{\mathrm{T}}$ 各对应分量之差构成的向量称为**向量 $\boldsymbol{\alpha}$ 与 $\boldsymbol{\beta}$ 的差**,记为 $\boldsymbol{\alpha}-\boldsymbol{\beta}$,即

$$\boldsymbol{\alpha}-\boldsymbol{\beta}=(a_1-b_1,a_2-b_2,\cdots,a_n-b_n)^{\mathrm{T}}.$$

由向量的加法及负向量的定义可得

$$\boldsymbol{\alpha}-\boldsymbol{\beta}=\boldsymbol{\alpha}+(-\boldsymbol{\beta})=(a_1-b_1,a_2-b_2,\cdots,a_n-b_n)^{\mathrm{T}}.$$

4. 数与向量的乘积

设向量 $\boldsymbol{\alpha}=(a_1,a_2,\cdots,a_n)^{\mathrm{T}}$,$k$ 为一实数,由数 k 与向量 $\boldsymbol{\alpha}$ 各分量的乘积构成的向量 $(ka_1,ka_2,\cdots,ka_n)^{\mathrm{T}}$ 称为**数 k 与向量 $\boldsymbol{\alpha}$ 的乘积**,记为 $k\boldsymbol{\alpha}$,即 $k\boldsymbol{\alpha}=(ka_1,ka_2,\cdots,ka_n)^{\mathrm{T}}$.

向量的加法运算及数乘运算统称为向量的线性运算,这是向量最基本的运算. 向量的线性运算满足下列运算规律:

(1)加法交换律 $\boldsymbol{\alpha}+\boldsymbol{\beta}=\boldsymbol{\beta}+\boldsymbol{\alpha}$;

(2)加法结合律 $\boldsymbol{\alpha}+(\boldsymbol{\beta}+\boldsymbol{\gamma})=(\boldsymbol{\alpha}+\boldsymbol{\beta})+\boldsymbol{\gamma}$;

(3)$\boldsymbol{\alpha}+\mathbf{0}=\boldsymbol{\alpha}$;

(4)$\boldsymbol{\alpha}+(-\boldsymbol{\alpha})=\mathbf{0}$;

(5)数乘结合律 $k(l\boldsymbol{\alpha})=(kl)\boldsymbol{\alpha}$;

(6)数乘分配律 $k(\boldsymbol{\alpha}+\boldsymbol{\beta})=k\boldsymbol{\alpha}+k\boldsymbol{\beta}$;

(7)数量分配律 $(k+l)\boldsymbol{\alpha}=k\boldsymbol{\alpha}+l\boldsymbol{\alpha}$;

(8)$1\cdot\boldsymbol{\alpha}=\boldsymbol{\alpha}$.

其中 $\boldsymbol{\alpha},\boldsymbol{\beta},\boldsymbol{\gamma},\mathbf{0}$ 均为同维向量;k,l 为实数.

必须注意,只有维数相同并且同为行(列)向量,才能考虑向量相等以及进行向量的相加或相减.

例 3.7　设 $\boldsymbol{\alpha}=(1,0,-1,2)^{\mathrm{T}}$，$\boldsymbol{\beta}=(3,2,4,-1)^{\mathrm{T}}$，计算 $-\boldsymbol{\alpha}$，$2\boldsymbol{\alpha}$，$\boldsymbol{\alpha}-\boldsymbol{\beta}$，$5\boldsymbol{\alpha}+4\boldsymbol{\beta}$.

解

$$-\boldsymbol{\alpha}=(-1,0,1,-2)^{\mathrm{T}},$$

$$2\boldsymbol{\alpha}=2(1,0,-1,2)^{\mathrm{T}}=(2,0,-2,4)^{\mathrm{T}},$$

$$\begin{aligned}\boldsymbol{\alpha}-\boldsymbol{\beta}&=(1,0,-1,2)^{\mathrm{T}}-(3,2,4,-1)^{\mathrm{T}}=(1-3,0-2,-1-4,2+1)^{\mathrm{T}}\\&=(-2,-2,-5,3)^{\mathrm{T}},\end{aligned}$$

$$\begin{aligned}5\boldsymbol{\alpha}+4\boldsymbol{\beta}&=5(1,0,-1,2)^{\mathrm{T}}+4(3,2,4,-1)^{\mathrm{T}}=(5,0,-5,10)^{\mathrm{T}}+(12,8,16,-4)^{\mathrm{T}}\\&=(17,8,11,6)^{\mathrm{T}}.\end{aligned}$$

例 3.8　已知向量 $\boldsymbol{\alpha}_1$，$\boldsymbol{\alpha}_2$ 有关系式 $\boldsymbol{\alpha}_1+\boldsymbol{\alpha}_2=(1,1,1,4)^{\mathrm{T}}$，$2\boldsymbol{\alpha}_1-3\boldsymbol{\alpha}_2=(2,-8,2,-17)^{\mathrm{T}}$，试求向量 $\boldsymbol{\alpha}_1$ 和 $\boldsymbol{\alpha}_2$.

解　由 $\boldsymbol{\alpha}_1+\boldsymbol{\alpha}_2=(1,1,1,4)^{\mathrm{T}}$ 得

$$3\boldsymbol{\alpha}_1+3\boldsymbol{\alpha}_2=(3,3,3,12)^{\mathrm{T}},$$

又

$$2\boldsymbol{\alpha}_1-3\boldsymbol{\alpha}_2=(2,-8,2,-17)^{\mathrm{T}},$$

两式相加，得

$$5\boldsymbol{\alpha}_1=(5,-5,5,-5)^{\mathrm{T}},\boldsymbol{\alpha}_1=\frac{1}{5}(5,-5,5,-5)^{\mathrm{T}}=(1,-1,1,-1)^{\mathrm{T}},$$

把 $\boldsymbol{\alpha}_1$ 代入已知条件得

$$\boldsymbol{\alpha}_2=(0,2,0,5)^{\mathrm{T}}.$$

习题 3.2

1. 已知 $\boldsymbol{\alpha}_1=(1,0,-1,2)^{\mathrm{T}}$，$\boldsymbol{\alpha}_2=(3,-7,0,5)^{\mathrm{T}}$，$\boldsymbol{\alpha}_3=(-2,4,8,-1)^{\mathrm{T}}$，计算 $\boldsymbol{\alpha}_1-2\boldsymbol{\alpha}_2+3\boldsymbol{\alpha}_3$.

2. 设 $\boldsymbol{v}_1=(1,1,0)^{\mathrm{T}}$，$\boldsymbol{v}_2=(0,1,1)^{\mathrm{T}}$，$\boldsymbol{v}_3=(3,4,0)^{\mathrm{T}}$，求 $\boldsymbol{v}_1-\boldsymbol{v}_2$，$3\boldsymbol{v}_1+2\boldsymbol{v}_2-\boldsymbol{v}_3$.

3. 设 $3(\boldsymbol{\alpha}_1-\boldsymbol{\alpha})+2(\boldsymbol{\alpha}_2+\boldsymbol{\alpha})=5(\boldsymbol{\alpha}_3+\boldsymbol{\alpha})$，其中 $\boldsymbol{\alpha}_1=(2,5,1,3)^{\mathrm{T}}$，$\boldsymbol{\alpha}_2=(10,1,5,10)^{\mathrm{T}}$，$\boldsymbol{\alpha}_3=(4,1,-1,1)^{\mathrm{T}}$，求 $\boldsymbol{\alpha}$.

4. 已知 $\boldsymbol{\alpha}=(2,k,0)^{\mathrm{T}}$，$\boldsymbol{\beta}=(-1,0,\lambda)^{\mathrm{T}}$，$\boldsymbol{\gamma}=(l,-5,4)^{\mathrm{T}}$，且 $\boldsymbol{\alpha}+\boldsymbol{\beta}+\boldsymbol{\gamma}=\mathbf{0}$，求 k,λ,l.

5. 已知 $\boldsymbol{\alpha}+\boldsymbol{\beta}=(2,1,5,2,0)^{\mathrm{T}}$，$\boldsymbol{\alpha}-\boldsymbol{\beta}=(3,0,1,-1,4)^{\mathrm{T}}$，求 $\boldsymbol{\alpha},\boldsymbol{\beta}$.

6. 已知 $3\boldsymbol{\alpha}+4\boldsymbol{\beta}=(2,1,1,2)^{\mathrm{T}}$，$2\boldsymbol{\alpha}+3\boldsymbol{\beta}=(-1,2,3,1)^{\mathrm{T}}$，求 $\boldsymbol{\alpha},\boldsymbol{\beta}$.

7. 设 $\boldsymbol{\alpha}=(5,-1,3,2,4)^{\mathrm{T}}$，$\boldsymbol{\beta}=(3,1,-2,2,1)^{\mathrm{T}}$，求向量 $\boldsymbol{\gamma}$，使 $3\boldsymbol{\alpha}+\boldsymbol{\gamma}=4\boldsymbol{\beta}$.

3.3　向量组的线性相关性

3.3.1　线性组合与线性表示

第2章中把 m 个方程 n 个未知数的线性方程组写成矩阵形式 $\boldsymbol{Ax}=\boldsymbol{b}$，即

$$\begin{pmatrix}a_{11}&a_{12}&\cdots&a_{1n}\\a_{21}&a_{22}&\cdots&a_{2n}\\\vdots&\vdots&&\vdots\\a_{m1}&a_{m2}&\cdots&a_{mn}\end{pmatrix}\begin{pmatrix}x_1\\x_2\\\vdots\\x_n\end{pmatrix}=\begin{pmatrix}b_1\\b_2\\\vdots\\b_m\end{pmatrix},$$

若把方程组写成向量形式,就是

$$(\boldsymbol{a}_1,\boldsymbol{a}_2,\cdots,\boldsymbol{a}_n)\begin{pmatrix}x_1\\x_2\\\vdots\\x_n\end{pmatrix}=\boldsymbol{b},$$

其中

$$\boldsymbol{a}_j=\begin{pmatrix}a_{1j}\\a_{2j}\\\vdots\\a_{mj}\end{pmatrix}\quad(j=1,2,\cdots,n),$$

即

$$x_1\boldsymbol{a}_1+x_2\boldsymbol{a}_2+\cdots+x_n\boldsymbol{a}_n=\boldsymbol{b}.\tag{3-6}$$

由式(3-6)可知,线性方程组的求解可看作是求一组数 $x_1,x_2,\cdots,x_n$,使常数列向量 $\boldsymbol{b}$ 和系数矩阵的列向量组 $\boldsymbol{a}_1,\boldsymbol{a}_2,\cdots,\boldsymbol{a}_n$ 之间有式(3-6)的关系,这种关系是很重要的. 为此作如下定义.

定义 3.2 给定向量组 $\boldsymbol{A}:\boldsymbol{\alpha}_1,\boldsymbol{\alpha}_2,\cdots,\boldsymbol{\alpha}_m$,对于任何一组实数 $k_1,k_2,\cdots,k_m$,则表达式

$$k_1\boldsymbol{\alpha}_1+k_2\boldsymbol{\alpha}_2+\cdots+k_m\boldsymbol{\alpha}_m$$

称为向量组 $\boldsymbol{A}$ 的一个**线性组合**,$\boldsymbol{k_1},\boldsymbol{k_2},\cdots,\boldsymbol{k_m}$ 称为这个线性组合的**系数**.

给定向量组 $\boldsymbol{A}:\boldsymbol{\alpha}_1,\boldsymbol{\alpha}_2,\cdots,\boldsymbol{\alpha}_m$ 和向量 $\boldsymbol{\beta}$,如果存在一组数 $k_1,k_2,\cdots,k_m$,使得

$$\boldsymbol{\beta}=k_1\boldsymbol{\alpha}_1+k_2\boldsymbol{\alpha}_2+\cdots+k_m\boldsymbol{\alpha}_m$$

成立,则称**向量 $\boldsymbol{\beta}$ 是向量组 $\boldsymbol{A}$ 的线性组合**,或称**向量 $\boldsymbol{\beta}$ 可以由向量组 $\boldsymbol{A}$ 线性表示.**

从这个定义知,一个向量 $\boldsymbol{\beta}$ 是否是向量组 $\boldsymbol{A}:\boldsymbol{\alpha}_1,\boldsymbol{\alpha}_2,\cdots,\boldsymbol{\alpha}_m$ 的线性组合,关键是能否找到合适的 $k_1,k_2,\cdots,k_m$,使得 $k_1\boldsymbol{\alpha}_1+k_2\boldsymbol{\alpha}_2+\cdots+k_m\boldsymbol{\alpha}_m=\boldsymbol{\beta}$,这就相当于由这些向量构成的线性方程组 $x_1\boldsymbol{\alpha}_1+x_2\boldsymbol{\alpha}_2+\cdots+x_m\boldsymbol{\alpha}_m=\boldsymbol{\beta}$ 是否有解. 若有解,则向量 $\boldsymbol{\beta}$ 是向量组 $\boldsymbol{\alpha}_1,\boldsymbol{\alpha}_2,\cdots,\boldsymbol{\alpha}_m$ 的线性组合,其解就是组合系数. 若是唯一解,则表达式唯一;若是无穷多解,则表达式有无穷多个.

例 3.9 设向量

$$\boldsymbol{\beta}=\begin{pmatrix}3\\5\\-6\end{pmatrix},\ \boldsymbol{\alpha}_1=\begin{pmatrix}1\\0\\1\end{pmatrix},\boldsymbol{\alpha}_2=\begin{pmatrix}1\\1\\1\end{pmatrix},\boldsymbol{\alpha}_3=\begin{pmatrix}0\\-1\\-1\end{pmatrix},$$

试判断 $\boldsymbol{\beta}$ 是否为 $\boldsymbol{\alpha}_1,\boldsymbol{\alpha}_2,\boldsymbol{\alpha}_3$ 的线性组合.

解 设有一组数 k_1,k_2,k_3 使得

$$\boldsymbol{\beta}=k_1\boldsymbol{\alpha}_1+k_2\boldsymbol{\alpha}_2+k_3\boldsymbol{\alpha}_3,$$

即

$$\begin{pmatrix}3\\5\\-6\end{pmatrix}=k_1\begin{pmatrix}1\\0\\1\end{pmatrix}+k_2\begin{pmatrix}1\\1\\1\end{pmatrix}+k_3\begin{pmatrix}0\\-1\\-1\end{pmatrix},$$

得方程组

$$\begin{cases}k_1+k_2=3,\\k_2-k_3=5,\\k_1+k_2-k_3=-6.\end{cases}$$

求得唯一解 $k_1=-11, k_2=14, k_3=9$,所以 $\boldsymbol{\beta}$ 是 $\boldsymbol{\alpha}_1,\boldsymbol{\alpha}_2,\boldsymbol{\alpha}_3$ 的线性组合,且

$$\boldsymbol{\beta}=-11\boldsymbol{\alpha}_1+14\boldsymbol{\alpha}_2+9\boldsymbol{\alpha}_3.$$

上例中,若方程组无解,则表明 $\boldsymbol{\beta}$ 不能由 $\boldsymbol{\alpha}_1,\boldsymbol{\alpha}_2,\boldsymbol{\alpha}_3$ 线性表示;若方程组有无穷多组解,则表明 $\boldsymbol{\beta}$ 能由 $\boldsymbol{\alpha}_1,\boldsymbol{\alpha}_2,\boldsymbol{\alpha}_3$ 线性表示的形式有无穷多种.

例 3.10　证明:

(1) n 维零向量是任意一组 n 维向量 $\boldsymbol{\alpha}_1,\boldsymbol{\alpha}_2,\cdots,\boldsymbol{\alpha}_m$ 的线性组合;

(2)任一 n 维向量 $\boldsymbol{\alpha}=(a_1,a_2,\cdots,a_n)^{\mathrm{T}}$ 都是 n 维基本单位向量组 $\boldsymbol{\varepsilon}_1,\boldsymbol{\varepsilon}_2,\cdots,\boldsymbol{\varepsilon}_n$ 的线性组合;

(3)向量组 $\boldsymbol{\alpha}_1,\boldsymbol{\alpha}_2,\cdots,\boldsymbol{\alpha}_m$ 中任一向量 $\boldsymbol{\alpha}_i(i=1,2,\cdots,m)$ 都是该向量组的线性组合.

证明　(1)取 $k_1=k_2=\cdots=k_m=0$,则

$$\mathbf{0}=0\cdot\boldsymbol{\alpha}_1+0\cdot\boldsymbol{\alpha}_2+\cdots+0\cdot\boldsymbol{\alpha}_m,$$

所以 n 维零向量是任意一组 n 维向量 $\boldsymbol{\alpha}_1,\boldsymbol{\alpha}_2,\cdots,\boldsymbol{\alpha}_m$ 的线性组合.

(2)因为
$$\begin{aligned}\boldsymbol{\alpha}&=(a_1,a_2,\cdots,a_n)^{\mathrm{T}}\\&=a_1(1,0,\cdots,0)^{\mathrm{T}}+a_2(0,1,0,\cdots,0)^{\mathrm{T}}+\cdots+a_n(0,0,\cdots,1)^{\mathrm{T}}\\&=a_1\boldsymbol{\varepsilon}_1+a_2\boldsymbol{\varepsilon}_2+\cdots+a_n\boldsymbol{\varepsilon}_n,\end{aligned}$$

所以任一 n 维向量 $\boldsymbol{\alpha}=(a_1,a_2,\cdots,a_n)^{\mathrm{T}}$ 都是 n 维基本单位向量组 $\boldsymbol{\varepsilon}_1,\boldsymbol{\varepsilon}_2,\cdots,\boldsymbol{\varepsilon}_n$ 的线性组合.

(3)因为 $\boldsymbol{\alpha}_i=0\cdot\boldsymbol{\alpha}_1+0\cdot\boldsymbol{\alpha}_2+\cdots+1\cdot\boldsymbol{\alpha}_i+\cdots+0\cdot\boldsymbol{\alpha}_m(i=1,2,\cdots,m)$,所以向量组 $\boldsymbol{\alpha}_1,\boldsymbol{\alpha}_2,\cdots\boldsymbol{\alpha}_m$ 中任一向量 $\boldsymbol{\alpha}_i(i=1,2,\cdots,m)$ 都是该向量组的线性组合.

3.3.2　线性相关与线性无关

定义 3.3　对于给定向量组 $\boldsymbol{A}:\boldsymbol{\alpha}_1,\boldsymbol{\alpha}_2,\cdots,\boldsymbol{\alpha}_m$,如果存在不全为零的数 $k_1,k_2,\cdots,k_m$,使得

$$k_1\boldsymbol{\alpha}_1+k_2\boldsymbol{\alpha}_2+\cdots+k_m\boldsymbol{\alpha}_m=\mathbf{0},$$

则称向量组 $\boldsymbol{A}$ 是**线性相关**的,否则称它**线性无关**.

换言之,若关系式

$$k_1\boldsymbol{\alpha}_1+k_2\boldsymbol{\alpha}_2+\cdots+k_m\boldsymbol{\alpha}_m=\mathbf{0}$$

当且仅当 $k_1=k_2=\cdots=k_m=0$ 时才成立,则称向量组 $\boldsymbol{\alpha}_1,\boldsymbol{\alpha}_2,\cdots,\boldsymbol{\alpha}_m$ 线性无关.

说向量组 $\boldsymbol{\alpha}_1,\boldsymbol{\alpha}_2,\cdots,\boldsymbol{\alpha}_m$ 线性相关,通常是指 $m\geqslant 2$ 的情形,但定义 3.3 也适用于 $m=1$ 的情形,当 $m=1$ 时,向量组只含一个向量,对于只含一个向量 $\boldsymbol{a}$ 的向量组,当 $\boldsymbol{a}=\mathbf{0}$ 时是线性相关的,当 $\boldsymbol{a}\neq\mathbf{0}$ 时是线性无关的. 对于只含 2 个向量 $\boldsymbol{a}_1,\boldsymbol{a}_2$ 的向量组,它们线性相关的充分必要条件是 $\boldsymbol{a}_1,\boldsymbol{a}_2$ 的分量对应成比例,其几何意义是两向量共线;3 个向量线性相关的几何意义是三向量共面.

定理 3.4　向量组 $\boldsymbol{A}:\boldsymbol{\alpha}_1,\boldsymbol{\alpha}_2,\cdots,\boldsymbol{\alpha}_m(m\geqslant 2)$ 线性相关的充分必要条件是向量组 $\boldsymbol{A}$ 中至少有一个向量可以由其余 $m-1$ 个向量线性表示.

证明　必要性　如果向量组 $\boldsymbol{A}$ 线性相关,则有不全为 0 的数 $k_1,k_2,\cdots,k_m$,使

$$k_1\boldsymbol{\alpha}_1+k_2\boldsymbol{\alpha}_2+\cdots+k_m\boldsymbol{\alpha}_m=\mathbf{0},$$

因 $k_1,k_2,\cdots,k_m$ 不全为 0,不妨设 $k_1\neq 0$,于是有

$$\boldsymbol{\alpha}_1 = -\frac{1}{k_1}(k_2\boldsymbol{\alpha}_2 + \cdots + k_m\boldsymbol{\alpha}_m),$$

即 $\boldsymbol{\alpha}_1$ 能由 $\boldsymbol{\alpha}_2,\cdots,\boldsymbol{\alpha}_m$ 线性表示.

充分性　如果向量组 $\boldsymbol{A}$ 中有某个向量能由其余 $m-1$ 个向量线性表示,不妨设 $\boldsymbol{\alpha}_m$ 能由 $\boldsymbol{\alpha}_1,\cdots,\boldsymbol{\alpha}_{m-1}$线性表示,即有 $k_1,\cdots,k_{m-1}$使 $\boldsymbol{\alpha}_m = k_1\boldsymbol{\alpha}_1 + \cdots + k_{m-1}\boldsymbol{\alpha}_{m-1}$,于是

$$k_1\boldsymbol{\alpha}_1 + \cdots + k_{m-1}\boldsymbol{\alpha}_{m-1} + (-1)\boldsymbol{\alpha}_m = 0,$$

因为 $k_1,\cdots,k_{m-1},-1$ 这 m 个数不全为0(至少 $-1\neq 0$),所以向量组 $\boldsymbol{A}$ 线性相关.

从上述定义可知,判断一个向量组 $\boldsymbol{\alpha}_1,\boldsymbol{\alpha}_2,\cdots,\boldsymbol{\alpha}_m$ 是线性相关还是线性无关,就相当于判断由这些向量构成的齐次线性方程组 $x_1\boldsymbol{\alpha}_1 + x_2\boldsymbol{\alpha}_2 + \cdots + x_m\boldsymbol{\alpha}_m = \boldsymbol{0}$ 是有非零解还是只有零解.

例 3.11　判断向量组 $\boldsymbol{\varepsilon}_1 = (1,0,\cdots,0)^{\mathrm{T}},\boldsymbol{\varepsilon}_2 = (0,1,\cdots,0)^{\mathrm{T}},\cdots,\boldsymbol{\varepsilon}_n = (0,0,\cdots,1)^{\mathrm{T}}$ 的线性相关性.

解　对任意的常数 $k_1,k_2,\cdots,k_n$,都有

$$k_1\boldsymbol{\varepsilon}_1 + k_2\boldsymbol{\varepsilon}_2 + \cdots + k_n\boldsymbol{\varepsilon}_n = (k_1,k_2,\cdots,k_n)^{\mathrm{T}}$$

所以,当且仅当

$$k_1 = k_2 = \cdots = k_n = 0,$$

才有

$$k_1\boldsymbol{\varepsilon}_1 + k_2\boldsymbol{\varepsilon}_2 + \cdots + k_n\boldsymbol{\varepsilon}_n = \boldsymbol{0},$$

因此 $\boldsymbol{\varepsilon}_1,\boldsymbol{\varepsilon}_2,\cdots,\boldsymbol{\varepsilon}_n$ 线性无关.

例 3.12　判断向量组 $\boldsymbol{\alpha}_1 = (2,-1,3,1)^{\mathrm{T}},\boldsymbol{\alpha}_2 = (4,-2,5,4)^{\mathrm{T}},\boldsymbol{\alpha}_3 = (2,-1,4,-1)^{\mathrm{T}}$ 的线性相关性.

解　令 $k_1\boldsymbol{\alpha}_1 + k_2\boldsymbol{\alpha}_2 + k_3\boldsymbol{\alpha}_3 = \boldsymbol{0}$,

即

$$\begin{cases} 2k_1 + 4k_2 + 2k_3 = 0, \\ -k_1 - 2k_2 - k_3 = 0, \\ 3k_1 + 5k_2 + 4k_3 = 0, \\ k_1 + 4k_2 - k_3 = 0, \end{cases}$$

解得

$$\begin{cases} k_1 = -3c, \\ k_2 = c, \quad (c\in\mathbf{R}) \\ k_3 = c, \end{cases}$$

即存在不全为零的数 $-3,1,1$,使得 $-3\boldsymbol{\alpha}_1 + 1\boldsymbol{\alpha}_2 + 1\boldsymbol{\alpha}_3 = \boldsymbol{0}$,所以 $\boldsymbol{\alpha}_1,\boldsymbol{\alpha}_2,\boldsymbol{\alpha}_3$ 线性相关.

例 3.13　设向量组 $\boldsymbol{\alpha}_1,\boldsymbol{\alpha}_2,\boldsymbol{\alpha}_3$ 线性无关,且 $\boldsymbol{\beta}_1 = \boldsymbol{\alpha}_1 + \boldsymbol{\alpha}_2,\boldsymbol{\beta}_2 = \boldsymbol{\alpha}_2 + \boldsymbol{\alpha}_3,\boldsymbol{\beta}_3 = \boldsymbol{\alpha}_3 + \boldsymbol{\alpha}_1$,试证明向量组 $\boldsymbol{\beta}_1,\boldsymbol{\beta}_2,\boldsymbol{\beta}_3$ 也线性无关.

证明　令 $k_1\boldsymbol{\beta}_1 + k_2\boldsymbol{\beta}_2 + k_3\boldsymbol{\beta}_3 = \boldsymbol{0}$,则

$$k_1(\boldsymbol{\alpha}_1 + \boldsymbol{\alpha}_2) + k_2(\boldsymbol{\alpha}_2 + \boldsymbol{\alpha}_3) + k_3(\boldsymbol{\alpha}_1 + \boldsymbol{\alpha}_3) = \boldsymbol{0},$$

得

$$(k_1 + k_3)\boldsymbol{\alpha}_1 + (k_1 + k_2)\boldsymbol{\alpha}_2 + (k_2 + k_3)\boldsymbol{\alpha}_3 = \boldsymbol{0},$$

由 $\boldsymbol{\alpha}_1,\boldsymbol{\alpha}_2,\boldsymbol{\alpha}_3$ 线性无关,故有

$$\begin{cases} k_1+k_3=0, \\ k_1+k_2=0, \\ k_2+k_3=0, \end{cases}$$

由于满足此方程组的 k_1,k_2,k_3 的取值只有

$$k_1=k_2=k_3=0,$$

因此 $\boldsymbol{\beta}_1,\boldsymbol{\beta}_2,\boldsymbol{\beta}_3$ 线性无关.

由定理3.4可以得出下面两个推论.

推论1　向量组 $\boldsymbol{\alpha}_1,\boldsymbol{\alpha}_2,\cdots,\boldsymbol{\alpha}_s(s\geqslant 2)$ 线性无关的充分必要条件是 $\boldsymbol{\alpha}_i(i=1,2,\cdots,s)$ 都不能由其余向量线性表示.

推论2　设有向量组 $\boldsymbol{\alpha}_1,\boldsymbol{\alpha}_2,\cdots,\boldsymbol{\alpha}_s,\cdots,\boldsymbol{\alpha}_t(1\leqslant s\leqslant t)$,

(1)如果 $\boldsymbol{\alpha}_1,\boldsymbol{\alpha}_2,\cdots,\boldsymbol{\alpha}_s$ 线性相关,则 $\boldsymbol{\alpha}_1,\boldsymbol{\alpha}_2,\cdots,\boldsymbol{\alpha}_s,\cdots,\boldsymbol{\alpha}_t$ 也线性相关;

(2)如果 $\boldsymbol{\alpha}_1,\boldsymbol{\alpha}_2,\cdots,\boldsymbol{\alpha}_s,\cdots,\boldsymbol{\alpha}_t$ 线性无关,则 $\boldsymbol{\alpha}_1,\boldsymbol{\alpha}_2,\cdots,\boldsymbol{\alpha}_s$ 也线性无关.

定理3.5　设向量组 $\boldsymbol{\alpha}_1,\boldsymbol{\alpha}_2,\cdots,\boldsymbol{\alpha}_s$ 线性无关,而向量组 $\boldsymbol{\alpha}_1,\boldsymbol{\alpha}_2,\cdots,\boldsymbol{\alpha}_s,\boldsymbol{\beta}$ 线性相关,则 $\boldsymbol{\beta}$ 可由 $\boldsymbol{\alpha}_1,\boldsymbol{\alpha}_2,\cdots,\boldsymbol{\alpha}_s$ 线性表示,且表示法唯一.

证明　由于 $\boldsymbol{\alpha}_1,\boldsymbol{\alpha}_2,\cdots,\boldsymbol{\alpha}_s,\boldsymbol{\beta}$ 线性相关,则存在不全为0的数 $k_1,k_2,\cdots,k_s,l$ 使得

$$k_1\boldsymbol{\alpha}_1+k_2\boldsymbol{\alpha}_2+\cdots+k_s\boldsymbol{\alpha}_s+l\boldsymbol{\beta}=\mathbf{0}$$

如果 $l=0$,则 $k_1,k_2,\cdots,k_s$ 不全为零,且 $k_1\boldsymbol{\alpha}_1+k_2\boldsymbol{\alpha}_2+\cdots+k_s\boldsymbol{\alpha}_s=\mathbf{0}$,这与 $\boldsymbol{\alpha}_1,\boldsymbol{\alpha}_2,\cdots,\boldsymbol{\alpha}_s$ 线性无关矛盾. 故 $l\neq 0$,从而得

$$\boldsymbol{\beta}=-\frac{k_1}{l}\boldsymbol{\alpha}_1-\frac{k_2}{l}\boldsymbol{\alpha}_2-\cdots-\frac{k_s}{l}\boldsymbol{\alpha}_s.$$

再证表示法唯一.

如果 $\boldsymbol{\beta}=h_1\boldsymbol{\alpha}_1+h_2\boldsymbol{\alpha}_2+\cdots+h_s\boldsymbol{\alpha}_s$,且 $\beta=l_1\boldsymbol{\alpha}_1+l_2\boldsymbol{\alpha}_2+\cdots+l_s\boldsymbol{\alpha}_s$,则

$$(h_1-l_1)\boldsymbol{\alpha}_1+(h_2-l_2)\boldsymbol{\alpha}_2+\cdots+(h_s-l_s)\boldsymbol{\alpha}_s=\mathbf{0},$$

由 $\boldsymbol{\alpha}_1,\boldsymbol{\alpha}_2,\cdots,\boldsymbol{\alpha}_s$ 线性无关可得

$$h_1-l_1=h_2-l_2=\cdots=h_s-l_s=0,$$

即

$$h_1=l_1,h_2=l_2,\cdots,h_s=l_s$$

所以表示法唯一.

习题3.3

1. 选择题.

(1)设向量组 $\boldsymbol{\alpha}=(1,0,0)^{\mathrm{T}},\boldsymbol{\beta}=(0,1,0)^{\mathrm{T}}$,则下列向量中可以表示为 $\boldsymbol{\alpha},\boldsymbol{\beta}$ 线性组合的是(　　)

(A) $(2,1,0)^{\mathrm{T}}$　　(B) $(2,1,1)^{\mathrm{T}}$　　(C) $(2,0,1)^{\mathrm{T}}$　　(D) $(0,1,1)^{\mathrm{T}}$

(2)向量组 $\boldsymbol{\alpha}_1,\boldsymbol{\alpha}_2,\cdots,\boldsymbol{\alpha}_r(r\geqslant 2)$ 线性相关的充分必要条件是(　　).

(A)向量组中必含有零向量

(B)向量组中每个向量都是其余向量的线性组合

(C)向量组中任意 $s(s\leq r)$ 个向量一定线性相关

(D)向量组中存在一个向量是其余向量的线性组合

(3)向量组 $\boldsymbol{\alpha}_1,\boldsymbol{\alpha}_2,\cdots,\boldsymbol{\alpha}_m$ 线性无关的充分必要条件是它所构成的矩阵 $\boldsymbol{A}=(\boldsymbol{\alpha}_1,\boldsymbol{\alpha}_2,\cdots,\boldsymbol{\alpha}_m)$ 的秩(　　).

(A)等于 $m+1$　　(B)大于 m　　(C)等于 m　　(D)小于 m

2. 填空题.

(1)已知向量组 $\boldsymbol{\alpha}$ 线性相关,则 $\boldsymbol{\alpha}=$______.

(2)已知向量 $\boldsymbol{\alpha}=(1,2,3)^{\mathrm{T}}$ 和 $\boldsymbol{\beta}=(2,k,6)^{\mathrm{T}}$ 线性无关,则 k 必须满足______.

(3)已知 $\boldsymbol{\alpha}_1=(a,1,1)^{\mathrm{T}},\boldsymbol{\alpha}_2=(1,a,1)^{\mathrm{T}},\boldsymbol{\alpha}_3=(1,1,a)^{\mathrm{T}}$ 线性相关,则 $a=$______.

(4)设 $\boldsymbol{\alpha}_1=(2,-1,0,5)^{\mathrm{T}}$, $\boldsymbol{\alpha}_2=(-4,-2,3,0)^{\mathrm{T}}$, $\boldsymbol{\alpha}_3=(-1,0,1,k)^{\mathrm{T}}$, $\boldsymbol{\alpha}_4=(-1,0,2,1)^{\mathrm{T}}$,则 $k=$______时,$\boldsymbol{\alpha}_1,\boldsymbol{\alpha}_2,\boldsymbol{\alpha}_3,\boldsymbol{\alpha}_4$ 线性相关.

3. 下列各题中,向量 $\boldsymbol{\beta}$ 是否可由其他向量线性表示;若能表示,请写出它的一种表达式.

(1)$\boldsymbol{\beta}=\begin{pmatrix}1\\1\end{pmatrix},\boldsymbol{\alpha}_1=\begin{pmatrix}2\\-6\end{pmatrix},\boldsymbol{\alpha}_2=\begin{pmatrix}1\\-3\end{pmatrix}$;

(2)$\boldsymbol{\beta}=(3,5,6)^{\mathrm{T}},\boldsymbol{\alpha}_1=(1,0,1)^{\mathrm{T}},\boldsymbol{\alpha}_2=(0,-1,-1)^{\mathrm{T}},\boldsymbol{\alpha}_3=(1,1,1)^{\mathrm{T}}$;

(3)$\boldsymbol{\beta}=(2,-30,13,-26)^{\mathrm{T}}$, $\boldsymbol{\alpha}_1=(3,-5,2,-4)^{\mathrm{T}}$, $\boldsymbol{\alpha}_2=(-1,7,-3,6)^{\mathrm{T}}$, $\boldsymbol{\alpha}_3=(3,11,-5,10)^{\mathrm{T}}$.

4. 判定下列向量组是线性相关还是线性无关:

(1) $\boldsymbol{\alpha}_1=(1,2,1,3)^{\mathrm{T}}$, $\boldsymbol{\alpha}_2=(4,-1,-5,6)^{\mathrm{T}}$, $\boldsymbol{\alpha}_3=(1,-3,-4,-7)^{\mathrm{T}}$, $\boldsymbol{\alpha}_4=(2,1,-1,0)^{\mathrm{T}}$;

(2)$\boldsymbol{\alpha}_1=(1,1,0)^{\mathrm{T}},\boldsymbol{\alpha}_2=(0,2,0)^{\mathrm{T}},\boldsymbol{\alpha}_3=(0,0,3)^{\mathrm{T}}$;

(3)$\boldsymbol{\alpha}_1=(1,2,-1,4)^{\mathrm{T}},\boldsymbol{\alpha}_2=(9,10,10,4)^{\mathrm{T}},\boldsymbol{\alpha}_3=(-2,-4,2,-8)^{\mathrm{T}}$;

(4)$\boldsymbol{\alpha}_1=(2,2,7,-1)^{\mathrm{T}},\boldsymbol{\alpha}_2=(3,-1,2,4)^{\mathrm{T}},\boldsymbol{\alpha}_3=(1,1,3,1)^{\mathrm{T}}$.

5. 对于向量组 $\boldsymbol{\alpha}_1=(3,\lambda,1)^{\mathrm{T}},\boldsymbol{\alpha}_2=(\lambda,3,0)^{\mathrm{T}},\boldsymbol{\alpha}_3=(\lambda-3,\lambda-1,-1)^{\mathrm{T}}$,$\boldsymbol{\lambda}$ 为何值时,$\boldsymbol{\alpha}_1,\boldsymbol{\alpha}_2,\boldsymbol{\alpha}_3$ 线性相关? $\boldsymbol{\lambda}$ 为何值时,$\boldsymbol{\alpha}_1,\boldsymbol{\alpha}_2,\boldsymbol{\alpha}_3$ 线性无关?

6. 设 $\boldsymbol{b}_1=\boldsymbol{a}_1+\boldsymbol{a}_2,\boldsymbol{b}_2=\boldsymbol{a}_2+\boldsymbol{a}_3,\boldsymbol{b}_3=\boldsymbol{a}_3+\boldsymbol{a}_4,\boldsymbol{b}_4=\boldsymbol{a}_4+\boldsymbol{a}_1$,证明向量组 $\boldsymbol{b}_1,\boldsymbol{b}_2,\boldsymbol{b}_3,\boldsymbol{b}_4$ 线性相关.

7. 设 $\boldsymbol{b}_1=\boldsymbol{a}_1,\boldsymbol{b}_2=\boldsymbol{a}_1+\boldsymbol{a}_2,\cdots,\boldsymbol{b}_r=\boldsymbol{a}_1+\boldsymbol{a}_2+\cdots+\boldsymbol{a}_r$,且向量组 $\boldsymbol{a}_1,\boldsymbol{a}_2,\cdots,\boldsymbol{a}_r$ 线性无关,证明向量组 $\boldsymbol{b}_1,\boldsymbol{b}_2,\cdots,\boldsymbol{b}_r$ 线性无关.

3.4 向量组的秩

3.4.1 向量组的极大线性无关组

设 $\boldsymbol{\alpha}_1,\boldsymbol{\alpha}_2,\cdots,\boldsymbol{\alpha}_m$ 是一个向量组,由其中一部分向量组成的向量组称为这个向量组的一

个**部分组**. 由上节我们知道,如果一个向量组线性无关,则它的任一部分组线性无关. 一个线性相关的向量组,其任一部分组是否一定线性相关呢? 如果不是,那么其线性无关的部分组最多含有多少个向量呢?

例如,向量组 $\boldsymbol{\alpha}_1=(1,-1,1)^{\mathrm{T}},\boldsymbol{\alpha}_2=(2,3,1)^{\mathrm{T}},\boldsymbol{\alpha}_3=(3,2,2)^{\mathrm{T}},\boldsymbol{\alpha}_4=(6,4,4)^{\mathrm{T}}$,因为 $\boldsymbol{\alpha}_4=\boldsymbol{\alpha}_1+\boldsymbol{\alpha}_2+\boldsymbol{\alpha}_3$,所以 $\boldsymbol{\alpha}_1,\boldsymbol{\alpha}_2,\boldsymbol{\alpha}_3,\boldsymbol{\alpha}_4$ 线性相关. 由于 $\boldsymbol{\alpha}_3=\boldsymbol{\alpha}_1+\boldsymbol{\alpha}_2$,所以部分组 $\boldsymbol{\alpha}_1,\boldsymbol{\alpha}_2,\boldsymbol{\alpha}_3$ 线性相关. 显然,由单个向量 $\boldsymbol{\alpha}_1$ 构成的向量组线性无关,由两个向量构成的三个部分组 $\boldsymbol{\alpha}_1,\boldsymbol{\alpha}_2;\boldsymbol{\alpha}_2,\boldsymbol{\alpha}_3;\boldsymbol{\alpha}_3,\boldsymbol{\alpha}_1$ 也线性无关.

可以看出,向量组线性相关时,它的部分组可能线性相关也可能线性无关,在线性无关的部分组中,最重要且最有用的是所谓极大线性无关组,它的定义如下.

定义 3.4　设 $\boldsymbol{\alpha}_{i_1},\boldsymbol{\alpha}_{i_2},\cdots,\boldsymbol{\alpha}_{i_r}$是向量组 $\boldsymbol{\alpha}_1,\boldsymbol{\alpha}_2,\cdots,\boldsymbol{\alpha}_m$ 中的 r 个向量($r\leqslant m$),如果:

(1)$\boldsymbol{\alpha}_{i_1},\boldsymbol{\alpha}_{i_2},\cdots,\boldsymbol{\alpha}_{i_r}$线性无关;

(2)向量组 $\boldsymbol{\alpha}_1,\boldsymbol{\alpha}_2,\cdots,\boldsymbol{\alpha}_m$ 中任一向量都可由 $\boldsymbol{\alpha}_{i_1},\boldsymbol{\alpha}_{i_2},\cdots,\boldsymbol{\alpha}_{i_r}$线性表示,

则称部分组 $\boldsymbol{\alpha}_{i_1},\boldsymbol{\alpha}_{i_2},\cdots,\boldsymbol{\alpha}_{i_r}$是向量组 $\boldsymbol{\alpha}_1,\boldsymbol{\alpha}_2,\cdots,\boldsymbol{\alpha}_m$ 的一个极大线性无关组,简称**极大无关组**.

上例中,$\boldsymbol{\alpha}_2$ 线性无关,$\boldsymbol{\alpha}_1=\boldsymbol{\alpha}_1+0\boldsymbol{\alpha}_2,\boldsymbol{\alpha}_2=0\boldsymbol{\alpha}_1+\boldsymbol{\alpha}_2,\boldsymbol{\alpha}_3=\boldsymbol{\alpha}_1+\boldsymbol{\alpha}_2,\boldsymbol{\alpha}_4=2\boldsymbol{\alpha}_1+2\boldsymbol{\alpha}_2$ 故 $\boldsymbol{\alpha}_1,\boldsymbol{\alpha}_2$ 是向量组 $\boldsymbol{\alpha}_1,\boldsymbol{\alpha}_2,\boldsymbol{\alpha}_3,\boldsymbol{\alpha}_4$ 的一个极大线性无关组. 同理,$\boldsymbol{\alpha}_2,\boldsymbol{\alpha}_3$ 及 $\boldsymbol{\alpha}_1,\boldsymbol{\alpha}_3$ 也是向量组 $\boldsymbol{\alpha}_1,\boldsymbol{\alpha}_2,\boldsymbol{\alpha}_3,\boldsymbol{\alpha}_4$ 的极大无关组.

注意　(1)全部由零向量组成的向量组,没有极大无关组,因为它的任何一个部分组都线性相关;

(2)如果一个向量组线性无关,那么它的极大无关组是它自身.

为了研究向量组的极大无关组的性质,下面讨论两个向量组之间的关系.

定义 3.5　设有两个向量组 $\boldsymbol{A}:\boldsymbol{\alpha}_1,\boldsymbol{\alpha}_2,\cdots,\boldsymbol{\alpha}_m,\boldsymbol{B}:\boldsymbol{\beta}_1,\boldsymbol{\beta}_2,\cdots,\boldsymbol{\beta}_s$,如果向量组 $\boldsymbol{A}$ 中的每一个向量都可以由向量组 $\boldsymbol{B}$ 线性表示,则称向量组 $\boldsymbol{A}$ 可由向量组 $\boldsymbol{B}$ 线性表示. 如果向量组 $\boldsymbol{A}$ 与 $\boldsymbol{B}$ 可以相互线性表示,则称**向量组 $\boldsymbol{A}$ 与 $\boldsymbol{B}$ 等价**.

等价向量组具有如下性质:

(1)反身性　每个向量组与自身等价;

(2)对称性　如果向量组 $\boldsymbol{A}$ 与向量组 $\boldsymbol{B}$ 等价,那么向量组 $\boldsymbol{B}$ 与向量组 $\boldsymbol{A}$ 也等价;

(3)传递性　如果向量组 $\boldsymbol{A}$ 与向量组 $\boldsymbol{B}$ 等价,向量组 $\boldsymbol{B}$ 与向量组 $\boldsymbol{C}$ 等价,那么向量组 $\boldsymbol{A}$ 与向量组 $\boldsymbol{C}$ 等价.

例 3.14　设有两个向量组 $\boldsymbol{A}:\boldsymbol{\alpha}_1,\boldsymbol{\alpha}_2,\boldsymbol{\alpha}_3;\boldsymbol{B}:\boldsymbol{\beta}_1,\boldsymbol{\beta}_2,\boldsymbol{\beta}_3$,且 $\boldsymbol{\beta}_1=\boldsymbol{\alpha}_1+\boldsymbol{\alpha}_2,\boldsymbol{\beta}_2=\boldsymbol{\alpha}_2+\boldsymbol{\alpha}_3,\boldsymbol{\beta}_3=\boldsymbol{\alpha}_3+\boldsymbol{\alpha}_1$,则向量组 $\boldsymbol{A}$ 与向量组 $\boldsymbol{B}$ 等价.

证明　由题意可知,$\boldsymbol{B}$ 中每个向量都可以由向量组 $\boldsymbol{A}$ 线性表示,即 $\boldsymbol{B}$ 可由 $\boldsymbol{A}$ 线性表示. 又

$$\begin{cases}\boldsymbol{\beta}_1=\boldsymbol{\alpha}_1+\boldsymbol{\alpha}_2,\\ \boldsymbol{\beta}_2=\boldsymbol{\alpha}_2+\boldsymbol{\alpha}_3,\\ \boldsymbol{\beta}_3=\boldsymbol{\alpha}_3+\boldsymbol{\alpha}_1,\end{cases}$$

解得

$$\boldsymbol{\alpha}_1=\frac{1}{2}\boldsymbol{\beta}_1-\frac{1}{2}\boldsymbol{\beta}_2+\frac{1}{2}\boldsymbol{\beta}_3,\boldsymbol{\alpha}_2=\frac{1}{2}\boldsymbol{\beta}_1+\frac{1}{2}\boldsymbol{\beta}_2-\frac{1}{2}\boldsymbol{\beta}_3,\boldsymbol{\alpha}_3=-\frac{1}{2}\boldsymbol{\beta}_1+\frac{1}{2}\boldsymbol{\beta}_2+\frac{1}{2}\boldsymbol{\beta}_3,$$

表明向量组 $\boldsymbol{A}$ 可由向量组 $\boldsymbol{B}$ 线性表示,故向量组 $\boldsymbol{A}$ 与向量组 $\boldsymbol{B}$ 等价.

定理 3.6 向量组和它的任意一个极大无关组等价.

证明 不妨设 $\boldsymbol{\alpha}_1,\boldsymbol{\alpha}_2,\cdots,\boldsymbol{\alpha}_r$ 为向量组 $\boldsymbol{\alpha}_1,\boldsymbol{\alpha}_2,\cdots,\boldsymbol{\alpha}_m$ 的一个极大无关组. 显然,由定义 3.4 可知,$\boldsymbol{\alpha}_1,\boldsymbol{\alpha}_2,\cdots,\boldsymbol{\alpha}_m$ 可由 $\boldsymbol{\alpha}_1,\boldsymbol{\alpha}_2,\cdots,\boldsymbol{\alpha}_r$ 线性表示;又 $\boldsymbol{\alpha}_1,\boldsymbol{\alpha}_2,\cdots,\boldsymbol{\alpha}_r$ 中任一向量 $\boldsymbol{\alpha}_i$ 都可由 $\boldsymbol{\alpha}_1,\boldsymbol{\alpha}_2,\cdots,\boldsymbol{\alpha}_m$ 线性表示,即 $\boldsymbol{\alpha}_i=0\cdot\boldsymbol{\alpha}_1+\cdots+1\cdot\boldsymbol{\alpha}_i+\cdots+0\cdot\boldsymbol{\alpha}_m(i=1,2,\cdots,r)$,于是向量组 $\boldsymbol{\alpha}_1,\boldsymbol{\alpha}_2,\cdots,\boldsymbol{\alpha}_m$ 与向量组 $\boldsymbol{\alpha}_1,\boldsymbol{\alpha}_2,\cdots,\boldsymbol{\alpha}_r$ 等价.

推论 向量组中任意两个极大无关组等价.

根据等价的传递性可证.

定理 3.7 如果向量组 $\boldsymbol{\beta}_1,\boldsymbol{\beta}_2,\cdots,\boldsymbol{\beta}_t$ 可由向量组 $\boldsymbol{\alpha}_1,\boldsymbol{\alpha}_2,\cdots,\boldsymbol{\alpha}_s$ 线性表示,且 $t>s$,则向量组 $\boldsymbol{\beta}_1,\boldsymbol{\beta}_2,\cdots,\boldsymbol{\beta}_t$ 线性相关.

证明从略.

例 3.15 $\boldsymbol{\beta}_1=2\boldsymbol{\alpha}_1-\boldsymbol{\alpha}_2,\boldsymbol{\beta}_2=\boldsymbol{\alpha}_1+2\boldsymbol{\alpha}_2,\boldsymbol{\beta}_3=5\boldsymbol{\alpha}_1-2\boldsymbol{\alpha}_2$,则 $\boldsymbol{\beta}_1,\boldsymbol{\beta}_2,\boldsymbol{\beta}_3$ 线性相关.

证明 由 $\boldsymbol{\beta}_1=2\boldsymbol{\alpha}_1-\boldsymbol{\alpha}_2,\boldsymbol{\beta}_2=\boldsymbol{\alpha}_1+2\boldsymbol{\alpha}_2$,得 $\boldsymbol{\alpha}_1=\frac{2}{5}\boldsymbol{\beta}_1+\frac{1}{5}\boldsymbol{\beta}_2,\boldsymbol{\alpha}_2=-\frac{1}{5}\boldsymbol{\beta}_1+\frac{2}{5}\boldsymbol{\beta}_2$,于是 $\boldsymbol{\beta}_3=5\boldsymbol{\alpha}_1-2\boldsymbol{\alpha}_2=\frac{12}{5}\boldsymbol{\beta}_1+\frac{1}{5}\boldsymbol{\beta}_2$,表明向量组 $\boldsymbol{\beta}_1,\boldsymbol{\beta}_2,\boldsymbol{\beta}_3$ 线性相关.

推论 1 若向量组 $\boldsymbol{\beta}_1,\boldsymbol{\beta}_2,\cdots,\boldsymbol{\beta}_t$ 可由 $\boldsymbol{\alpha}_1,\boldsymbol{\alpha}_2,\cdots,\boldsymbol{\alpha}_s$ 线性表示,且 $\boldsymbol{\beta}_1,\boldsymbol{\beta}_2,\cdots,\boldsymbol{\beta}_t$ 线性无关,则 $t\leqslant s$.

推论 2 等价的线性无关的向量组所含向量的个数相等.

证明 设向量组 $\boldsymbol{\alpha}_1,\boldsymbol{\alpha}_2,\cdots,\boldsymbol{\alpha}_s$ 与 $\boldsymbol{\beta}_1,\boldsymbol{\beta}_2,\cdots,\boldsymbol{\beta}_t$ 等价,且都线性无关,因为 $\boldsymbol{\alpha}_1,\boldsymbol{\alpha}_2,\cdots,\boldsymbol{\alpha}_s$ 可由 $\boldsymbol{\beta}_1,\boldsymbol{\beta}_2,\cdots,\boldsymbol{\beta}_t$ 线性表示,由推论 1 得 $s\leqslant t$;又 $\boldsymbol{\beta}_1,\boldsymbol{\beta}_2,\cdots,\boldsymbol{\beta}_t$ 可由 $\boldsymbol{\alpha}_1,\boldsymbol{\alpha}_2,\cdots,\boldsymbol{\alpha}_s$ 线性表示,且 $\boldsymbol{\beta}_1,\boldsymbol{\beta}_2,\cdots,\boldsymbol{\beta}_t$ 线性无关,同理 $t\leqslant s$,所以 $s=t$.

推论 3 向量组的任意两个极大无关组所含向量的个数相同.

事实上,因为向量组的任意两个极大无关组等价,由推论 2 得证.

3.4.2 向量组的秩

一个向量组的极大无关组可能不是唯一的,但任意两个极大无关组所含向量的个数是相同的,这说明了向量组的极大无关组所含向量的个数与极大无关组的选择无关,它反映了向量组的内在性质.

定义 3.6 向量组 $\boldsymbol{\alpha}_1,\boldsymbol{\alpha}_2,\cdots,\boldsymbol{\alpha}_m$ 的极大无关组所含向量的个数 r 称为向量组的秩,记作

$$R(\boldsymbol{\alpha}_1,\boldsymbol{\alpha}_2,\cdots,\boldsymbol{\alpha}_m)=r.$$

显然,完全由零向量组成的向量组,它的秩为零.

向量组 $\boldsymbol{\alpha}_1=(1,-1,1)^{\mathrm{T}},\boldsymbol{\alpha}_2=(2,3,1)^{\mathrm{T}},\boldsymbol{\alpha}_3=(3,2,2)^{\mathrm{T}},\boldsymbol{\alpha}_4=(6,4,4)^{\mathrm{T}}$,前面已知 $\boldsymbol{\alpha}_1$,$\boldsymbol{\alpha}_2$ 为它的极大无关组,所以 $R(\boldsymbol{\alpha}_1,\boldsymbol{\alpha}_2,\boldsymbol{\alpha}_3,\boldsymbol{\alpha}_4)=2$.

定理3.8　如果向量组 $\boldsymbol{\alpha}_1,\boldsymbol{\alpha}_2,\cdots,\boldsymbol{\alpha}_s$ 可由 $\boldsymbol{\beta}_1,\boldsymbol{\beta}_2,\cdots,\boldsymbol{\beta}_t$ 线性表出，则

$$R(\boldsymbol{\alpha}_1,\boldsymbol{\alpha}_2,\cdots,\boldsymbol{\alpha}_s)\leqslant R(\boldsymbol{\beta}_1,\boldsymbol{\beta}_2,\cdots,\boldsymbol{\beta}_t).$$

证明　设两个向量组的秩分别为 p 和 q，为不失一般性，设 $\boldsymbol{\alpha}_1,\boldsymbol{\alpha}_2,\cdots,\boldsymbol{\alpha}_p$ 和 $\boldsymbol{\beta}_1,\boldsymbol{\beta}_2,\cdots,\boldsymbol{\beta}_q$ 分别是 $\boldsymbol{\alpha}_1,\boldsymbol{\alpha}_2,\cdots,\boldsymbol{\alpha}_s$ 和 $\boldsymbol{\beta}_1,\boldsymbol{\beta}_2,\cdots,\boldsymbol{\beta}_t$ 的一个极大无关组，显然，$\boldsymbol{\alpha}_1,\boldsymbol{\alpha}_2,\cdots,\boldsymbol{\alpha}_p$ 可由向量组 $\boldsymbol{\beta}_1,\boldsymbol{\beta}_2,\cdots,\boldsymbol{\beta}_t$ 线性表示，而向量组 $\boldsymbol{\beta}_1,\boldsymbol{\beta}_2,\cdots,\boldsymbol{\beta}_t$ 中的每一个向量都可由其极大无关组 $\boldsymbol{\beta}_1,\boldsymbol{\beta}_2,\cdots,\boldsymbol{\beta}_q$ 线性表示，因此 $\boldsymbol{\alpha}_1,\boldsymbol{\alpha}_2,\cdots,\boldsymbol{\alpha}_p$ 可由 $\boldsymbol{\beta}_1,\boldsymbol{\beta}_2,\cdots,\boldsymbol{\beta}_q$ 线性表示，又由于 $\boldsymbol{\alpha}_1,\boldsymbol{\alpha}_2,\cdots,\boldsymbol{\alpha}_p$ 线性无关，得 $p\leqslant q$，因此定理成立.

由定理3.8可以得到下面两个推论.

推论1　等价的向量组有相同的秩.

推论2　向量 $\boldsymbol{\beta}$ 可由向量组 $\boldsymbol{\alpha}_1,\boldsymbol{\alpha}_2,\cdots,\boldsymbol{\alpha}_s$ 线性表示的充分必要条件是

$$R(\boldsymbol{\alpha}_1,\boldsymbol{\alpha}_2,\cdots,\boldsymbol{\alpha}_s,\boldsymbol{\beta})=R(\boldsymbol{\alpha}_1,\boldsymbol{\alpha}_2,\cdots,\boldsymbol{\alpha}_s).$$

这是因为 $\boldsymbol{\beta}$ 可由向量组 $\boldsymbol{\alpha}_1,\boldsymbol{\alpha}_2,\cdots,\boldsymbol{\alpha}_s$ 线性表示，即向量组 $\boldsymbol{\alpha}_1,\boldsymbol{\alpha}_2,\cdots,\boldsymbol{\alpha}_s,\boldsymbol{\beta}$ 与 $\boldsymbol{\alpha}_1,\boldsymbol{\alpha}_2,\cdots,\boldsymbol{\alpha}_s$ 等价，于是由推论1知，两向量组秩相等，得证.

一个线性无关的向量组的极大线性无关组就是该向量组本身，所以向量组 $\boldsymbol{\alpha}_1,\boldsymbol{\alpha}_2,\cdots,\boldsymbol{\alpha}_s$ 线性无关的充分必要条件是 $R(\boldsymbol{\alpha}_1,\boldsymbol{\alpha}_2,\cdots,\boldsymbol{\alpha}_s)=s$.

3.4.3　向量组的秩与矩阵的秩的关系

现在我们来研究向量组的秩与矩阵的秩之间的关系，设 $\boldsymbol{A}$ 是一个 $m\times n$ 矩阵

$$\boldsymbol{A}=\begin{pmatrix} a_{11} & \cdots & a_{1j} & \cdots & a_{1n} \\ \vdots & & \vdots & & \vdots \\ a_{i1} & \cdots & a_{ij} & \cdots & a_{in} \\ \vdots & & \vdots & & \vdots \\ a_{m1} & \cdots & a_{mj} & \cdots & a_{mn} \end{pmatrix},$$

$\boldsymbol{A}$ 的行向量组记为

$$\boldsymbol{\alpha}_1^{\mathrm{T}}=(a_{11},\cdots,a_{1j},\cdots,a_{1n}),\cdots,\boldsymbol{\alpha}_i^{\mathrm{T}}=(a_{i1},\cdots,a_{ij},\cdots,a_{in}),\cdots,\boldsymbol{\alpha}_m^{\mathrm{T}}=(a_{m1},\cdots,a_{mj},\cdots,a_{mn}),$$

$\boldsymbol{A}$ 的列向量组记为

$$\boldsymbol{\beta}_1=\begin{pmatrix} a_{11} \\ \vdots \\ a_{i1} \\ \vdots \\ a_{m1} \end{pmatrix},\cdots,\boldsymbol{\beta}_j=\begin{pmatrix} a_{1j} \\ \vdots \\ a_{ij} \\ \vdots \\ a_{mj} \end{pmatrix},\cdots,\boldsymbol{\beta}_n=\begin{pmatrix} a_{1n} \\ \vdots \\ a_{in} \\ \vdots \\ a_{mn} \end{pmatrix},$$

即把 $\boldsymbol{A}$ 写成按行或按列分块的形式

$$\boldsymbol{A}=\begin{pmatrix} \boldsymbol{\alpha}_1^{\mathrm{T}} \\ \vdots \\ \boldsymbol{\alpha}_i^{\mathrm{T}} \\ \vdots \\ \boldsymbol{\alpha}_m^{\mathrm{T}} \end{pmatrix}=(\boldsymbol{\beta}_1,\cdots,\boldsymbol{\beta}_j,\cdots,\boldsymbol{\beta}_n).$$

例 3.16 设矩阵

$$A=\begin{pmatrix}2 & -1 & 3 & 6\\0 & 5 & 1 & 7\\0 & 0 & 4 & -2\\0 & 0 & 0 & 0\\0 & 0 & 0 & 0\end{pmatrix},$$

求矩阵 A 的行向量组的秩、列向量组的秩及矩阵 A 的秩.

解 A 的行向量组为

$$\alpha_1^T=(2,-1,3,6),\alpha_2^T=(0,5,1,7),\alpha_3^T=(0,0,4,-2),\alpha_4^T=\alpha_5^T=(0,0,0,0),$$

易知,$\alpha_1^T,\alpha_2^T,\alpha_3^T$ 是 $\alpha_1^T,\alpha_2^T,\alpha_3^T,\alpha_4^T,\alpha_5^T$ 的极大无关组,所以

$$R(\alpha_1^T,\alpha_2^T,\alpha_3^T,\alpha_4^T,\alpha_5^T)=3,$$

即 A 的行向量组的秩为 3.

A 的列向量组为

$$\beta_1=\begin{pmatrix}2\\0\\0\\0\\0\end{pmatrix},\beta_2=\begin{pmatrix}-1\\5\\0\\0\\0\end{pmatrix},\beta_3=\begin{pmatrix}3\\1\\4\\0\\0\end{pmatrix},\beta_4=\begin{pmatrix}6\\7\\-2\\0\\0\end{pmatrix},$$

其中 β_1,β_2,β_3 是 $\beta_1,\beta_2,\beta_3,\beta_4$ 的一个极大无关组,所以

$$R(\beta_1,\beta_2,\beta_3,\beta_4)=3,$$

即 A 的列向量组的秩为 3.

矩阵 A 是行阶梯形矩阵,非零行有 3 行,故 $R(A)=3$.

在这个例子中,矩阵 A 的秩、A 的行向量组的秩和列向量组的秩相等,这不是偶然的,因此有下面的定理.

定理 3.9 矩阵 A 的秩等于矩阵 A 的列向量组的秩,也等于矩阵 A 的行向量组的秩.

根据定理 3.9,现在可以用矩阵的秩来计算向量组的秩,步骤是先把向量组按列向量排成一个矩阵,然后对其施行初等行变换,化为阶梯形矩阵,则向量组的秩等于阶梯形矩阵中非零行的个数,与此同时,由其中非零行第一个非零元素对应的原向量组中的向量构成了向量的一个极大线性无关组,下面通过例子来说明.

例 3.17 求向量组

$$\alpha_1=\begin{pmatrix}1\\-1\\2\\4\end{pmatrix},\alpha_2=\begin{pmatrix}0\\3\\1\\2\end{pmatrix},\alpha_3=\begin{pmatrix}3\\0\\7\\14\end{pmatrix},\alpha_4=\begin{pmatrix}2\\1\\5\\6\end{pmatrix},\alpha_5=\begin{pmatrix}1\\-1\\2\\0\end{pmatrix}$$

的秩及一个极大线性无关组.

解 把向量组按列排列成矩阵,并作初等行变换,即

$$(\boldsymbol{\alpha}_1,\boldsymbol{\alpha}_2,\boldsymbol{\alpha}_3,\boldsymbol{\alpha}_4,\boldsymbol{\alpha}_5)=\begin{pmatrix}1&0&3&2&1\\-1&3&0&1&-1\\2&1&7&5&2\\4&2&14&6&0\end{pmatrix}\xrightarrow[\substack{r_4-4r_1\\ r_2\div 3}]{\substack{r_2+r_1\\ r_3-2r_1}}\begin{pmatrix}1&0&3&2&1\\0&1&1&1&0\\0&1&1&1&0\\0&2&2&-2&-4\end{pmatrix}$$

$$\xrightarrow[r_4-2r_2]{r_3-r_2}\begin{pmatrix}1&0&3&2&1\\0&1&1&1&0\\0&0&0&0&0\\0&0&0&-4&-4\end{pmatrix}\xrightarrow{r_3\leftrightarrow r_4}\begin{pmatrix}1&0&3&2&1\\0&1&1&1&0\\0&0&0&-4&-4\\0&0&0&0&0\end{pmatrix}=(\boldsymbol{\beta}_1,\boldsymbol{\beta}_2,\boldsymbol{\beta}_3,\boldsymbol{\beta}_4,\boldsymbol{\beta}_5).$$

直接可以看出，$R(\boldsymbol{\alpha}_1,\boldsymbol{\alpha}_2,\boldsymbol{\alpha}_3,\boldsymbol{\alpha}_4,\boldsymbol{\alpha}_5)=3$，并且$\boldsymbol{\beta}_1,\boldsymbol{\beta}_2,\boldsymbol{\beta}_4$是$\boldsymbol{\beta}_1,\boldsymbol{\beta}_2,\boldsymbol{\beta}_3,\boldsymbol{\beta}_4,\boldsymbol{\beta}_5$的一个极大线性无关组，从而知原向量组的一个极大线性无关组是$\boldsymbol{\alpha}_1,\boldsymbol{\alpha}_2,\boldsymbol{\alpha}_4$.

也可以把向量按行向量排成一个矩阵，对其施行初等行变换，化为阶梯形矩阵，由此计算向量组的秩，同时给出一个极大线性无关组.

习题 3.4

1. 选择题.

(1)若向量组$\boldsymbol{\alpha}_1,\boldsymbol{\alpha}_2,\cdots,\boldsymbol{\alpha}_s$和$\boldsymbol{\beta}_1,\boldsymbol{\beta}_2,\cdots,\boldsymbol{\beta}_t$是两个等价的线性无关的向量组，则(　　).

(A)$s>t$　　(B)$s<t$

(C)$s=t$　　(D)以上说法都不对

(2)设n维向量组$\boldsymbol{\alpha}_1,\boldsymbol{\alpha}_2,\boldsymbol{\alpha}_3,\boldsymbol{\alpha}_4,\boldsymbol{\alpha}_5$的秩为3，且满足$\boldsymbol{\alpha}_1+2\boldsymbol{\alpha}_3-3\boldsymbol{\alpha}_5=\boldsymbol{0},\boldsymbol{\alpha}_2=2\boldsymbol{\alpha}_4$，则向量组的一个极大无关组为(　　).

(A)$\boldsymbol{\alpha}_1,\boldsymbol{\alpha}_2,\boldsymbol{\alpha}_5$　　(B)$\boldsymbol{\alpha}_1,\boldsymbol{\alpha}_2,\boldsymbol{\alpha}_4$　　(C)$\boldsymbol{\alpha}_2,\boldsymbol{\alpha}_4,\boldsymbol{\alpha}_5$　　(D)$\boldsymbol{\alpha}_1,\boldsymbol{\alpha}_3,\boldsymbol{\alpha}_5$

2. 填空题.

(1)已知向量组$\boldsymbol{\alpha}_1=(1,2,-1,1)^{\mathrm T},\boldsymbol{\alpha}_2=(2,0,k,0)^{\mathrm T},\boldsymbol{\alpha}_3=(0,-4,5,-2)^{\mathrm T}$的秩为2，则$k=$______.

(2)已知向量组$\boldsymbol{a}=(1,1,0)^{\mathrm T},\boldsymbol{b}=(3,0,-9)^{\mathrm T},\boldsymbol{c}=(1,2,3)^{\mathrm T}$，则该向量组的秩为______.

3. 求下列向量组的秩及一个极大线性无关组，并将其余向量用该极大无关组线性表示.

(1)$\boldsymbol{\alpha}_1=\begin{pmatrix}1\\1\\1\end{pmatrix},\boldsymbol{\alpha}_2=\begin{pmatrix}1\\1\\0\end{pmatrix},\boldsymbol{\alpha}_3=\begin{pmatrix}1\\0\\0\end{pmatrix},\boldsymbol{\alpha}_4=\begin{pmatrix}1\\-2\\-3\end{pmatrix}$;

(2)$\boldsymbol{\alpha}_1=(1,1,3,1)^{\mathrm T},\boldsymbol{\alpha}_2=(-1,1,-1,3)^{\mathrm T},\boldsymbol{\alpha}_3=(5,-2,8,-9)^{\mathrm T},\boldsymbol{\alpha}_4=(-1,3,1,7)^{\mathrm T}$;

(3)$\boldsymbol{\alpha}_1=(2,1,3,-1)^{\mathrm T},\boldsymbol{\alpha}_2=(3,-1,2,0)^{\mathrm T},\boldsymbol{\alpha}_3=(1,3,4,-2)^{\mathrm T},\boldsymbol{\alpha}_4=(4,-3,1,1)^{\mathrm T}$;

(4)$\boldsymbol{\alpha}_1=(2,0,1,1)^{\mathrm T},\boldsymbol{\alpha}_2=(-1,-1,-1,-1)^{\mathrm T},\boldsymbol{\alpha}_3=(1,-1,0,0)^{\mathrm T},\boldsymbol{\alpha}_4=(0,-2,-1,-1)^{\mathrm T}$;

(5) $\boldsymbol{\alpha}_1=(1,4,2,1)^{\mathrm{T}},\boldsymbol{\alpha}_2=(-2,1,5,1)^{\mathrm{T}},\boldsymbol{\alpha}_3=(-1,2,4,1)^{\mathrm{T}},\boldsymbol{\alpha}_4=(-2,1,-1,1)^{\mathrm{T}},\boldsymbol{\alpha}_5=(2,3,0,\frac{1}{3})^{\mathrm{T}}$.

4. 求下列矩阵的列向量组的一个极大无关组：

(1) $\begin{pmatrix}25 & 31 & 17 & 43\\ 75 & 94 & 53 & 132\\ 75 & 94 & 54 & 134\\ 25 & 32 & 20 & 48\end{pmatrix}$；　(2) $\begin{pmatrix}1 & 1 & 2 & 2 & 1\\ 0 & 2 & 1 & 5 & -1\\ 2 & 0 & 3 & -1 & 3\\ 1 & 1 & 0 & 4 & -1\end{pmatrix}$.

5. 已知向量组 $\boldsymbol{\alpha}_1=(1,a,a^2)^{\mathrm{T}},\boldsymbol{\alpha}_2=(1,b,b^2)^{\mathrm{T}},\boldsymbol{\alpha}_3=(1,c,c^2)^{\mathrm{T}}$，$a,b,c$ 满足什么条件时，(1) $R(\boldsymbol{\alpha}_1,\boldsymbol{\alpha}_2,\boldsymbol{\alpha}_3)=1$；(2) $R(\boldsymbol{\alpha}_1,\boldsymbol{\alpha}_2,\boldsymbol{\alpha}_3)=2$；(3) $R(\boldsymbol{\alpha}_1,\boldsymbol{\alpha}_2,\boldsymbol{\alpha}_3)=3$.

6. 设 $\boldsymbol{\alpha}_1,\boldsymbol{\alpha}_2,\cdots,\boldsymbol{\alpha}_s$ 和 $\boldsymbol{\beta}_1,\boldsymbol{\beta}_2,\cdots,\boldsymbol{\beta}_t$ 为两个 n 维向量组，且 $R(\boldsymbol{\alpha}_1,\boldsymbol{\alpha}_2,\cdots,\boldsymbol{\alpha}_s)=r_1,R(\boldsymbol{\beta}_1,\boldsymbol{\beta}_2,\cdots,\boldsymbol{\beta}_t)=r_2$，证明：$\max\{r_1,r_2\}\leqslant R(\boldsymbol{\alpha}_1,\boldsymbol{\alpha}_2,\cdots,\boldsymbol{\alpha}_s,\boldsymbol{\beta}_1,\boldsymbol{\beta}_2,\cdots,\boldsymbol{\beta}_t)\leqslant r_1+r_2$.

7. 如果向量组 $\boldsymbol{\alpha}_1,\boldsymbol{\alpha}_2,\cdots,\boldsymbol{\alpha}_s$ 可由 $\boldsymbol{\beta}_1,\boldsymbol{\beta}_2,\cdots,\boldsymbol{\beta}_t$ 线性表示，并且它们有相同的秩，则向量组 $\boldsymbol{\alpha}_1,\boldsymbol{\alpha}_2,\cdots,\boldsymbol{\alpha}_s$ 与 $\boldsymbol{\beta}_1,\boldsymbol{\beta}_2,\cdots,\boldsymbol{\beta}_t$ 等价.

3.5 线性方程组解的结构

3.5.1 齐次线性方程组解的结构

设有齐次线性方程组

$$\begin{cases}a_{11}x_1+a_{12}x_2+\cdots+a_{1n}x_n=0,\\ a_{21}x_1+a_{22}x_2+\cdots+a_{2n}x_n=0,\\ \quad\vdots\\ a_{m1}x_1+a_{m2}x_2+\cdots+a_{mn}x_n=0,\end{cases}\tag{3-7}$$

记

$$\boldsymbol{A}=\begin{pmatrix}a_{11} & a_{12} & \cdots & a_{1n}\\ a_{21} & a_{22} & \cdots & a_{2n}\\ \vdots & \vdots & & \vdots\\ a_{m1} & a_{m2} & \cdots & a_{mn}\end{pmatrix},\quad \boldsymbol{x}=\begin{pmatrix}x_1\\ x_2\\ \vdots\\ x_n\end{pmatrix},$$

则式(3-7)可以写成

$$\boldsymbol{Ax}=\boldsymbol{0}.\tag{3-8}$$

若 $x_1=\xi_{11},x_2=\xi_{21},\cdots,x_n=\xi_{n1}$ 为式(3-7)的解，则

$$\boldsymbol{x}=\boldsymbol{\xi}_1=\begin{pmatrix}\xi_{11}\\ \xi_{21}\\ \vdots\\ \xi_{n1}\end{pmatrix}$$

为齐次线性方程组(3-7)的**解向量**，它也是方程(3-8)的解.

齐次线性方程组的解具有下列性质.

性质 1　若 $\boldsymbol{x}_1=\boldsymbol{\xi}_1,\boldsymbol{x}_2=\boldsymbol{\xi}_2$ 是方程(3-8)的解,则 $\boldsymbol{x}=\boldsymbol{\xi}_1+\boldsymbol{\xi}_2$ 也是方程(3-8)的解.

证明　因为 $\boldsymbol{A}\boldsymbol{\xi}_1=\boldsymbol{0},\boldsymbol{A}\boldsymbol{\xi}_2=\boldsymbol{0}$,于是

$$\boldsymbol{A}(\boldsymbol{\xi}_1+\boldsymbol{\xi}_2)=\boldsymbol{A}\boldsymbol{\xi}_1+\boldsymbol{A}\boldsymbol{\xi}_2=\boldsymbol{0}+\boldsymbol{0}=\boldsymbol{0},$$

所以 $\boldsymbol{\xi}_1+\boldsymbol{\xi}_2$ 是方程(3-8)的解.

性质 2　若 $\boldsymbol{x}=\boldsymbol{\xi}$ 是方程(3-8)的解,k 为实数,则 $k\boldsymbol{\xi}$ 也是方程(3-8)的解.

证明　因为 $\boldsymbol{A}(k\boldsymbol{\xi})=k\boldsymbol{A}(\boldsymbol{\xi})=k\boldsymbol{0}=\boldsymbol{0}$,所以 $k\boldsymbol{\xi}$ 是方程(3-8)的解.

由性质 1 和性质 2 可得以下推论.

推论　若 $\boldsymbol{\xi}_1,\boldsymbol{\xi}_2,\cdots,\boldsymbol{\xi}_t$ 均为齐次线性方程组 $\boldsymbol{Ax}=\boldsymbol{0}$ 的解,则它们的线性组合

$$k_1\boldsymbol{\xi}_1+k_2\boldsymbol{\xi}_2+\cdots+k_t\boldsymbol{\xi}_t\ (k_1,k_2,\cdots,k_t\text{ 为任意常数})$$

也是 $\boldsymbol{Ax}=\boldsymbol{0}$ 的解.

这说明齐次线性方程组的解的任意线性组合仍是该方程组的解. 那么,对于一般的齐次线性方程组,它的解是否也都可以表示为一些线性无关的解向量的任意线性组合呢？为方便起见,我们引入齐次线性方程组的基础解系的概念.

定义 3.7　设齐次线性方程组 $\boldsymbol{Ax}=\boldsymbol{0}$有非零解,如果 $\boldsymbol{\xi}_1,\boldsymbol{\xi}_2,\cdots,\boldsymbol{\xi}_t$ 是齐次线性方程组 $\boldsymbol{Ax}=\boldsymbol{0}$ 的解向量,并且

(1) $\boldsymbol{\xi}_1,\boldsymbol{\xi}_2,\cdots,\boldsymbol{\xi}_t$ 线性无关；

(2) 齐次线性方程组 $\boldsymbol{Ax}=\boldsymbol{0}$ 的任一解向量都能由 $\boldsymbol{\xi}_1,\boldsymbol{\xi}_2,\cdots,\boldsymbol{\xi}_t$ 线性表示,则称 $\boldsymbol{\xi}_1,\boldsymbol{\xi}_2,\cdots,\boldsymbol{\xi}_t$ 是齐次线性方程组 $\boldsymbol{Ax}=\boldsymbol{0}$ 的一个基础解系.

从定义可知,齐次线性方程组 $\boldsymbol{Ax}=\boldsymbol{0}$ 的一个基础解系就是全体解向量组的一个极大线性无关组. 又由性质可知,如果能求出解向量的一个极大线性无关组,那么方程组 $\boldsymbol{Ax}=\boldsymbol{0}$ 的全部解可用它的线性组合来表示.

定理 3.10　设 n 元齐次线性方程组 $\boldsymbol{Ax}=\boldsymbol{0}$的系数矩阵 $\boldsymbol{A}$ 的秩 $R(\boldsymbol{A})=r<n$,则存在 $n-r$个线性无关的解向量 $\boldsymbol{\xi}_1,\boldsymbol{\xi}_2,\cdots,\boldsymbol{\xi}_{n-r}$,它们构成方程组 $\boldsymbol{Ax}=\boldsymbol{0}$ 的基础解系,且方程组的通解可表示为

$$\boldsymbol{x}=k_1\boldsymbol{\xi}_1+k_2\boldsymbol{\xi}_2+\cdots+k_{n-r}\boldsymbol{\xi}_{n-r},\tag{3-9}$$

其中 $k_1,k_2,\cdots,k_{n-r}$为任意常数.

证明　已知 $\boldsymbol{A}=(a_{ij})_{m\times n}$的秩为 r,则对齐次线性方程组 $\boldsymbol{Ax}=\boldsymbol{0}$ 的系数矩阵 $\boldsymbol{A}$ 进行初等行变换,可化为

$$\boldsymbol{A}\overset{r}{\sim}\begin{pmatrix}1&0&\cdots&0&b_{1,r+1}&b_{1,r+2}&\cdots&b_{1n}\\0&1&\cdots&0&b_{2,r+1}&b_{2,r+2}&\cdots&b_{2n}\\\vdots&\vdots&\ddots&\vdots&\vdots&\vdots&&\vdots\\0&0&\cdots&1&b_{r,r+1}&b_{r,r+2}&\cdots&b_{rn}\\0&0&\cdots&0&0&0&\cdots&0\\\vdots&\vdots&&\vdots&\vdots&\vdots&&\vdots\\0&0&\cdots&0&0&0&\cdots&0\end{pmatrix},$$

于是原方程组的同解方程组为

$$\begin{cases} x_1 = -b_{1,r+1}x_{r+1} - b_{1,r+2}x_{r+2} - \cdots - b_{1n}x_n, \\ x_2 = -b_{2,r+1}x_{r+1} - b_{2,r+2}x_{r+2} - \cdots - b_{2n}x_n, \\ \qquad \vdots \\ x_r = -b_{r,r+1}x_{r+1} - b_{r,r+2}x_{r+2} - \cdots - b_{rn}x_n. \end{cases} \tag{3-10}$$

把 $x_{r+1}, x_{r+2}, \cdots, x_n$ 作为自由未知量，对 $n-r$ 个自由未知量分别取

$$\begin{pmatrix} x_{r+1} \\ x_{r+2} \\ \vdots \\ x_n \end{pmatrix} = \begin{pmatrix} 1 \\ 0 \\ \vdots \\ 0 \end{pmatrix}, \begin{pmatrix} 0 \\ 1 \\ \vdots \\ 0 \end{pmatrix}, \cdots, \begin{pmatrix} 0 \\ 0 \\ \vdots \\ 1 \end{pmatrix},$$

则依次可得到方程组 (3-10)的 $n-r$ 个解，即方程组 $\boldsymbol{Ax}=\boldsymbol{0}$ 的 $n-r$ 个解

$$\boldsymbol{\xi}_1 = \begin{pmatrix} -b_{1,r+1} \\ -b_{2,r+1} \\ \vdots \\ -b_{r,r+1} \\ 1 \\ 0 \\ 0 \\ \vdots \\ 0 \end{pmatrix}, \boldsymbol{\xi}_2 = \begin{pmatrix} -b_{1,r+2} \\ -b_{2,r+2} \\ \vdots \\ -b_{r,r+2} \\ 0 \\ 1 \\ 0 \\ \vdots \\ 0 \end{pmatrix}, \cdots, \boldsymbol{\xi}_{n-r} = \begin{pmatrix} -b_{1n} \\ -b_{2n} \\ \vdots \\ -b_{rn} \\ 0 \\ 0 \\ \vdots \\ 0 \\ 1 \end{pmatrix}.$$

下面证明：$\boldsymbol{\xi}_1, \boldsymbol{\xi}_2, \cdots, \boldsymbol{\xi}_{n-r}$ 就是方程组 $\boldsymbol{Ax}=\boldsymbol{0}$ 的一个基础解系. 为此，先证明 $\boldsymbol{\xi}_1, \boldsymbol{\xi}_2, \cdots, \boldsymbol{\xi}_{n-r}$ 线性无关，然后证明方程组 $\boldsymbol{Ax}=\boldsymbol{0}$ 的任意一个解均可表示为 $\boldsymbol{\xi}_1, \boldsymbol{\xi}_2, \cdots, \boldsymbol{\xi}_{n-r}$ 的线性组合.

因为 $\boldsymbol{\xi}_1, \boldsymbol{\xi}_2, \cdots, \boldsymbol{\xi}_{n-r}$ 的后 $n-r$ 个分量 $\begin{pmatrix} 1 \\ 0 \\ 0 \\ \vdots \\ 0 \end{pmatrix}, \begin{pmatrix} 0 \\ 1 \\ 0 \\ \vdots \\ 0 \end{pmatrix}, \cdots, \begin{pmatrix} 0 \\ 0 \\ \vdots \\ 0 \\ 1 \end{pmatrix}$ 组成的 $n-r$ 维向量组线性无关. 故在每个向量前面添加 r 个分量得到的 $n-r$ 个 n 维向量 $\boldsymbol{\xi}_1, \boldsymbol{\xi}_2, \cdots, \boldsymbol{\xi}_{n-r}$ 也线性无关.

设 $\boldsymbol{\xi} = (h_1, h_2, \cdots, h_r, h_{r+1}, \cdots, h_n)^{\mathrm{T}}$ 为方程组 $\boldsymbol{Ax}=\boldsymbol{0}$ 的任意一个解向量，由于

$$\begin{cases} x_1 = -b_{1,r+1}x_{r+1} - b_{1,r+2}x_{r+2} - \cdots - b_{1n}x_n, \\ x_2 = -b_{2,r+1}x_{r+1} - b_{2,r+2}x_{r+2} - \cdots - b_{2n}x_n, \\ \qquad \vdots \\ x_r = -b_{r,r+1}x_{r+1} - b_{r,r+2}x_{r+2} - \cdots - b_{rn}x_n; \end{cases}$$

故
$$\begin{cases} h_1 = -b_{1,r+1}h_{r+1} - b_{1,r+2}h_{r+2} - \cdots - b_{1n}h_n, \\ h_2 = -b_{2,r+1}h_{r+1} - b_{2,r+2}h_{r+2} - \cdots - b_{2n}h_n, \\ \vdots \\ h_r = -b_{r,r+1}h_{r+1} - b_{r,r+2}h_{r+2} - \cdots - b_{rn}h_n; \end{cases}$$

$$\boldsymbol{\xi} = \begin{pmatrix} -b_{1,r+1}h_{r+1} - b_{1,r+2}h_{r+2} - \cdots - b_{1n}h_n \\ -b_{2,r+1}h_{r+1} - b_{2,r+2}h_{r+2} - \cdots - b_{2n}h_n \\ \vdots \\ -b_{r,r+1}h_{r+1} - b_{r,r+2}h_{r+2} - \cdots - b_{rn}h_n \\ h_{r+1} + 0 + \cdots + 0 \\ 0 + h_{r+2} + \cdots + 0 \\ \vdots \\ 0 + 0 + \cdots + h_n \end{pmatrix}$$

$$= h_{r+1}\begin{pmatrix} -b_{1,r+1} \\ -b_{2,r+1} \\ \vdots \\ -b_{r,r+1} \\ 1 \\ 0 \\ 0 \\ \vdots \\ 0 \end{pmatrix} + h_{r+2}\begin{pmatrix} -b_{1,r+2} \\ -b_{2,r+2} \\ \vdots \\ -b_{r,r+2} \\ 0 \\ 1 \\ 0 \\ \vdots \\ 0 \end{pmatrix} + \cdots + h_n\begin{pmatrix} -b_{1n} \\ -b_{2n} \\ \vdots \\ -b_{rn} \\ 0 \\ 0 \\ \vdots \\ 0 \\ 1 \end{pmatrix}$$

$$= h_{r+1}\boldsymbol{\xi}_1 + h_{r+2}\boldsymbol{\xi}_2 + \cdots + h_n\boldsymbol{\xi}_{n-r}.$$

说明 $\boldsymbol{\xi}$ 是 $\boldsymbol{\xi}_1,\boldsymbol{\xi}_2,\cdots,\boldsymbol{\xi}_{n-r}$ 的线性组合.

所以,$\boldsymbol{\xi}_1,\boldsymbol{\xi}_2,\cdots,\boldsymbol{\xi}_{n-r}$ 是齐次线性方程组 $\boldsymbol{Ax}=\boldsymbol{0}$ 的一个基础解系,方程组 $\boldsymbol{Ax}=\boldsymbol{0}$ 的通解为

$$\boldsymbol{x} = k_1\boldsymbol{\xi}_1 + k_2\boldsymbol{\xi}_2 + \cdots + k_{n-r}\boldsymbol{\xi}_{n-r}\ (k_1,k_2,\cdots,k_{n-r}\text{为任意常数}).$$

上面定理的证明是一种构造性证明,即在证明中同时给出了一种求基础解系的方法.

例 3.18　求齐次线性方程组

$$\begin{cases} x_1 + x_2 - x_3 = 0, \\ -x_1 - x_2 + x_3 = 0, \\ x_1 - x_2 + 2x_3 = 0 \end{cases}$$

的一个基础解系,并用基础解系表示方程组的通解.

解　对方程组的系数矩阵 $\boldsymbol{A}$ 进行初等行变换化为行最简形矩阵,即

$$A=\begin{pmatrix}1&1&-1\\-1&-1&1\\1&-1&2\end{pmatrix}\xrightarrow[r_3-r_1]{r_2+r_1}\begin{pmatrix}1&1&-1\\0&0&0\\0&-2&3\end{pmatrix}\xrightarrow[\substack{r_2\div(-2)\\r_1-r_2}]{r_2\leftrightarrow r_3}\begin{pmatrix}1&0&\frac{1}{2}\\0&1&-\frac{3}{2}\\0&0&0\end{pmatrix},$$

得原方程组的同解方程组为

$$\begin{cases}x_1=-\dfrac{1}{2}x_3,\\x_2=\dfrac{3}{2}x_3,\end{cases}$$

令 $x_3=1$，得原方程组的基础解系

$$\boldsymbol{\xi}=\begin{pmatrix}-\frac{1}{2}\\\frac{3}{2}\\1\end{pmatrix}.$$

所以，原方程组的通解为 $\boldsymbol{x}=k\boldsymbol{\xi}$（$k$ 为任意实数）.

例 3.19 求齐次线性方程组

$$\begin{cases}x_1+x_2-x_3-x_4=0,\\2x_1-5x_2+3x_3+2x_4=0,\\7x_1-7x_2+3x_3+x_4=0\end{cases}$$

的一个基础解系，并用基础解系表示方程组的通解.

解 齐次线性方程组的系数矩阵为

$$A=\begin{pmatrix}1&1&-1&-1\\2&-5&3&2\\7&-7&3&1\end{pmatrix},$$

对 A 进行初等行变换化为行最简形矩阵，即

$$A=\begin{pmatrix}1&1&-1&-1\\2&-5&3&2\\7&-7&3&1\end{pmatrix}\xrightarrow[r_3-7r_1]{r_2-2r_1}\begin{pmatrix}1&1&-1&-1\\0&-7&5&4\\0&-14&10&8\end{pmatrix}$$

$$\xrightarrow{r_3-2r_2}\begin{pmatrix}1&1&-1&-1\\0&-7&5&4\\0&0&0&0\end{pmatrix}\xrightarrow[r_1-r_2]{r_2\div(-7)}\begin{pmatrix}1&0&-\frac{2}{7}&-\frac{3}{7}\\0&1&-\frac{5}{7}&-\frac{4}{7}\\0&0&0&0\end{pmatrix}.$$

原方程组的同解方程组为

$$\begin{cases} x_1 = \dfrac{2}{7}x_3 + \dfrac{3}{7}x_4, \\ x_2 = \dfrac{5}{7}x_3 + \dfrac{4}{7}x_4. \end{cases}$$

令$\begin{pmatrix} x_3 \\ x_4 \end{pmatrix} = \begin{pmatrix} 1 \\ 0 \end{pmatrix}$及$\begin{pmatrix} 0 \\ 1 \end{pmatrix}$,则对应有$\begin{pmatrix} x_1 \\ x_2 \end{pmatrix} = \begin{pmatrix} \frac{2}{7} \\ \frac{5}{7} \end{pmatrix}$及$\begin{pmatrix} \frac{3}{7} \\ \frac{4}{7} \end{pmatrix}$,即得原方程组的一个基础解系

$$\boldsymbol{\xi}_1 = \begin{pmatrix} \frac{2}{7} \\ \frac{5}{7} \\ 1 \\ 0 \end{pmatrix}, \boldsymbol{\xi}_2 = \begin{pmatrix} \frac{3}{7} \\ \frac{4}{7} \\ 0 \\ 1 \end{pmatrix},$$

并由此得原方程组的通解

$$\boldsymbol{x} = k_1\boldsymbol{\xi}_1 + k_2\boldsymbol{\xi}_2,$$

即

$$\begin{pmatrix} x_1 \\ x_2 \\ x_3 \\ x_4 \end{pmatrix} = k_1\begin{pmatrix} \frac{2}{7} \\ \frac{5}{7} \\ 1 \\ 0 \end{pmatrix} + k_2\begin{pmatrix} \frac{3}{7} \\ \frac{4}{7} \\ 0 \\ 1 \end{pmatrix} \quad (k_1, k_2 \text{ 为任意常数}).$$

在上面求基础解系的过程中,如果取$\begin{pmatrix} x_3 \\ x_4 \end{pmatrix} = \begin{pmatrix} 7 \\ 0 \end{pmatrix}$及$\begin{pmatrix} 0 \\ 7 \end{pmatrix}$,则对应得到$\begin{pmatrix} x_1 \\ x_2 \end{pmatrix} = \begin{pmatrix} 2 \\ 5 \end{pmatrix}$及$\begin{pmatrix} 3 \\ 4 \end{pmatrix}$,即得原方程组的另一个基础解系

$$\boldsymbol{\eta}_1 = \begin{pmatrix} 2 \\ 5 \\ 7 \\ 0 \end{pmatrix}, \boldsymbol{\eta}_2 = \begin{pmatrix} 3 \\ 4 \\ 0 \\ 7 \end{pmatrix},$$

对应的通解为

$$\boldsymbol{x} = k_1\boldsymbol{\eta}_1 + k_2\boldsymbol{\eta}_2,$$

即

$$\begin{pmatrix} x_1 \\ x_2 \\ x_3 \\ x_4 \end{pmatrix} = k_1\begin{pmatrix} 2 \\ 5 \\ 7 \\ 0 \end{pmatrix} + k_2\begin{pmatrix} 3 \\ 4 \\ 0 \\ 7 \end{pmatrix} \quad (k_1, k_2 \text{ 为任意常数}).$$

当然,在求基础解系时,自由未知量的取值还可以有其他的取法,只需保证取值的组数不变,得到的向量组线性无关.

3.5.2 非齐次线性方程组解的结构

对于非齐次线性方程组 $\boldsymbol{Ax}=\boldsymbol{b}$，若将方程组的常数项 $b_1,b_2,\cdots,b_m$ 全部换为零，就得齐次线性方程组 $\boldsymbol{Ax}=\boldsymbol{0}$，这时称方程组 $\boldsymbol{Ax}=\boldsymbol{0}$ 为非齐次线性方程组 $\boldsymbol{Ax}=\boldsymbol{b}$ 对应的齐次线性方程组，也称**导出组**或**相伴组**.

下面就非齐次线性方程组 $\boldsymbol{Ax}=\boldsymbol{b}$ 与其导出组 $\boldsymbol{Ax}=\boldsymbol{0}$，给出它们的解的性质.

性质3 若 $\boldsymbol{\eta}$ 是 $\boldsymbol{Ax}=\boldsymbol{b}$ 的解，$\boldsymbol{\xi}$ 是 $\boldsymbol{Ax}=\boldsymbol{0}$的解，则 $\boldsymbol{\eta}+\boldsymbol{\xi}$ 是 $\boldsymbol{Ax}=\boldsymbol{b}$ 的解.

证明 因为 $\boldsymbol{A\eta}=\boldsymbol{b},\boldsymbol{A\xi}=\boldsymbol{0}$，于是

$$\boldsymbol{A}(\boldsymbol{\eta}+\boldsymbol{\xi})=\boldsymbol{A\eta}+\boldsymbol{A\xi}=\boldsymbol{b}+\boldsymbol{0}=\boldsymbol{b},$$

所以 $\boldsymbol{\eta}+\boldsymbol{\xi}$ 是 $\boldsymbol{Ax}=\boldsymbol{b}$ 的解.

性质4 若 $\boldsymbol{\eta}_1,\boldsymbol{\eta}_2$ 都是 $\boldsymbol{Ax}=\boldsymbol{b}$ 的解，则 $\boldsymbol{\eta}_1-\boldsymbol{\eta}_2$ 是其导出组 $\boldsymbol{Ax}=\boldsymbol{0}$ 的解.

证明 因为 $\boldsymbol{A}(\boldsymbol{\eta}_1-\boldsymbol{\eta}_2)=\boldsymbol{A\eta}_1-\boldsymbol{A\eta}_2=\boldsymbol{b}-\boldsymbol{b}=\boldsymbol{0}$，所以 $\boldsymbol{\eta}_1-\boldsymbol{\eta}_2$ 是 $\boldsymbol{Ax}=\boldsymbol{0}$ 的解.

定理3.11 设 $\boldsymbol{n}$ 元非齐次线性方程组 $\boldsymbol{Ax}=\boldsymbol{b}$ 满足 $R(\boldsymbol{A})=R(\boldsymbol{A},\boldsymbol{b})=r<n$，并设 $\boldsymbol{\eta}^*$ 是它的一个解（一般称 $\boldsymbol{\eta}^*$ 为特解），$\boldsymbol{\xi}_1,\boldsymbol{\xi}_2,\cdots,\boldsymbol{\xi}_{n-r}$是其导出组 $\boldsymbol{Ax}=\boldsymbol{0}$ 的一个基础解系，则方程组 $\boldsymbol{Ax}=\boldsymbol{b}$ 的通解可表示为

$$\boldsymbol{x}=\boldsymbol{\eta}^*+k_1\boldsymbol{\xi}_1+k_2\boldsymbol{\xi}_2+\cdots+k_{n-r}\boldsymbol{\xi}_{n-r},(k_1,k_2,\cdots,k_{n-r}\text{为任意常数}).$$

证明 设 $\boldsymbol{\eta}$ 是 $\boldsymbol{Ax}=\boldsymbol{b}$ 的任意一个解，由于 $\boldsymbol{\eta}$ 与 $\boldsymbol{\eta}^*$ 都是方程组 $\boldsymbol{Ax}=\boldsymbol{b}$ 的解，可知 $\boldsymbol{\eta}-\boldsymbol{\eta}^*$ 是其导出组 $\boldsymbol{Ax}=\boldsymbol{0}$ 的解，因此 $\boldsymbol{\eta}-\boldsymbol{\eta}^*$ 可由方程组 $\boldsymbol{Ax}=\boldsymbol{0}$ 的基础解系 $\boldsymbol{\xi}_1,\boldsymbol{\xi}_2,\cdots,\boldsymbol{\xi}_{n-r}$线性表示，即存在常数 $k_1,k_2,\cdots,k_{n-r}$，使

$$\boldsymbol{\eta}-\boldsymbol{\eta}^*=k_1\boldsymbol{\xi}_1+k_2\boldsymbol{\xi}_2+\cdots+k_{n-r}\boldsymbol{\xi}_{n-r},$$

即

$$\boldsymbol{\eta}=\boldsymbol{\eta}^*+k_1\boldsymbol{\xi}_1+k_2\boldsymbol{\xi}_2+\cdots+k_{n-r}\boldsymbol{\xi}_{n-r}.$$

因此，$\boldsymbol{Ax}=\boldsymbol{b}$ 的任意解 $\boldsymbol{\eta}$ 可表示为 $\boldsymbol{\eta}^*+k_1\boldsymbol{\xi}_1+k_2\boldsymbol{\xi}_2+\cdots+k_{n-r}\boldsymbol{\xi}_{n-r}$的形式.

该定理告诉我们，要求一个非齐次线性方程组的全部解，只需求出它的一个特解（任意一个都可），再求出其导出组的基础解系即可.

例3.20 解线性方程组

$$\begin{cases}x_1+2x_2-2x_3+3x_4=2,\\2x_1+4x_2-3x_3+4x_4=5,\\5x_1+10x_2-8x_3+11x_4=12.\end{cases}$$

解 对线性方程组的增广矩阵$(\boldsymbol{A},\boldsymbol{b})$施行初等行变换，化为行最简形矩阵：

$$(\boldsymbol{A},\boldsymbol{b})=\begin{pmatrix}1&2&-2&3&2\\2&4&-3&4&5\\5&10&-8&11&12\end{pmatrix}\xrightarrow[r_3-5r_1]{r_2-2r_1}\begin{pmatrix}1&2&-2&3&2\\0&0&1&-2&1\\0&0&2&-4&2\end{pmatrix}$$

$$\xrightarrow[r_1+2r_2]{r_3-2r_2}\begin{pmatrix}1&2&0&-1&4\\0&0&1&-2&1\\0&0&0&0&0\end{pmatrix}.$$

可见 $R(\boldsymbol{A})=R(\boldsymbol{A},\boldsymbol{b})=2<4$，故原方程组有无穷多个解.

取 x_2,x_4 为自由未知量，原方程组的同解方程组为

$$\begin{cases} x_1 = 4 - 2x_2 + x_4, \\ x_3 = 1 + 2x_4, \end{cases}$$

令 $x_2 = x_4 = 0$,得原方程组的一个特解

$$\boldsymbol{\eta}^* = \begin{pmatrix} 4 \\ 0 \\ 1 \\ 0 \end{pmatrix},$$

而导出组的同解方程组为

$$\begin{cases} x_1 = -2x_2 + x_4, \\ x_3 = 2x_4, \end{cases}$$

依次取 $\begin{pmatrix} x_2 \\ x_4 \end{pmatrix} = \begin{pmatrix} 1 \\ 0 \end{pmatrix}, \begin{pmatrix} 0 \\ 1 \end{pmatrix}$,得导出组的一个基础解系为

$$\boldsymbol{\xi}_1 = \begin{pmatrix} -2 \\ 1 \\ 0 \\ 0 \end{pmatrix}, \ \boldsymbol{\xi}_2 = \begin{pmatrix} 1 \\ 0 \\ 2 \\ 1 \end{pmatrix},$$

于是,原方程组的通解为

$$\boldsymbol{x} = \boldsymbol{\eta}^* + k_1\boldsymbol{\xi}_1 + k_2\boldsymbol{\xi}_2,$$

即

$$\begin{pmatrix} x_1 \\ x_2 \\ x_3 \\ x_4 \end{pmatrix} = \begin{pmatrix} 4 \\ 0 \\ 1 \\ 0 \end{pmatrix} + k_1 \begin{pmatrix} -2 \\ 1 \\ 0 \\ 0 \end{pmatrix} + k_2 \begin{pmatrix} 1 \\ 0 \\ 2 \\ 1 \end{pmatrix} \quad (k_1, k_2 \text{ 为任意常数}).$$

例 3.21　用基础解系表示线性方程组

$$\begin{cases} 2x_1 - x_2 + 4x_3 - 3x_4 = -4, \\ x_1 + x_3 - x_4 = -3, \\ 3x_1 + x_2 + x_3 = 1, \\ 7x_1 + 7x_3 - 3x_4 = 3 \end{cases}$$

的通解.

解　对线性方程组的增广矩阵$(\boldsymbol{A}, \boldsymbol{b})$施行初等行变换,化为行最简形矩阵:

$$(\boldsymbol{A}, \boldsymbol{b}) = \begin{pmatrix} 2 & -1 & 4 & -3 & -4 \\ 1 & 0 & 1 & -1 & -3 \\ 3 & 1 & 1 & 0 & 1 \\ 7 & 0 & 7 & -3 & 3 \end{pmatrix} \xrightarrow[\substack{r_3 - 3r_1 \\ r_4 - 7r_1}]{r_1 \leftrightarrow r_2} \begin{pmatrix} 1 & 0 & 1 & -1 & -3 \\ 0 & -1 & 2 & -1 & 2 \\ 0 & 1 & -2 & 3 & 10 \\ 0 & 0 & 0 & 4 & 24 \end{pmatrix}$$

$$\xrightarrow[r_4-2r_3]{r_3+r_2}\begin{pmatrix}1&0&1&-1&-3\\0&-1&2&-1&2\\0&0&0&2&12\\0&0&0&0&0\end{pmatrix}\xrightarrow[\substack{r_2-r_3\\r_1+r_3}]{\substack{r_3\div 2\\r_2\times(-1)}}\begin{pmatrix}1&0&1&0&3\\0&1&-2&0&-8\\0&0&0&1&6\\0&0&0&0&0\end{pmatrix}.$$

可见 $R(\boldsymbol{A})=R(\boldsymbol{A},\boldsymbol{b})=3<4$,故原方程组有无穷多个解.

取 x_3 为自由未知量,原方程组的同解方程组为

$$\begin{cases}x_1=3-x_3,\\x_2=-8+2x_3,\\x_4=6.\end{cases}$$

令 $x_3=0$,得原方程组的一个特解

$$\boldsymbol{\eta}^*=\begin{pmatrix}3\\-8\\0\\6\end{pmatrix},$$

而导出组的同解方程组为

$$\begin{cases}x_1=-x_3,\\x_2=+2x_3,\\x_4=0.\end{cases}$$

令 $x_3=1$,得导出组的一个基础解系为

$$\boldsymbol{\xi}=\begin{pmatrix}-1\\2\\1\\0\end{pmatrix},$$

于是,原方程组的通解为

$$\boldsymbol{x}=\boldsymbol{\eta}^*+k\boldsymbol{\xi},$$

即

$$\begin{pmatrix}x_1\\x_2\\x_3\\x_4\end{pmatrix}=\begin{pmatrix}3\\-8\\0\\6\end{pmatrix}+k\begin{pmatrix}-1\\2\\1\\0\end{pmatrix}\quad(k\text{ 为任意常数}).$$

习题 3.5

1. 选择题.

(1)设 $\boldsymbol{A}$ 为 $m\times n$ 矩阵,齐次线性方程组 $\boldsymbol{Ax}=\boldsymbol{0}$ 仅有零解的充分必要条件是(　　).

(A)$\boldsymbol{A}$ 的列向量线性无关　　(B)$\boldsymbol{A}$ 的列向量线性相关

(C)$\boldsymbol{A}$ 的行向量线性无关　　(D)$\boldsymbol{A}$ 的行向量线性相关

(2)设 $\boldsymbol{A}$ 为 $m\times n$ 矩阵,若任何 n 维列向量都是方程组 $\boldsymbol{Ax}=\boldsymbol{0}$ 的解,则(　　).

(A)$\boldsymbol{A}=\boldsymbol{O}$　　(B)$0<R(\boldsymbol{A})<n$　　(C)$R(\boldsymbol{A})=n$　　(D)$R(\boldsymbol{A})=m$

(3)已知 $\boldsymbol{\xi}_1,\boldsymbol{\xi}_2,\boldsymbol{\xi}_3,\boldsymbol{\xi}_4$ 是 $\boldsymbol{Ax}=\boldsymbol{0}$ 的基础解系,则此方程组的基础解系还可选为(　　).

(A) $\boldsymbol{\xi}_1+\boldsymbol{\xi}_2,\boldsymbol{\xi}_2+\boldsymbol{\xi}_3,\boldsymbol{\xi}_3+\boldsymbol{\xi}_4,\boldsymbol{\xi}_4+\boldsymbol{\xi}_1$

(B)与 $\boldsymbol{\xi}_1,\boldsymbol{\xi}_2,\boldsymbol{\xi}_3,\boldsymbol{\xi}_4$ 等价的向量组 $\boldsymbol{\alpha}_1,\boldsymbol{\alpha}_2,\boldsymbol{\alpha}_3,\boldsymbol{\alpha}_4$

(C)与 $\boldsymbol{\xi}_1,\boldsymbol{\xi}_2,\boldsymbol{\xi}_3,\boldsymbol{\xi}_4$ 等秩的向量组 $\boldsymbol{\alpha}_1,\boldsymbol{\alpha}_2,\boldsymbol{\alpha}_3,\boldsymbol{\alpha}_4$

(D)$\boldsymbol{\xi}_1+\boldsymbol{\xi}_2,\boldsymbol{\xi}_2+\boldsymbol{\xi}_3,\boldsymbol{\xi}_3-\boldsymbol{\xi}_4,\boldsymbol{\xi}_4-\boldsymbol{\xi}_1$

2. 填空题.

(1)若 $\boldsymbol{\alpha}_1,\boldsymbol{\alpha}_2$ 是齐次线性方程组 $\boldsymbol{Ax}=\boldsymbol{0}$ 的解向量,则 $\boldsymbol{A}(3\boldsymbol{\alpha}_1-4\boldsymbol{\alpha}_2)=$ ________.

(2)设 $\boldsymbol{\eta}_1,\boldsymbol{\eta}_2,\cdots,\boldsymbol{\eta}_t$ 是方程组 $\boldsymbol{Ax}=\boldsymbol{b}$ 的解,若 $k_1\boldsymbol{\eta}_1+k_2\boldsymbol{\eta}_2+\cdots+k_t\boldsymbol{\eta}_t$ 也是 $\boldsymbol{Ax}=\boldsymbol{b}$ 的解,则 $k_1,k_2,\cdots,k_t$ 应满足________.

(3)已知 4 阶矩阵 $\boldsymbol{A}$ 的秩 $R(\boldsymbol{A})=3$,则齐次线性方程组 $\boldsymbol{Ax}=\boldsymbol{0}$ 的基础解系含______个线性无关的解向量.

3. 求下列齐次线性方程组的基础解系和通解:

(1)$\begin{cases}x_1-8x_2+10x_3+2x_4=0,\\2x_1+4x_2+5x_3-x_4=0,\\3x_1+8x_2+6x_3-2x_4=0;\end{cases}$　　(2)$\begin{cases}2x_1-3x_2-2x_3+x_4=0,\\3x_1+5x_2+4x_3-2x_4=0,\\8x_1+7x_2+6x_3-3x_4=0;\end{cases}$

(3)$\begin{cases}x_1+x_2+x_3+x_4+x_5=0,\\3x_1+2x_2+x_3-3x_5=0,\\x_2+2x_3+3x_4+6x_5=0,\\5x_1+4x_2+3x_3+2x_4+6x_5=0;\end{cases}$　　(4)$\begin{cases}x_1-2x_2+3x_3-4x_4=0,\\x_2-x_3+x_4=0,\\x_1+3x_2-3x_4=0,\\x_1-4x_2+3x_3-2x_4=0.\end{cases}$

4. λ 取何值时,齐次线性方程组

$$\begin{cases}x_1+x_2+\lambda x_3=0,\\-x_1+\lambda x_2+x_3=0,\\x_1-x_2+2x_3=0\end{cases}$$

有非零解,并求其通解.

5. 用基础解系表示下列非齐次线性方程组的通解:

(1)$\begin{cases}2x_1+x_2-x_3+x_4=1,\\x_1+2x_2+x_3-x_4=2,\\x_1+x_2+2x_3+x_4=3;\end{cases}$　　(2)$\begin{cases}x_1-x_2-x_3+x_4=0,\\x_1-x_2+x_3-3x_4=1,\\x_1-x_2-2x_3+3x_4=-\dfrac{1}{2};\end{cases}$

(3)$\begin{cases}x_1+x_2-3x_3-x_4=1,\\3x_1-x_2-3x_3+4x_4=4,\\x_1+5x_2-9x_3-8x_4=0;\end{cases}$　　(4)$\begin{cases}x_1+2x_2+4x_3+x_4=5,\\2x_1+4x_2+8x_3+2x_4=10,\\3x_1+6x_2+2x_3=5.\end{cases}$

6. 设 $\boldsymbol{A}$ 为 4 阶方阵,$R(\boldsymbol{A})=3$,$\boldsymbol{\alpha}_1,\boldsymbol{\alpha}_2,\boldsymbol{\alpha}_3$ 都是非齐次线性方程组 $\boldsymbol{Ax}=\boldsymbol{\beta}$ 的解向量,其中

$$\boldsymbol{\alpha}_1+\boldsymbol{\alpha}_2=\begin{pmatrix}1\\9\\9\\4\end{pmatrix},\boldsymbol{\alpha}_2+\boldsymbol{\alpha}_3=\begin{pmatrix}1\\8\\8\\5\end{pmatrix},$$

(1)求 $\boldsymbol{Ax}=\boldsymbol{\beta}$ 对应的齐次线性方程组 $\boldsymbol{Ax}=\boldsymbol{0}$ 的一个基础解系；

(2)求 $\boldsymbol{Ax}=\boldsymbol{\beta}$ 的通解.

本章小结

本章介绍线性代数的几何理论，把线性方程组的结论“翻译”成几何语言，即可得本章的结论. 学习本章的基本要求如下.

(1)理解线性方程组无解、有唯一解或有无穷多个解的充要条件.

(2)熟练掌握用矩阵的初等行变换求解线性方程组的方法.

(3)理解 n 维向量、向量组的概念，理解向量组的线性组合的概念.

(4)理解向量组线性相关、线性无关的概念和充要条件，并熟悉这一概念与齐次线性方程组的联系.

(5)理解向量组的最大无关组和向量组的秩的概念，知道向量组的秩与矩阵的秩的关系，会用矩阵的初等变换求向量组的秩和最大无关组.

(6)理解齐次线性方程组的基础解系的概念及系数矩阵的秩与全体解向量的秩之间的关系，熟悉基础解系的求法. 理解非齐次线性方程组通解的构造.

复习题3

1. 选择题.

(1)设向量组 $\boldsymbol{\alpha}_1=\begin{pmatrix}1\\2\\-1\end{pmatrix},\boldsymbol{\alpha}_2=\begin{pmatrix}0\\2\\5\end{pmatrix},\boldsymbol{\alpha}_3=\begin{pmatrix}0\\1\\3\end{pmatrix},\boldsymbol{\alpha}_4=\begin{pmatrix}7\\8\\9\end{pmatrix}$，则(　　).

(A)$\boldsymbol{\alpha}_4$ 不能由 $\boldsymbol{\alpha}_1,\boldsymbol{\alpha}_2,\boldsymbol{\alpha}_3$ 线性表示

(B)$\boldsymbol{\alpha}_4$ 能由 $\boldsymbol{\alpha}_1,\boldsymbol{\alpha}_2,\boldsymbol{\alpha}_3$ 线性表示，但表达式不唯一

(C)$\boldsymbol{\alpha}_4$ 能由 $\boldsymbol{\alpha}_1,\boldsymbol{\alpha}_2,\boldsymbol{\alpha}_3$ 线性表示，且表达式唯一

(D)向量组 $\boldsymbol{\alpha}_1,\boldsymbol{\alpha}_2,\boldsymbol{\alpha}_3,\boldsymbol{\alpha}_4$ 线性无关

(2)$\boldsymbol{\alpha}_1,\boldsymbol{\alpha}_2,\cdots,\boldsymbol{\alpha}_s$ 线性无关的充分必要条件是(　　).

(A)$\boldsymbol{\alpha}_1,\boldsymbol{\alpha}_2,\cdots,\boldsymbol{\alpha}_s$ 均为非零向量

(B)$\boldsymbol{\alpha}_1,\boldsymbol{\alpha}_2,\cdots,\boldsymbol{\alpha}_s$ 中的任何两个向量的分量成比例

(C)$\boldsymbol{\alpha}_1,\boldsymbol{\alpha}_2,\cdots,\boldsymbol{\alpha}_s$ 中的任何一个向量都不能由其余向量线性表示

(D)$\boldsymbol{\alpha}_1,\boldsymbol{\alpha}_2,\cdots,\boldsymbol{\alpha}_s$ 中有一部分线性无关

(3)若 $\boldsymbol{\alpha}_1,\boldsymbol{\alpha}_2,\cdots,\boldsymbol{\alpha}_s$ 是向量组 $\boldsymbol{\alpha}_1,\boldsymbol{\alpha}_2,\cdots,\boldsymbol{\alpha}_s,\cdots,\boldsymbol{\alpha}_n$ 的一个极大无关组，则下列结论不正确的是(　　).

(A)$\boldsymbol{\alpha}_n$ 可由 $\boldsymbol{\alpha}_1,\boldsymbol{\alpha}_2,\cdots,\boldsymbol{\alpha}_s$ 线性表示

(B)$\boldsymbol{\alpha}_1$ 可由 $\boldsymbol{\alpha}_{s+1},\cdots,\boldsymbol{\alpha}_n$ 线性表示

(C)$\boldsymbol{\alpha}_1$ 可由 $\boldsymbol{\alpha}_1,\boldsymbol{\alpha}_2,\cdots,\boldsymbol{\alpha}_s$ 线性表示

(D)$\boldsymbol{\alpha}_n$ 可由 $\boldsymbol{\alpha}_{s+1},\cdots,\boldsymbol{\alpha}_n$ 线性表示

(4)对任意实数 a,b,c,下列向量组是线性无关的向量组的是(　　).

(A)$(a,1,2),(2,b,c),(0,0,0)$

(B)$(b,1,1),(1,a,3),(2,3,c),(a,0,c)$

(C)$(1,a,1,1),(1,b,1,0),(1,c,0,0)$

(D)$(1,1,1,a),(2,2,2,b),(0,0,0,c)$

(5)n 维向量组 $\boldsymbol{A}:\boldsymbol{\alpha}_1,\boldsymbol{\alpha}_2,\cdots,\boldsymbol{\alpha}_s$ 与向量组 $\boldsymbol{B}:\boldsymbol{\beta}_1,\boldsymbol{\beta}_2,\cdots,\boldsymbol{\beta}_t$ 的秩都是 r,则(　　).

(A)向量组 $\boldsymbol{A}$ 与向量组 $\boldsymbol{B}$ 等价

(B) $R(\boldsymbol{\alpha}_1,\boldsymbol{\alpha}_2,\cdots,\boldsymbol{\alpha}_s,\boldsymbol{\beta}_1,\boldsymbol{\beta}_2,\cdots,\boldsymbol{\beta}_t)=2r$

(C)如果 $s=t=r$,则向量组 $\boldsymbol{A}$ 与向量组 $\boldsymbol{B}$ 等价

(D)如果向量组 $\boldsymbol{B}$ 可由向量组 $\boldsymbol{A}$ 线性表示,则向量组 $\boldsymbol{A}$ 与向量组 $\boldsymbol{B}$ 等价

(6)线性方程组$\begin{cases}x_1+2x_2-x_3+3x_4=4,\\x_1+x_2-3x_3+5x_4=5,\\x_2+2x_3-2x_4=2\lambda\end{cases}$有解的充分必要条件是 λ 为(　　).

(A) $-\dfrac{1}{2}$　　(B)$\dfrac{1}{2}$　　(C) -1　　(D)1

(7)设 $\boldsymbol{\eta}_1$ 与 $\boldsymbol{\eta}_2$ 是非齐次线性方程组 $\boldsymbol{Ax}=\boldsymbol{b}$ 的两个不同的解,$\boldsymbol{\xi}_1$ 与 $\boldsymbol{\xi}_2$ 是对应的齐次线性方程组 $\boldsymbol{Ax}=\boldsymbol{0}$ 的基础解系,k_1 与 k_2 是任意常数,则 $\boldsymbol{Ax}=\boldsymbol{b}$ 的通解为(　　).

(A)$\dfrac{\boldsymbol{\eta}_1-\boldsymbol{\eta}_2}{2}+k_1\boldsymbol{\xi}_1+k_2(\boldsymbol{\xi}_1+\boldsymbol{\xi}_2)$　　(B)$\dfrac{\boldsymbol{\eta}_1+\boldsymbol{\eta}_2}{2}+k_1\boldsymbol{\xi}_1+k_2(\boldsymbol{\xi}_2-\boldsymbol{\xi}_1)$

(C)$\dfrac{\boldsymbol{\eta}_1-\boldsymbol{\eta}_2}{2}+k_1\boldsymbol{\xi}_1+k_2(\boldsymbol{\eta}_1+\boldsymbol{\eta}_2)$　　(D)$\dfrac{\boldsymbol{\eta}_1+\boldsymbol{\eta}_2}{2}+k_1\boldsymbol{\xi}_1+k_2(\boldsymbol{\eta}_1-\boldsymbol{\eta}_2)$

(8)设向量组 $\boldsymbol{\alpha}_1,\boldsymbol{\alpha}_2,\boldsymbol{\alpha}_3$ 线性相关,则下列向量组线性相关的是(　　).

(A)$\boldsymbol{\alpha}_1-\boldsymbol{\alpha}_2,\boldsymbol{\alpha}_2-\boldsymbol{\alpha}_3,\boldsymbol{\alpha}_3-\boldsymbol{\alpha}_1$　　(B)$\boldsymbol{\alpha}_1+\boldsymbol{\alpha}_2,\boldsymbol{\alpha}_2+\boldsymbol{\alpha}_3,\boldsymbol{\alpha}_3+\boldsymbol{\alpha}_1$

(C)$\boldsymbol{\alpha}_1-2\boldsymbol{\alpha}_2,\boldsymbol{\alpha}_2-2\boldsymbol{\alpha}_3,\boldsymbol{\alpha}_3-2\boldsymbol{\alpha}_1$　　(D)$\boldsymbol{\alpha}_1+2\boldsymbol{\alpha}_2,\boldsymbol{\alpha}_2+2\boldsymbol{\alpha}_3,\boldsymbol{\alpha}_3+2\boldsymbol{\alpha}_1$

(9) 设向量组 $\boldsymbol{A}:\boldsymbol{\alpha}_1,\boldsymbol{\alpha}_2,\cdots,\boldsymbol{\alpha}_r$ 可由向量组 $\boldsymbol{B}:\boldsymbol{\beta}_1,\boldsymbol{\beta}_2,\cdots,\boldsymbol{\beta}_s$ 线性表示,下列命题正确的是(　　).

(A)若向量组 $\boldsymbol{A}$ 线性无关,则 $r\leqslant s$

(B)若向量组 $\boldsymbol{A}$ 线性相关,则 $r>s$

(C)若向量组 $\boldsymbol{B}$ 线性无关,则 $r\leqslant s$

(D)若向量组 $\boldsymbol{B}$ 线性相关,则 $r>s$

(10)设 $\boldsymbol{A}$ 是 $m\times n$ 矩阵,$\boldsymbol{B}$ 是 $n\times m$ 矩阵,则线性方程组$(\boldsymbol{AB})\boldsymbol{x}=\boldsymbol{0}$(　　).

(A)当 $n>m$ 时,仅有零解　　(B)当 $n>m$ 时,必有非零解

(C)当 $n<m$ 时,仅有零解　　(D)当 $n<m$ 时,必有非零解

2. 填空题.

(1)若向量组 $\boldsymbol{\alpha}_1=\begin{pmatrix}3\\2\\0\\1\end{pmatrix},\boldsymbol{\alpha}_2=\begin{pmatrix}3\\0\\\lambda\\0\end{pmatrix},\boldsymbol{\alpha}_3=\begin{pmatrix}1\\-2\\4\\-1\end{pmatrix}$的秩为2,则 $\lambda=$____________.

(2)设有向量组 $\boldsymbol{\alpha}_1=\begin{pmatrix}1\\1\\1\end{pmatrix},\boldsymbol{\alpha}_2=\begin{pmatrix}a\\0\\b\end{pmatrix},\boldsymbol{\alpha}_3=\begin{pmatrix}1\\3\\2\end{pmatrix}$,若 $\boldsymbol{\alpha}_1,\boldsymbol{\alpha}_2,\boldsymbol{\alpha}_3$ 线性相关,则 a,b 应满足__________.

(3)设有向量组 $\boldsymbol{\alpha}_1=\begin{pmatrix}1\\3\\5\\-1\end{pmatrix},\boldsymbol{\alpha}_2=\begin{pmatrix}2\\-1\\-3\\4\end{pmatrix},\boldsymbol{\alpha}_3=\begin{pmatrix}5\\1\\-1\\7\end{pmatrix},\boldsymbol{\alpha}_4=\begin{pmatrix}7\\7\\9\\1\end{pmatrix}$,则极大无关组为__________.

(4)若向量组 $\boldsymbol{A}$ 与向量组 $\boldsymbol{B}$:$\begin{pmatrix}1\\2\\3\\4\end{pmatrix},\begin{pmatrix}2\\3\\4\\5\end{pmatrix},\begin{pmatrix}0\\0\\1\\2\end{pmatrix}$等价,则 $\boldsymbol{A}$ 的秩为____________.

(5)若向量组 $\boldsymbol{\alpha}_1=\begin{pmatrix}1\\t+1\\0\end{pmatrix},\boldsymbol{\alpha}_2=\begin{pmatrix}1\\2\\0\end{pmatrix},\boldsymbol{\alpha}_3=\begin{pmatrix}0\\0\\t^2+1\end{pmatrix}$ 线性相关,则 $t=$____________.

(6)若方程组$\begin{cases}x_1-x_2=2,\\x_1+2x_2=1,\\3x_1+kx_2=k\end{cases}$有解,则常数 $k=$________________.

(7)已知四元非齐次线性方程组 $\boldsymbol{Ax}=\boldsymbol{b}$,$R(\boldsymbol{A})=3$,$\boldsymbol{\eta}_1,\boldsymbol{\eta}_2,\boldsymbol{\eta}_3$ 是它的 3 个解向量,其中 $\boldsymbol{\eta}_1+\boldsymbol{\eta}_2=\begin{pmatrix}1\\2\\0\\2\end{pmatrix},\boldsymbol{\eta}_2+\boldsymbol{\eta}_3=\begin{pmatrix}1\\0\\1\\3\end{pmatrix}$,则该非齐次线性方程组的通解为__________________.

(8) 设 $\boldsymbol{\alpha}_1=\begin{pmatrix}1\\2\\-1\\0\end{pmatrix},\boldsymbol{\alpha}_2=\begin{pmatrix}1\\1\\0\\2\end{pmatrix},\boldsymbol{\alpha}_3=\begin{pmatrix}2\\1\\1\\a\end{pmatrix}$,若由 $\boldsymbol{\alpha}_1,\boldsymbol{\alpha}_2,\boldsymbol{\alpha}_3$ 形成的向量组的秩为2,则 $a=$__________.

(9)已知 $\boldsymbol{\alpha}_1,\boldsymbol{\alpha}_2$ 为 2 维列向量,矩阵 $\boldsymbol{A}=(2\boldsymbol{\alpha}_1+\boldsymbol{\alpha}_2,\boldsymbol{\alpha}_1-\boldsymbol{\alpha}_2)$,$\boldsymbol{B}=(\boldsymbol{\alpha}_1,\boldsymbol{\alpha}_2)$,若行列式 $|\boldsymbol{A}|=6$,则 $|\boldsymbol{B}|=$__________.

(10)设方程$\begin{pmatrix}a&1&1\\1&a&1\\1&1&a\end{pmatrix}\begin{pmatrix}x_1\\x_2\\x_3\end{pmatrix}=\begin{pmatrix}1\\1\\-2\end{pmatrix}$有无穷多个解,则 $a=$________.

3. 求向量组

$$\boldsymbol{\alpha}_1=\begin{pmatrix}1\\-2\\0\\3\end{pmatrix},\boldsymbol{\alpha}_2=\begin{pmatrix}2\\-5\\-3\\6\end{pmatrix},\boldsymbol{\alpha}_3=\begin{pmatrix}0\\1\\3\\0\end{pmatrix},\boldsymbol{\alpha}_4=\begin{pmatrix}2\\-1\\4\\7\end{pmatrix},\boldsymbol{\alpha}_5=\begin{pmatrix}5\\-8\\1\\2\end{pmatrix}$$

的一个极大无关组,并将向量组中其他向量用极大无关组线性表示.

4. 已知 $\boldsymbol{A}$ 是 n 阶矩阵,$\boldsymbol{\alpha}$ 是 n 维列向量,若 $\boldsymbol{A}^2\boldsymbol{\alpha}\neq\boldsymbol{0}$,$\boldsymbol{A}^3\boldsymbol{\alpha}=\boldsymbol{0}$,证明:$\boldsymbol{\alpha},\boldsymbol{A\alpha},\boldsymbol{A}^2\boldsymbol{\alpha}$ 线性无关.

5. 设有向量组 $\boldsymbol{\alpha}_1=\begin{pmatrix}1\\1\\1\\3\end{pmatrix},\boldsymbol{\alpha}_2=\begin{pmatrix}-1\\-3\\5\\1\end{pmatrix},\boldsymbol{\alpha}_3=\begin{pmatrix}3\\2\\-1\\p+2\end{pmatrix},\boldsymbol{\alpha}_4=\begin{pmatrix}-2\\-6\\10\\p\end{pmatrix}$:

(1)p 为何值时,该向量组线性无关,并将向量 $\boldsymbol{\alpha}=\begin{pmatrix}4\\1\\6\\10\end{pmatrix}$ 用 $\boldsymbol{\alpha}_1,\boldsymbol{\alpha}_2,\boldsymbol{\alpha}_3,\boldsymbol{\alpha}_4$ 线性表示;

(2)p 为何值时,该向量组线性相关,并在此时求出它的秩和一个极大无关组.

6. 讨论线性方程组

$$\begin{cases}ax_1+x_2+x_3=4,\\x_1+bx_2+x_3=3,\\x_1+2bx_2+x_3=4,\end{cases}$$

当 a,b 取何值时有唯一解,无解,有无穷多个解.

7. 设 n 阶矩阵 $\boldsymbol{A}$ 各行的元素之和均为零,且 $R(\boldsymbol{A})=n-1$,求齐次线性方程组 $\boldsymbol{Ax}=\boldsymbol{0}$ 的通解.

8. 用基础解系表示线性方程组

$$\begin{cases}x_1+x_2+x_3+x_4+x_5=7,\\3x_1+2x_2+x_3+x_4-3x_5=-2,\\x_2+2x_3+2x_4+6x_5=23,\\5x_1+4x_2+3x_3+3x_4-x_5=12\end{cases}$$

的通解.

9. 设向量组 $\boldsymbol{A}:\boldsymbol{\alpha}_1=(1,0,2)^{\mathrm{T}},\boldsymbol{\alpha}_2=(1,1,3)^{\mathrm{T}},\boldsymbol{\alpha}_3=(1,-1,a+2)^{\mathrm{T}}$ 和向量组 $\boldsymbol{B}:\boldsymbol{\beta}_1=(1,2,a+3)^{\mathrm{T}},\boldsymbol{\beta}_2=(2,1,a+6)^{\mathrm{T}},\boldsymbol{\beta}_3=(2,1,a+4)^{\mathrm{T}}$,当 a 为何值时,向量组 $\boldsymbol{A}$ 与向量组 $\boldsymbol{B}$ 等价;当 a 为何值时,向量组 $\boldsymbol{A}$ 与向量组 $\boldsymbol{B}$ 不等价.

10. 已知4阶方阵 $\boldsymbol{A}=(\boldsymbol{\alpha}_1,\boldsymbol{\alpha}_2,\boldsymbol{\alpha}_3,\boldsymbol{\alpha}_4)$;$\boldsymbol{\alpha}_1,\boldsymbol{\alpha}_2,\boldsymbol{\alpha}_3,\boldsymbol{\alpha}_4$ 均为4维列向量,其中 $\boldsymbol{\alpha}_2,\boldsymbol{\alpha}_3,\boldsymbol{\alpha}_4$ 线性无关,$\boldsymbol{\alpha}_1=2\boldsymbol{\alpha}_2-\boldsymbol{\alpha}_3$,如果 $\boldsymbol{\beta}=\boldsymbol{\alpha}_1+\boldsymbol{\alpha}_2+\boldsymbol{\alpha}_3+\boldsymbol{\alpha}_4$,求线性方程组 $\boldsymbol{Ax}=\boldsymbol{\beta}$ 的通解.

第4章　相似矩阵及二次型

本章主要讨论矩阵的特征值与特征向量、方阵的相似对角化和二次型的化简等问题.这些内容是线性代数中比较重要的内容之一,它们在数学的其他分支以及其他许多学科中有着广泛的应用.

4.1　向量的内积

4.1.1　向量的内积

第3章介绍过向量的线性运算,但在许多实际问题中,还需要考虑向量的长度等方面的度量性质. 在此,引入向量的内积的概念.

定义4.1　设有n维向量

$$\boldsymbol{x}=\begin{pmatrix}x_1\\x_2\\\vdots\\x_n\end{pmatrix},\qquad \boldsymbol{y}=\begin{pmatrix}y_1\\y_2\\\vdots\\y_n\end{pmatrix},$$

令

$$[\boldsymbol{x},\boldsymbol{y}]=x_1y_1+x_2y_2+\cdots+x_ny_n,$$

$[\boldsymbol{x},\boldsymbol{y}]$称为向量$\boldsymbol{x}$与$\boldsymbol{y}$的内积.

内积是向量的一种运算,用矩阵记号表示,当$\boldsymbol{x}$与$\boldsymbol{y}$都是列向量时,有

$$[\boldsymbol{x},\boldsymbol{y}]=\boldsymbol{x}^{\mathrm{T}}\boldsymbol{y}.$$

内积具有下列性质(其中$\boldsymbol{x},\boldsymbol{y},\boldsymbol{z}$为$n$维向量,$\lambda$为实数):

(1)$[\boldsymbol{x},\boldsymbol{y}]=[\boldsymbol{y},\boldsymbol{x}]$;

(2)$[\lambda\boldsymbol{x},\boldsymbol{y}]=\lambda[\boldsymbol{x},\boldsymbol{y}]$;

(3)$[\boldsymbol{x}+\boldsymbol{y},\boldsymbol{z}]=[\boldsymbol{x},\boldsymbol{z}]+[\boldsymbol{y},\boldsymbol{z}]$;

(4)$[\boldsymbol{x},\boldsymbol{x}]\geqslant 0$,当且仅当$\boldsymbol{x}=\boldsymbol{0}$时$[\boldsymbol{x},\boldsymbol{x}]=0$.

例4.1　设有两个4维向量$\boldsymbol{\alpha}=\begin{pmatrix}1\\2\\-1\\5\end{pmatrix}$,$\boldsymbol{\beta}=\begin{pmatrix}-3\\0\\6\\-5\end{pmatrix}$,求$[\boldsymbol{\alpha},\boldsymbol{\beta}]$及$[\boldsymbol{\alpha},\boldsymbol{\alpha}]$.

解

$$[\boldsymbol{\alpha},\boldsymbol{\beta}]=-3+0-6-25=-34;$$

$$[\boldsymbol{\alpha},\boldsymbol{\alpha}]=1+4+1+25=31.$$

n维向量的内积是数量积的一种推广,但n维向量没有3维向量那样直观的长度和夹角的概念,因此只能按数量积的直角坐标计算公式来推广. 反过来,可利用内积来定义n维

向量的长度和夹角.

定义 4.2　令 $\|\boldsymbol{x}\| = \sqrt{[\boldsymbol{x},\boldsymbol{x}]} = \sqrt{x_1^2 + x_2^2 + \cdots + x_n^2}$,则 $\|\boldsymbol{x}\|$ 称为 n 维向量 $\boldsymbol{x}$ 的**长度**(**或范数**).

向量的长度具有下列性质:

(1)非负性　当 $\boldsymbol{x} \neq \boldsymbol{0}$ 时,$\|\boldsymbol{x}\| > 0$,当 $\boldsymbol{x} = \boldsymbol{0}$ 时,$\|\boldsymbol{x}\| = 0$;

(2)齐次性　$\|\lambda\boldsymbol{x}\| = |\lambda|\,\|\boldsymbol{x}\|$;

(3)三角不等式　$\|\boldsymbol{x}+\boldsymbol{y}\| \leqslant \|\boldsymbol{x}\| + \|\boldsymbol{y}\|$.

向量的内积满足施瓦兹不等式 $[\boldsymbol{x},\boldsymbol{y}]^2 \leqslant [\boldsymbol{x},\boldsymbol{x}] \cdot [\boldsymbol{y},\boldsymbol{y}]$,由此可得

$$\left|\frac{[\boldsymbol{x},\boldsymbol{y}]}{\|\boldsymbol{x}\|\,\|\boldsymbol{y}\|}\right| \leqslant 1 \qquad (\text{当 } \|\boldsymbol{x}\|\,\|\boldsymbol{y}\| \neq 0 \text{ 时}).$$

于是有下面的定义:

当 $\|\boldsymbol{x}\| \neq 0$, $\|\boldsymbol{y}\| \neq 0$ 时, $\theta = \arccos \dfrac{[\boldsymbol{x},\boldsymbol{y}]}{\|\boldsymbol{x}\|\,\|\boldsymbol{y}\|}$ 称为 n **维向量 $\boldsymbol{x}$ 与 $\boldsymbol{y}$ 的夹角.**

4.1.2　正交向量组

当 $[\boldsymbol{x},\boldsymbol{y}] = 0$ 时,称**向量 $\boldsymbol{x}$ 与 $\boldsymbol{y}$ 正交.** 显然,若 $\boldsymbol{x} = \boldsymbol{0}$,则 $\boldsymbol{x}$ 与任意向量都正交.

两两正交的非零向量组成的向量组称为**正交向量组.**

定理 4.1　若 n 维向量 $\boldsymbol{\alpha}_1,\boldsymbol{\alpha}_2,\cdots,\boldsymbol{\alpha}_r$ 是一组两两正交的非零向量组,则 $\boldsymbol{\alpha}_1,\boldsymbol{\alpha}_2,\cdots,\boldsymbol{\alpha}_r$ 线性无关.

证明　设有 $\lambda_1,\lambda_2,\cdots,\lambda_r$ 使 $\lambda_1\boldsymbol{\alpha}_1 + \lambda_2\boldsymbol{\alpha}_2 + \cdots + \lambda_r\boldsymbol{\alpha}_r = \boldsymbol{0}$,以 $\boldsymbol{\alpha}_1^{\mathrm{T}}$ 左乘上式两端,得

$$\lambda_1\boldsymbol{\alpha}_1^{\mathrm{T}}\boldsymbol{\alpha}_1 = 0,$$

因 $\boldsymbol{\alpha}_1 \neq \boldsymbol{0}$,故 $\boldsymbol{\alpha}_1^{\mathrm{T}}\boldsymbol{\alpha}_1 = \|\boldsymbol{\alpha}_1\|^2 \neq 0$,从而必有 $\lambda_1 = 0$. 类似可证 $\lambda_2 = 0,\cdots,\lambda_r = 0$. 于是向量组 $\boldsymbol{\alpha}_1,\boldsymbol{\alpha}_2,\cdots,\boldsymbol{\alpha}_r$ 线性无关.

注意　(1)该定理的逆定理不成立.

(2)这个结论说明:在 n 维向量空间中,两两正交的向量不能超过 n 个. 这个事实的几何意义是清楚的. 例如,平面上找不到三个两两垂直的非零向量,空间中找不到四个两两垂直的非零向量.

例 4.2　已知 3 维向量空间 R^3 中两个向量 $\boldsymbol{\alpha}_1 = \begin{pmatrix}1\\1\\1\end{pmatrix}$,$\boldsymbol{\alpha}_2 = \begin{pmatrix}1\\-2\\1\end{pmatrix}$ 正交,试求一个非零向量 $\boldsymbol{\alpha}_3$,使 $\boldsymbol{\alpha}_1,\boldsymbol{\alpha}_2,\boldsymbol{\alpha}_3$ 两两正交.

解　记 $\boldsymbol{A} = \begin{pmatrix}\boldsymbol{\alpha}_1^{\mathrm{T}}\\ \boldsymbol{\alpha}_2^{\mathrm{T}}\end{pmatrix} = \begin{pmatrix}1 & 1 & 1\\ 1 & -2 & 1\end{pmatrix}$,$\boldsymbol{\alpha}_3$ 应满足齐次线性方程 $\boldsymbol{A}\boldsymbol{x} = \boldsymbol{0}$,即

$$\begin{pmatrix}1 & 1 & 1\\ 1 & -2 & 1\end{pmatrix}\begin{pmatrix}x_1\\x_2\\x_3\end{pmatrix} = \begin{pmatrix}0\\0\end{pmatrix},$$

由 $\boldsymbol{A}\sim\begin{pmatrix}1&1&1\\0&-3&0\end{pmatrix}\sim\begin{pmatrix}1&0&1\\0&1&0\end{pmatrix}$,得 $\begin{cases}x_1=-x_3,\\x_2=0.\end{cases}$

从而有基础解系 $\begin{pmatrix}-1\\0\\1\end{pmatrix}$,取 $\boldsymbol{\alpha}_3=\begin{pmatrix}-1\\0\\1\end{pmatrix}$ 即为所求.

定义 4.3 设 V 是一个 n 维向量的集合,且 V 非空,如果集合 V 中的向量对于向量的加法和数乘仍然还在集合 V 中,即对于任意的 $\alpha,\beta\in V$,有 $\boldsymbol{\alpha}+\boldsymbol{\beta}\in V,k\boldsymbol{\alpha}\in V,k\in\mathbf{R}$,则称 V 是一个向量空间.

例如,3 维向量的全体 R^3 就是一个向量空间. 因为任意两个 3 维向量之和仍是 3 维向量,数 λ 乘 3 维向量也是 3 维向量,它们都属于 R^3.

类似地,n 维向量的全体 R^n,也是一个向量空间.

例 4.3 设 $V_1=\{\boldsymbol{x}\mid\boldsymbol{Ax}=\boldsymbol{0},\boldsymbol{A}=(a_{ij})_{m\times n}\}$,则 V_1 是一个向量空间,通常称为方程组 $\boldsymbol{Ax}=\boldsymbol{0}$ 的解空间.

解 对于任意 $\boldsymbol{\alpha},\boldsymbol{\beta}\in V_1$,有 $\boldsymbol{A\alpha}=\boldsymbol{0},\boldsymbol{A\beta}=\boldsymbol{0}$,则

$$\boldsymbol{A}(\boldsymbol{\alpha}+\boldsymbol{\beta})=\boldsymbol{A\alpha}+\boldsymbol{A\beta}=\boldsymbol{0},\boldsymbol{A}(k\boldsymbol{\alpha})=k\boldsymbol{A\alpha}=\boldsymbol{0},$$

故 $\boldsymbol{\alpha}+\boldsymbol{\beta}\in V_1,k\boldsymbol{\alpha}\in V_1$,所以 V_1 是一个向量空间.

例 4.4 设 $V_2=\{\boldsymbol{x}=\lambda_1\boldsymbol{\alpha}_1+\lambda_2\boldsymbol{\alpha}_2+\cdots+\lambda_m\boldsymbol{\alpha}_m\mid\lambda_1,\lambda_2,\cdots,\lambda_m\in\mathbf{R}\}$,则 V_2 是一个向量空间,通常称为由向量组 $\boldsymbol{\alpha}_1,\boldsymbol{\alpha}_2,\cdots,\boldsymbol{\alpha}_m$ 生成的向量空间.

例 4.5 设 $V_3=\{\boldsymbol{x}\mid\boldsymbol{Ax}=\boldsymbol{b},\boldsymbol{b}\neq\boldsymbol{0},\boldsymbol{A}=(a_{ij})_{m\times n}\}$,则 V_3 不是一个向量空间.

这是因为,若 $\boldsymbol{\alpha},\boldsymbol{\beta}\in V_3$,有 $\boldsymbol{A\alpha}=\boldsymbol{b},\boldsymbol{A\beta}=\boldsymbol{b}$,则 $\boldsymbol{A}(\boldsymbol{\alpha}+\boldsymbol{\beta})=\boldsymbol{A\alpha}+\boldsymbol{A\beta}=\boldsymbol{b}+\boldsymbol{b}\neq\boldsymbol{b}$,从而 $\boldsymbol{\alpha}+\boldsymbol{\beta}\notin V_3$.

定义 4.4 设 V 是一个向量空间,如果存在向量组 $\boldsymbol{\alpha}_1,\boldsymbol{\alpha}_2,\cdots,\boldsymbol{\alpha}_r\in V$,且满足:

(1)$\boldsymbol{\alpha}_1,\boldsymbol{\alpha}_2,\cdots,\boldsymbol{\alpha}_r$ 线性无关;

(2)V 中任一向量 $\boldsymbol{\alpha}$ 都可由 $\boldsymbol{\alpha}_1,\boldsymbol{\alpha}_2,\cdots,\boldsymbol{\alpha}_r$ 线性表示,

则称向量组 $\boldsymbol{\alpha}_1,\boldsymbol{\alpha}_2,\cdots,\boldsymbol{\alpha}_r$ 是向量空间 V 的一组**基**,r 称为向量空间 V 的**维数**.

由定义可知向量空间 V 的基就是 $V_1=\{\boldsymbol{x}\mid\boldsymbol{Ax}=\boldsymbol{0},\boldsymbol{A}=(a_{ij})_{m\times n}\}$ 中的一个极大线性无关组,$V_1=\{\boldsymbol{x}\mid\boldsymbol{Ax}=\boldsymbol{0},\boldsymbol{A}=(a_{ij})_{m\times n}\}$ 的维数就是向量组的秩.

例如,$V_1=\{\boldsymbol{x}\mid\boldsymbol{Ax}=\boldsymbol{0},\boldsymbol{A}=(a_{ij})_{m\times n}\}$,$\boldsymbol{Ax}=\boldsymbol{0}$ 的一个基础解系是 V_1 的一组基,$\boldsymbol{Ax}=\boldsymbol{0}$ 的基础解系中所含的解向量的个数就是 V_1 的维数.

定义 4.5 设 n 维向量 $\boldsymbol{\alpha}_1,\boldsymbol{\alpha}_2,\cdots,\boldsymbol{\alpha}_r$ 是向量空间 $V(V\subset R^n)$ 的一个基,如果 $\boldsymbol{\alpha}_1,\boldsymbol{\alpha}_2,\cdots,\boldsymbol{\alpha}_r$ 是正交向量组,则称 $\boldsymbol{\alpha}_1,\boldsymbol{\alpha}_2,\cdots,\boldsymbol{\alpha}_r$ 是 V 的一个**正交基**;设 n 维向量 $\boldsymbol{e}_1,\boldsymbol{e}_2,\cdots,\boldsymbol{e}_r$ 是向量空间 $V(V\subset R^n)$ 的一个正交基,如果 $\boldsymbol{e}_1,\boldsymbol{e}_2,\cdots,\boldsymbol{e}_r$ 都是单位向量,则称 $\boldsymbol{e}_1,\boldsymbol{e}_2,\cdots,\boldsymbol{e}_r$ 是 V 的一个**规范正交基(或标准正交基)**.

若 $\boldsymbol{e}_1,\boldsymbol{e}_2,\cdots,\boldsymbol{e}_r$ 是 V 的一个规范正交基,那么 V 中任一向量 $\boldsymbol{\alpha}$ 应能由 $\boldsymbol{e}_1,\boldsymbol{e}_2,\cdots,\boldsymbol{e}_r$ 线性表示,设表达式为 $\boldsymbol{\alpha}=\lambda_1\boldsymbol{e}_1+\lambda_2\boldsymbol{e}_2+\cdots+\lambda_r\boldsymbol{e}_r$. 为求其中的系数 $\lambda_i(i=1,\cdots,r)$,可用 $\boldsymbol{e}_i^{\mathrm{T}}$ 左乘该式,有 $\boldsymbol{e}_i^{\mathrm{T}}\boldsymbol{\alpha}=\lambda_i\boldsymbol{e}_i^{\mathrm{T}}\boldsymbol{e}_i=\lambda_i$,即 $\lambda_i=\boldsymbol{e}_i^{\mathrm{T}}\boldsymbol{\alpha}=[\boldsymbol{\alpha},\boldsymbol{e}_i]$.

设 $\boldsymbol{\alpha}_1,\boldsymbol{\alpha}_2,\cdots,\boldsymbol{\alpha}_r$ 是向量空间 V 的一个基，要求 V 的一个规范正交基，也就是要找一组两两正交的单位向量 $\boldsymbol{e}_1,\boldsymbol{e}_2,\cdots,\boldsymbol{e}_r$，使 $\boldsymbol{e}_1,\boldsymbol{e}_2,\cdots,\boldsymbol{e}_r$ 与 $\boldsymbol{\alpha}_1,\boldsymbol{\alpha}_2,\cdots,\boldsymbol{\alpha}_r$ 等价. 这样一个问题，称为把 $\boldsymbol{\alpha}_1,\boldsymbol{\alpha}_2,\cdots,\boldsymbol{\alpha}_r$ 这个基**规范正交化**.

以下办法可把 $\boldsymbol{\alpha}_1,\boldsymbol{\alpha}_2,\cdots,\boldsymbol{\alpha}_r$ 规范正交化：

取　$\boldsymbol{b}_1=\boldsymbol{\alpha}_1$；

$$\boldsymbol{b}_2=\boldsymbol{\alpha}_2-\frac{[\boldsymbol{b}_1,\boldsymbol{\alpha}_2]}{[\boldsymbol{b}_1,\boldsymbol{b}_1]}\boldsymbol{b}_1;$$

…

$$\boldsymbol{b}_r=\boldsymbol{\alpha}_r-\frac{[\boldsymbol{b}_1,\boldsymbol{\alpha}_r]}{[\boldsymbol{b}_1,\boldsymbol{b}_1]}\boldsymbol{b}_1-\frac{[\boldsymbol{b}_2,\boldsymbol{\alpha}_r]}{[\boldsymbol{b}_2,\boldsymbol{b}_2]}\boldsymbol{b}_2-\cdots-\frac{[\boldsymbol{b}_{r-1},\boldsymbol{\alpha}_r]}{[\boldsymbol{b}_{r-1},\boldsymbol{b}_{r-1}]}\boldsymbol{b}_{r-1}.$$

容易验证 $\boldsymbol{b}_1,\boldsymbol{b}_2,\cdots,\boldsymbol{b}_r$ 两两正交，且 $\boldsymbol{b}_1,\boldsymbol{b}_2,\cdots,\boldsymbol{b}_r$ 与 $\boldsymbol{\alpha}_1,\boldsymbol{\alpha}_2,\cdots,\boldsymbol{\alpha}_r$ 等价. 然后只要把它们单位化，即取 $\boldsymbol{e}_1=\dfrac{\boldsymbol{b}_1}{\|\boldsymbol{b}_1\|},\boldsymbol{e}_2=\dfrac{\boldsymbol{b}_2}{\|\boldsymbol{b}_2\|},\cdots,\boldsymbol{e}_r=\dfrac{\boldsymbol{b}_r}{\|\boldsymbol{b}_r\|}$，就得 V 的一个规范正交基. 上述从线性无关向量组 $\boldsymbol{\alpha}_1,\boldsymbol{\alpha}_2,\cdots,\boldsymbol{\alpha}_r$ 导出正交向量组 $\boldsymbol{b}_1,\boldsymbol{b}_2,\cdots,\boldsymbol{b}_r$ 的过程称为**施密特**(Schimidt)**正交化过程**. 它不仅满足 $\boldsymbol{b}_1,\boldsymbol{b}_2,\cdots,\boldsymbol{b}_r$ 与 $\boldsymbol{\alpha}_1,\boldsymbol{\alpha}_2,\cdots,\boldsymbol{\alpha}_r$ 等价，还满足对任何 $k(1\leqslant k\leqslant r)$，向量组 $\boldsymbol{b}_1,\boldsymbol{b}_2,\cdots,\boldsymbol{b}_k$ 与 $\boldsymbol{\alpha}_1,\boldsymbol{\alpha}_2,\cdots,\boldsymbol{\alpha}_k$ 等价.

例 4.6　设 $\boldsymbol{\alpha}_1=\begin{pmatrix}1\\2\\-1\end{pmatrix},\boldsymbol{\alpha}_2=\begin{pmatrix}-1\\3\\1\end{pmatrix},\boldsymbol{\alpha}_3=\begin{pmatrix}4\\-1\\0\end{pmatrix}$，试用施密特正交化过程把这组向量规范正交化.

解　取 $\boldsymbol{b}_1=\boldsymbol{\alpha}_1$；

$$\boldsymbol{b}_2=\boldsymbol{\alpha}_2-\frac{[\boldsymbol{\alpha}_2,\boldsymbol{b}_1]}{\|\boldsymbol{b}_1\|^2}\boldsymbol{b}_1=\begin{pmatrix}-1\\3\\1\end{pmatrix}-\frac{4}{6}\begin{pmatrix}1\\2\\-1\end{pmatrix}=\frac{5}{3}\begin{pmatrix}-1\\1\\1\end{pmatrix};$$

$$\boldsymbol{b}_3=\boldsymbol{\alpha}_3-\frac{[\boldsymbol{\alpha}_3,\boldsymbol{b}_1]}{\|\boldsymbol{b}_1\|^2}\boldsymbol{b}_1-\frac{[\boldsymbol{\alpha}_3,\boldsymbol{b}_2]}{\|\boldsymbol{b}_2\|^2}\boldsymbol{b}_2=2\begin{pmatrix}1\\0\\1\end{pmatrix}.$$

再把它们单位化，取

$$\boldsymbol{e}_1=\frac{1}{\sqrt{6}}\begin{pmatrix}1\\2\\-1\end{pmatrix},\boldsymbol{e}_2=\frac{1}{\sqrt{3}}\begin{pmatrix}-1\\1\\1\end{pmatrix},\boldsymbol{e}_3=\frac{1}{\sqrt{2}}\begin{pmatrix}1\\0\\1\end{pmatrix}.$$

$\boldsymbol{e}_1,\boldsymbol{e}_2,\boldsymbol{e}_3$ 即为所求.

例 4.7　已知 $\boldsymbol{\alpha}_1=\begin{pmatrix}1\\1\\1\end{pmatrix}$，求一组非零向量 $\boldsymbol{\alpha}_2,\boldsymbol{\alpha}_3$，使 $\boldsymbol{\alpha}_1,\boldsymbol{\alpha}_2,\boldsymbol{\alpha}_3$ 两两正交.

解　$\boldsymbol{\alpha}_2,\boldsymbol{\alpha}_3$ 应满足方程 $\boldsymbol{\alpha}_1^{\mathrm{T}}\boldsymbol{x}=\boldsymbol{0}$，即 $x_1+x_2+x_3=0$.

它的基础解系为

$$\boldsymbol{\xi}_1=\begin{pmatrix}1\\0\\-1\end{pmatrix},\boldsymbol{\xi}_2=\begin{pmatrix}0\\1\\-1\end{pmatrix}.$$

把基础解系正交化,即为所求. 亦即取

$$\boldsymbol{\alpha}_2=\boldsymbol{\xi}_1,\boldsymbol{\alpha}_3=\boldsymbol{\xi}_2-\frac{[\boldsymbol{\xi}_1,\boldsymbol{\xi}_2]}{[\boldsymbol{\xi}_1,\boldsymbol{\xi}_1]}\boldsymbol{\xi}_1,$$

于是得

$$\boldsymbol{\alpha}_2=\begin{pmatrix}1\\0\\-1\end{pmatrix},\boldsymbol{\alpha}_3=\frac{1}{2}\begin{pmatrix}-1\\2\\-1\end{pmatrix}.$$

4.1.3 正交矩阵

在平面解析几何中,坐标轴的旋转变换为

$$\begin{cases}x=x'\cos\theta-y'\sin\theta,\\y=x'\sin\theta+y'\cos\theta,\end{cases}$$

对应的矩阵 $\boldsymbol{A}=\begin{pmatrix}\cos\theta & -\sin\theta\\ \sin\theta & \cos\theta\end{pmatrix}$,显然 $\boldsymbol{A}^{\mathrm{T}}\boldsymbol{A}=\begin{pmatrix}1&0\\0&1\end{pmatrix}=\boldsymbol{E}$. 这样的矩阵称为正交矩阵.

定义 4.6 如果 n 阶矩阵 $\boldsymbol{A}$ 满足 $\boldsymbol{A}^{\mathrm{T}}\boldsymbol{A}=\boldsymbol{E}$(即 $\boldsymbol{A}^{-1}=\boldsymbol{A}^{\mathrm{T}}$),那么称 $\boldsymbol{A}$ 为**正交矩阵.**

上式用 $\boldsymbol{A}$ 的列向量表示,即是

$$\begin{pmatrix}\boldsymbol{\alpha}_1^{\mathrm{T}}\\\boldsymbol{\alpha}_2^{\mathrm{T}}\\\vdots\\\boldsymbol{\alpha}_n^{\mathrm{T}}\end{pmatrix}(\boldsymbol{\alpha}_1,\boldsymbol{\alpha}_2,\cdots,\boldsymbol{\alpha}_n)=\boldsymbol{E},$$

亦即 $$(\boldsymbol{\alpha}_i^{\mathrm{T}}\boldsymbol{\alpha}_j)=(\delta_{ij}).$$

这也就是 n^2 个关系式

$$\boldsymbol{\alpha}_i^{\mathrm{T}}\boldsymbol{\alpha}_j=\delta_{ij}=\begin{cases}1,i=j,\\0,i\neq j,\end{cases}\quad(i,j=1,2,\cdots,n).$$

这就说明,方阵 $\boldsymbol{A}$ 为正交矩阵的充分必要条件是 $\boldsymbol{A}$ 的列向量都是单位向量,且两两正交. 又 $\boldsymbol{A}^{\mathrm{T}}\boldsymbol{A}=\boldsymbol{E}$ 与 $\boldsymbol{A}\boldsymbol{A}^{\mathrm{T}}=\boldsymbol{E}$ 等价,所以上述结论对 $\boldsymbol{A}$ 的行向量亦成立. 由此可见,正交矩阵的 n 个列(行)向量构成向量空间 R^n 的一个规范正交基.

如 $\begin{pmatrix}0&1\\1&0\end{pmatrix}$,$\begin{pmatrix}\frac{\sqrt{2}}{2}&-\frac{\sqrt{2}}{2}\\\frac{\sqrt{2}}{2}&\frac{\sqrt{2}}{2}\end{pmatrix}$,$\begin{pmatrix}\frac{1}{2}&-\frac{1}{2}&\frac{1}{2}&-\frac{1}{2}\\\frac{1}{2}&-\frac{1}{2}&-\frac{1}{2}&\frac{1}{2}\\\frac{1}{\sqrt{2}}&\frac{1}{\sqrt{2}}&0&0\\0&0&\frac{1}{\sqrt{2}}&\frac{1}{\sqrt{2}}\end{pmatrix}$ 都是正交矩阵.

正交矩阵具有下述性质:

(1)设 $\boldsymbol{A}$ 为正交矩阵,则 $|\boldsymbol{A}| = \pm 1$;

(2)设 $\boldsymbol{A}$ 为正交矩阵,则 $\boldsymbol{A}^{\mathrm{T}} = \boldsymbol{A}^{-1}$,并且也是正交矩阵;

(3)设 $\boldsymbol{A},\boldsymbol{B}$ 均为正交矩阵,则 $\boldsymbol{AB}$ 也是正交矩阵.

定义 4.7　若 $\boldsymbol{P}$ 为正交矩阵,则线性变换 $\boldsymbol{y} = \boldsymbol{Px}$ 称为**正交变换**.

设 $\boldsymbol{y} = \boldsymbol{Px}$ 为正交变换,则有

$$\|\boldsymbol{y}\| = \sqrt{\boldsymbol{y}^{\mathrm{T}}\boldsymbol{y}} = \sqrt{\boldsymbol{x}^{\mathrm{T}}\boldsymbol{P}^{\mathrm{T}}\boldsymbol{Px}} = \sqrt{\boldsymbol{x}^{\mathrm{T}}\boldsymbol{x}} = \|\boldsymbol{x}\|.$$

$\|\boldsymbol{y}\| = \|\boldsymbol{x}\|$ 说明正交变换保持向量的长度不变,这正是正交变换的优良特性.

习题 4.1

1. 计算向量 $\boldsymbol{\alpha}$ 与 $\boldsymbol{\beta}$ 的内积 $[\boldsymbol{\alpha},\boldsymbol{\beta}]$:

(1)$\boldsymbol{\alpha} = (-1,0,3,-5)^{\mathrm{T}}$,$\boldsymbol{\beta} = (4,-2,0,1)^{\mathrm{T}}$;

(2)$\boldsymbol{\alpha} = \left(\frac{\sqrt{3}}{2},-\frac{1}{3},\frac{\sqrt{3}}{4},-1\right)^{\mathrm{T}}$,$\boldsymbol{\beta} = (-\frac{\sqrt{3}}{2},-2,\sqrt{3},\frac{2}{3})^{\mathrm{T}}$.

2. 把下列向量单位化:

(1)$\boldsymbol{\alpha} = (3,0,-1,4)^{\mathrm{T}}$;　(2)$\boldsymbol{\alpha} = (5,1,-2,0)^{\mathrm{T}}$.

3. 在 R^4 中求一个单位向量,使它与以下三个向量都正交

$$\boldsymbol{\alpha}_1 = (1,1,-1,1)^{\mathrm{T}},\boldsymbol{\alpha}_2 = (1,-1,-1,1)^{\mathrm{T}},\boldsymbol{\alpha}_3 = (2,1,1,3)^{\mathrm{T}}.$$

4. 利用施密特正交化方法把下列向量组规范正交化:

(1)$\boldsymbol{\alpha}_1 = (0,1,1)^{\mathrm{T}}$,$\boldsymbol{\alpha}_2 = (1,1,0)^{\mathrm{T}}$,$\boldsymbol{\alpha}_3 = (1,0,1)^{\mathrm{T}}$;

(2)$\boldsymbol{\alpha}_1 = \begin{pmatrix}1\\0\\1\end{pmatrix},\boldsymbol{\alpha}_2 = \begin{pmatrix}1\\-1\\1\end{pmatrix},\boldsymbol{\alpha}_3 = \begin{pmatrix}-1\\1\\0\end{pmatrix}$;

(3)$\boldsymbol{\alpha}_1 = \begin{pmatrix}1\\1\\1\end{pmatrix},\boldsymbol{\alpha}_2 = \begin{pmatrix}1\\1\\-1\end{pmatrix},\boldsymbol{\alpha}_3 = \begin{pmatrix}1\\-1\\-1\end{pmatrix}$.

5. 判别下列矩阵是否为正交阵:

(1)$\begin{pmatrix}1 & -1/2 & 1/3\\-1/2 & 1 & 1/2\\1/3 & 1/2 & -1\end{pmatrix}$;　(2)$\begin{pmatrix}1/9 & -8/9 & -4/9\\-8/9 & 1/9 & -4/9\\-4/9 & -4/9 & 7/9\end{pmatrix}$.

6. 设 $\boldsymbol{A}$ 为正交矩阵,证明 $|\boldsymbol{A}| = \pm 1$.

7. 设 $\boldsymbol{A},\boldsymbol{B}$ 均为正交矩阵,证明 $\boldsymbol{AB}$ 也是正交矩阵.

8. 判断下列向量组是不是向量空间.

(1)$V = \left\{\begin{pmatrix}a\\0\end{pmatrix} \mid a \in \mathbf{R}\right\}$;　(2)$V = \left\{\begin{pmatrix}1\\a\\b\end{pmatrix} \mid a,b \in \mathbf{R}\right\}$;

(3) $V=\{\boldsymbol{x}=(0,x_2,\cdots,x_n)^{\mathrm{T}} \mid x_2,\cdots,x_n\in\mathbf{R}\}$;

(4) $V=\{\boldsymbol{x}=(1,x_2,\cdots,x_n)^{\mathrm{T}} \mid x_2,\cdots,x_n\in\mathbf{R}\}$;

(5) $V=\{\boldsymbol{x}=(x_1,x_2,\cdots,x_n)^{\mathrm{T}} \mid x_2,\cdots,x_n\in\mathbf{R}$ 满足 $x_1+x_2+\cdots+x_n=0\}$;

(6) $V=\{\boldsymbol{x}=(x_1,x_2,\cdots,x_n)^{\mathrm{T}} \mid x_2,\cdots,x_n\in\mathbf{R}$ 满足 $x_1+x_2+\cdots+x_n=1\}$.

4.2 相似矩阵

4.2.1 特征值与特征向量

定义 4.8 设 $\boldsymbol{A}$ 是 n 阶方阵,若数 λ 和 n 维非零列向量 $\boldsymbol{x}$,使得 $\boldsymbol{Ax}=\lambda\boldsymbol{x}$ 成立,则称 λ 是方阵 $\boldsymbol{A}$ 的一个**特征值**,$\boldsymbol{x}$ 为方阵 $\boldsymbol{A}$ 的对应于特征值 λ 的**特征向量**.

例如,$\begin{pmatrix}1&1&0\\1&1&2\\0&0&2\end{pmatrix}\begin{pmatrix}1\\1\\0\end{pmatrix}=2\begin{pmatrix}1\\1\\0\end{pmatrix}$,此时 2 称为矩阵 $\begin{pmatrix}1&1&0\\1&1&2\\0&0&2\end{pmatrix}$ 的特征值,而 $\begin{pmatrix}1\\1\\0\end{pmatrix}$ 称为矩阵 $\begin{pmatrix}1&1&0\\1&1&2\\0&0&2\end{pmatrix}$ 的对应于特征值 2 的特征向量.

定义 4.9 设 $\boldsymbol{A}=(a_{ij})_{n\times n}$,$\lambda$ 为实数,则行列式

$$|\boldsymbol{A}-\lambda\boldsymbol{E}|=\begin{vmatrix}a_{11}-\lambda&a_{12}&\cdots&a_{1n}\\a_{21}&a_{22}-\lambda&\cdots&a_{2n}\\\vdots&\vdots&&\vdots\\a_{n1}&a_{n2}&\cdots&a_{nn}-\lambda\end{vmatrix}$$

是关于 λ 的 n 次多项式,称为方阵 $\boldsymbol{A}$ 的**特征多项式**,方程 $|\boldsymbol{A}-\lambda\boldsymbol{E}|=0$ 称为方阵 $\boldsymbol{A}$ 的**特征方程.**

显然,矩阵 $\boldsymbol{A}$ 的特征方程在复数域内的 n 个根就是 $\boldsymbol{A}$ 的所有特征值. 故求矩阵 $\boldsymbol{A}$ 的特征值、特征向量的步骤如下:

(1) 由 $|\boldsymbol{A}-\lambda\boldsymbol{E}|=0$ 求出特征值 λ;

(2) 把得到的特征值 λ 代入齐次线性方程组 $(\boldsymbol{A}-\lambda\boldsymbol{E})\boldsymbol{x}=\boldsymbol{0}$,求出非零解 $\boldsymbol{x}$,即为矩阵 $\boldsymbol{A}$ 对应于特征值 λ 的特征向量.

例 4.8 求 $\boldsymbol{A}=\begin{pmatrix}3&-1\\-1&3\end{pmatrix}$ 的特征值与特征向量.

解 $\boldsymbol{A}$ 的特征多项式为 $\begin{vmatrix}3-\lambda&-1\\-1&3-\lambda\end{vmatrix}=(3-\lambda)^2-1=(4-\lambda)(2-\lambda)$,所以 $\boldsymbol{A}$ 的特征值为

$$\lambda_1=2,\lambda_2=4.$$

当 $\lambda_1=2$ 时,解方程 $(\boldsymbol{A}-2\boldsymbol{E})\boldsymbol{x}=\boldsymbol{0}$,即

$$\begin{pmatrix}3-2 & -1\\ -1 & 3-2\end{pmatrix}\begin{pmatrix}x_1\\ x_2\end{pmatrix}=\begin{pmatrix}0\\0\end{pmatrix},$$

得基础解系为 $\boldsymbol{p}_1=\begin{pmatrix}1\\1\end{pmatrix}$，所以 $k_1\boldsymbol{p}_1(k_1\neq 0)$ 是对应于 $\boldsymbol{\lambda}_1=2$ 的全部特征值向量.

当 $\boldsymbol{\lambda}_2=4$ 时，解方程 $(\boldsymbol{A}-4\boldsymbol{E})\boldsymbol{x}=\boldsymbol{0}$，即

$$\begin{pmatrix}3-4 & -1\\ -1 & 3-4\end{pmatrix}\begin{pmatrix}x_1\\ x_2\end{pmatrix}=\begin{pmatrix}0\\0\end{pmatrix},$$

得基础解系为 $\boldsymbol{p}_2=\begin{pmatrix}-1\\1\end{pmatrix}$，所以 $k_2\boldsymbol{p}_2(k_2\neq 0)$ 是对应于 $\boldsymbol{\lambda}_2=4$ 的全部特征值向量.

例 4.9　求矩阵 $\boldsymbol{A}=\begin{pmatrix}-1 & 1 & 0\\ -4 & 3 & 0\\ 1 & 0 & 2\end{pmatrix}$ 的特征值与特征向量.

解　$|\boldsymbol{A}-\boldsymbol{\lambda}\boldsymbol{E}|=\begin{vmatrix}-1-\lambda & 1 & 0\\ -4 & 3-\lambda & 0\\ 1 & 0 & 2-\lambda\end{vmatrix}=(2-\lambda)(1-\lambda)^2,$

所以

$$\lambda_1=2,\lambda_2=\lambda_3=1.$$

当 $\boldsymbol{\lambda}_1=2$ 时，解方程 $(\boldsymbol{A}-2\boldsymbol{E})\boldsymbol{x}=\boldsymbol{0}$，即

$$\begin{pmatrix}-3 & 1 & 0\\ -4 & 1 & 0\\ 1 & 0 & 0\end{pmatrix}\begin{pmatrix}x_1\\ x_2\\ x_3\end{pmatrix}=\begin{pmatrix}0\\0\\0\end{pmatrix},$$

得基础解系 $\boldsymbol{p}_1=\begin{pmatrix}0\\0\\1\end{pmatrix}$，所以 $k_1\boldsymbol{p}_1(k_1\neq 0)$ 是对应于 $\boldsymbol{\lambda}_1=2$ 的全部特征向量.

当 $\boldsymbol{\lambda}_2=\boldsymbol{\lambda}_3=1$ 时，解方程 $(\boldsymbol{A}-\boldsymbol{E})\boldsymbol{x}=\boldsymbol{0}$，即

$$\begin{pmatrix}-2 & 1 & 0\\ -4 & 2 & 0\\ 1 & 0 & 1\end{pmatrix}\begin{pmatrix}x_1\\ x_2\\ x_3\end{pmatrix}=\begin{pmatrix}0\\0\\0\end{pmatrix},$$

得基础解系 $\boldsymbol{p}_2=\begin{pmatrix}-1\\-2\\1\end{pmatrix}$，所以 $k_2\boldsymbol{p}_2(k_2\neq 0)$ 是对应于 $\boldsymbol{\lambda}_2=\boldsymbol{\lambda}_3=1$ 的全部特征向量.

例 4.10　求矩阵 $\boldsymbol{A}=\begin{pmatrix}-2 & 1 & 1\\ 0 & 2 & 0\\ -4 & 1 & 3\end{pmatrix}$ 的特征值与特征向量.

解　$|\boldsymbol{A}-\boldsymbol{\lambda}\boldsymbol{E}|=\begin{vmatrix}-2-\lambda & 1 & 1\\ 0 & 2-\lambda & 0\\ -4 & 1 & 3-\lambda\end{vmatrix}=-(\lambda+1)(\lambda-2)^2,$

所以
$$\lambda_1=-1,\lambda_2=\lambda_3=2.$$

当 $\lambda_1=-1$ 时,解方程 $(\boldsymbol{A}+\boldsymbol{E})\boldsymbol{x}=\boldsymbol{0}$,即
$$\begin{pmatrix}-1&1&1\\0&3&0\\-4&1&4\end{pmatrix}\begin{pmatrix}x_1\\x_2\\x_3\end{pmatrix}=\begin{pmatrix}0\\0\\0\end{pmatrix},$$
得基础解系 $\boldsymbol{p}_1=\begin{pmatrix}1\\0\\1\end{pmatrix}$,所以 $k_1\boldsymbol{p}_1(k_1\neq0)$ 是对应于 $\lambda_1=-1$ 的全部特征向量.

当 $\lambda_2=\lambda_3=2$ 时,解方程 $(\boldsymbol{A}-2\boldsymbol{E})\boldsymbol{x}=\boldsymbol{0}$,即
$$\begin{pmatrix}-4&1&1\\0&0&0\\-4&1&1\end{pmatrix}\begin{pmatrix}x_1\\x_2\\x_3\end{pmatrix}=\begin{pmatrix}0\\0\\0\end{pmatrix},$$
得基础解系 $\boldsymbol{p}_2=\begin{pmatrix}0\\1\\-1\end{pmatrix},\boldsymbol{p}_3=\begin{pmatrix}1\\0\\4\end{pmatrix}$,所以 $k_2\boldsymbol{p}_2+k_3\boldsymbol{p}_3$($k_2,k_3$ 不同时为零)是对应于 $\lambda_2=\lambda_3=2$ 的全部特征向量.

性质 1 $\boldsymbol{A}$ 与 $\boldsymbol{A}^{\mathrm{T}}$ 有相同的特征值.

性质 2 设 n 阶矩阵 $\boldsymbol{A}=(a_{ij})$ 的特征值为 $\lambda_1,\lambda_2,\cdots,\lambda_n$,则

(1) $\lambda_1+\lambda_2+\cdots+\lambda_n=a_{11}+a_{22}+\cdots+a_{nn}$;

(2) $\lambda_1\lambda_2\cdots\lambda_n=|\boldsymbol{A}|$.

定理 4.2 设 $\lambda_1,\lambda_2,\cdots,\lambda_m$ 是方阵 $\boldsymbol{A}$ 的 m 个特征值,$\boldsymbol{p}_1,\boldsymbol{p}_2,\cdots,\boldsymbol{p}_m$ 依次是与之对应的特征向量. 如果 $\lambda_1,\lambda_2,\cdots,\lambda_m$ 各不相同,则 $\boldsymbol{p}_1,\boldsymbol{p}_2,\cdots,\boldsymbol{p}_m$ 线性无关.

4.2.2 相似矩阵

定义 4.10 设 $\boldsymbol{A},\boldsymbol{B}$ 都是 n 阶矩阵,若有可逆矩阵 $\boldsymbol{P}$,使 $\boldsymbol{P}^{-1}\boldsymbol{AP}=\boldsymbol{B}$,则称 $\boldsymbol{B}$ 是 $\boldsymbol{A}$ 的**相似矩阵**,或说**矩阵 $\boldsymbol{A}$ 与 $\boldsymbol{B}$ 相似**,对 $\boldsymbol{A}$ 进行运算 $\boldsymbol{P}^{-1}\boldsymbol{AP}$ 称为对 $\boldsymbol{A}$ 进行相似变换,可逆矩阵 $\boldsymbol{P}$ 称为把 $\boldsymbol{A}$ 变成 $\boldsymbol{B}$ 的**相似变换矩阵**.

相似是矩阵之间的一种关系,这种关系具有下面三个性质:

(1)反身性 $\boldsymbol{A}$ 与 $\boldsymbol{A}$ 相似;

(2)对称性 若 $\boldsymbol{A}$ 与 $\boldsymbol{B}$ 相似,则 $\boldsymbol{B}$ 与 $\boldsymbol{A}$ 相似;

(3)传递性 若 $\boldsymbol{A}$ 与 $\boldsymbol{B}$ 相似,$\boldsymbol{B}$ 与 $\boldsymbol{C}$ 相似,则 $\boldsymbol{A}$ 与 $\boldsymbol{C}$ 相似.

定理 4.3 相似矩阵有相同的特征多项式,从而特征值也相同.

证 设 $\boldsymbol{A}$ 与 $\boldsymbol{B}$ 相似,即存在可逆矩阵 $\boldsymbol{P}$,使得 $\boldsymbol{P}^{-1}\boldsymbol{AP}=\boldsymbol{B}$,故
$$\begin{aligned}|\boldsymbol{B}-\lambda\boldsymbol{E}|&=|\boldsymbol{P}^{-1}\boldsymbol{AP}-\boldsymbol{P}^{-1}(\lambda\boldsymbol{E})\boldsymbol{P}|=|\boldsymbol{P}^{-1}(\boldsymbol{A}-\lambda\boldsymbol{E})\boldsymbol{P}|\\&=|\boldsymbol{P}^{-1}||\boldsymbol{A}-\lambda\boldsymbol{E}||\boldsymbol{P}|=|\boldsymbol{A}-\lambda\boldsymbol{E}|.\end{aligned}$$

定理 4.3 的逆命题不一定成立,即若 $\boldsymbol{A}$ 与 $\boldsymbol{B}$ 的特征多项式或所有的特征值相同,$\boldsymbol{A}$ 不一定与 $\boldsymbol{B}$ 相似.

推论　若 n 阶矩阵 $\boldsymbol{A}$ 与对角矩阵 $\boldsymbol{\Lambda}=\begin{pmatrix}\lambda_1 & & & \\ & \lambda_2 & & \\ & & \ddots & \\ & & & \lambda_n\end{pmatrix}$ 相似，则 $\lambda_1,\lambda_2,\cdots,\lambda_n$ 是 $\boldsymbol{A}$ 的 n 个特征值.

4.2.3　矩阵可对角化的条件

对 n 阶方阵 $\boldsymbol{A}$，如果可以找到可逆矩阵 $\boldsymbol{P}$，使 $\boldsymbol{P}^{-1}\boldsymbol{A}\boldsymbol{P}=\boldsymbol{\Lambda}$ 为对角矩阵，就称为**把方阵 $\boldsymbol{A}$ 对角化**.

定理 4.4　n 阶矩阵 $\boldsymbol{A}$ 与对角矩阵相似（即 $\boldsymbol{A}$ 能对角化）的充分必要条件是 $\boldsymbol{A}$ 有 n 个线性无关的特征向量.

证　必要性　假设 $\boldsymbol{A}$ 与对角阵 $\boldsymbol{\Lambda}$ 相似，即存在可逆阵 $\boldsymbol{P}$，使得

$$\boldsymbol{P}^{-1}\boldsymbol{A}\boldsymbol{P}=\boldsymbol{\Lambda},$$

其中

$$\boldsymbol{P}=(\boldsymbol{p}_1,\boldsymbol{p}_2,\cdots,\boldsymbol{p}_n),\quad \boldsymbol{\Lambda}=\begin{pmatrix}\lambda_1 & & & \\ & \lambda_2 & & \\ & & \ddots & \\ & & & \lambda_n\end{pmatrix},$$

由 $\boldsymbol{P}^{-1}\boldsymbol{A}\boldsymbol{P}=\boldsymbol{\Lambda}$，得 $\boldsymbol{A}\boldsymbol{P}=\boldsymbol{P}\boldsymbol{\Lambda}$，即

$$\boldsymbol{A}(\boldsymbol{p}_1,\boldsymbol{p}_2,\cdots,\boldsymbol{p}_n)=(\boldsymbol{p}_1,\boldsymbol{p}_2,\cdots,\boldsymbol{p}_n)\begin{pmatrix}\lambda_1 & & & \\ & \lambda_2 & & \\ & & \ddots & \\ & & & \lambda_n\end{pmatrix},$$

$$(\boldsymbol{A}\boldsymbol{p}_1,\boldsymbol{A}\boldsymbol{p}_2,\cdots,\boldsymbol{A}\boldsymbol{p}_n)=(\lambda_1\boldsymbol{p}_1,\lambda\boldsymbol{p}_2,\cdots,\lambda\boldsymbol{p}_n),$$

于是

$$\boldsymbol{A}\boldsymbol{p}_i=\lambda_i\boldsymbol{p}_i\quad(i=1,2,\cdots,n).$$

可见 λ_i 是 $\boldsymbol{A}$ 的特征值，而 $\boldsymbol{P}$ 的列向量 $\boldsymbol{p}_i$ 就是 $\boldsymbol{A}$ 的对应于特征值 λ_i 的特征向量. 又因 $\boldsymbol{P}$ 可逆，故 $\boldsymbol{p}_1,\boldsymbol{p}_2,\cdots,\boldsymbol{p}_n$ 线性无关.

充分性　设 n 阶方阵 $\boldsymbol{A}$ 有 n 个线性无关的特征向量，即 $\boldsymbol{A}\boldsymbol{p}_i=\lambda_i\boldsymbol{p}_i(i=1,2,\cdots,n)$，令 $\boldsymbol{P}=(\boldsymbol{p}_1,\boldsymbol{p}_2,\cdots,\boldsymbol{p}_n)$，则 $\boldsymbol{A}\boldsymbol{P}=\boldsymbol{P}\boldsymbol{\Lambda}$. 因为 $\boldsymbol{p}_1,\boldsymbol{p}_2,\cdots,\boldsymbol{p}_n$ 线性无关，所以 $\boldsymbol{P}$ 可逆. 故

$$\boldsymbol{P}^{-1}\boldsymbol{A}\boldsymbol{P}=\boldsymbol{P}^{-1}\boldsymbol{P}\boldsymbol{\Lambda}=\boldsymbol{E}\boldsymbol{\Lambda}=\boldsymbol{\Lambda}.$$

推论　如果 n 阶矩阵 $\boldsymbol{A}$ 的 n 个特征值互不相等，则 $\boldsymbol{A}$ 与对角矩阵相似.

把一个矩阵化为对角矩阵，不仅可以使矩阵运算简化，而且在理论和应用上都有意义.

例 4.11　已知方阵 $\boldsymbol{A}$ 的特征值 $\lambda_1=0,\lambda_2=1,\lambda_3=3$，相应的特征向量 $\boldsymbol{\eta}_1=\begin{pmatrix}1\\1\\1\end{pmatrix}$，$\boldsymbol{\eta}_2=\begin{pmatrix}1\\0\\-1\end{pmatrix}$，$\boldsymbol{\eta}_3=\begin{pmatrix}1\\-2\\1\end{pmatrix}$，求矩阵 $\boldsymbol{A}$.

解 因为特征向量是3维向量,所以矩阵$\boldsymbol{A}$是3阶方阵. 又因为$\boldsymbol{A}$有3个不同的特征值,所以$\boldsymbol{A}$可对角化,即存在可逆矩阵$\boldsymbol{P}$,使得$\boldsymbol{P}^{-1}\boldsymbol{A}\boldsymbol{P}=\boldsymbol{\Lambda}$.

其中
$$\boldsymbol{P}=\begin{pmatrix}1&1&1\\1&0&-2\\1&-1&1\end{pmatrix},\boldsymbol{\Lambda}=\begin{pmatrix}0&&\\&1&\\&&3\end{pmatrix},$$

那么
$$\boldsymbol{P}^{-1}=\begin{pmatrix}\frac{1}{3}&\frac{1}{3}&\frac{1}{3}\\\frac{1}{2}&0&-\frac{1}{2}\\\frac{1}{6}&-\frac{1}{3}&\frac{1}{6}\end{pmatrix},$$

所以
$$\boldsymbol{A}=\boldsymbol{P}\boldsymbol{\Lambda}\boldsymbol{P}^{-1}=\begin{pmatrix}1&-1&0\\-1&2&-1\\0&-1&1\end{pmatrix}.$$

4.2.4 实对称矩阵的对角化

虽然,并非所有矩阵都相似于一个对角矩阵,但是对于实对称矩阵来说,它们肯定相似于对角矩阵.

定理4.5 实对称矩阵$\boldsymbol{A}$的特征值为实数.

定理4.6 设λ_1,λ_2是实对称矩阵$\boldsymbol{A}$的两个不同的特征值,$\boldsymbol{p}_1,\boldsymbol{p}_2$是对应的特征向量,则$\boldsymbol{p}_1$与$\boldsymbol{p}_2$正交.

证 $\boldsymbol{A}\boldsymbol{p}_1=\lambda_1\boldsymbol{p}_1,\boldsymbol{A}\boldsymbol{p}_2=\lambda_2\boldsymbol{p}_2,\lambda_1\neq\lambda_2$,则
$$\boldsymbol{p}_1^{\mathrm{T}}\boldsymbol{A}=\lambda_1\boldsymbol{p}_1^{\mathrm{T}},\boldsymbol{p}_1^{\mathrm{T}}\boldsymbol{A}\boldsymbol{p}_2=\lambda_1\boldsymbol{p}_1^{\mathrm{T}}\boldsymbol{p}_2,\lambda_2\boldsymbol{p}_1^{\mathrm{T}}\boldsymbol{p}_2=\lambda_1\boldsymbol{p}_1^{\mathrm{T}}\boldsymbol{p}_2.$$
因为$\lambda_1\neq\lambda_2$,所以$\boldsymbol{p}_1^{\mathrm{T}}\boldsymbol{p}_2=0$,即$\boldsymbol{p}_1$与$\boldsymbol{p}_2$正交.

定理4.7 设$\boldsymbol{A}$是n阶实对称矩阵,则必有正交矩阵$\boldsymbol{T}$,使得
$$\boldsymbol{T}^{-1}\boldsymbol{A}\boldsymbol{T}=\boldsymbol{\Lambda}=\begin{pmatrix}\lambda_1&&&\\&\lambda_2&&\\&&\ddots&\\&&&\lambda_n\end{pmatrix},$$
其中$\lambda_1,\lambda_2,\cdots,\lambda_n$是$\boldsymbol{A}$的特征值,即实对称矩阵一定可以对角化.

实对称矩阵$\boldsymbol{A}$对角化的步骤如下:

(1)由$|\boldsymbol{A}-\lambda\boldsymbol{E}|=0$,求出$\boldsymbol{A}$的全部特征值;

(2)将每个特征值λ_i(重根只算一次)代入$(\boldsymbol{A}-\lambda_i\boldsymbol{E})\boldsymbol{x}=\boldsymbol{0}$中,求出对应于$\lambda_i$的特征向量;

(3)将每个特征值λ_i相应的线性无关的特征向量用施密特方法正交化并单位化,若λ_i只有一个线性无关的特征向量,只需将它单位化;

(4)将所有对应不同特征值的已规范正交化的特征向量放到与特征值在对角阵$\boldsymbol{\Lambda}$相应的位置作正交矩阵$\boldsymbol{T}$,就能使得

$$T^{-1}AT=\Lambda=\begin{pmatrix}\lambda_1 & & & \\ & \lambda_2 & & \\ & & \ddots & \\ & & & \lambda_n\end{pmatrix}.$$

例 4.12　设实对称矩阵 $A=\begin{pmatrix}1 & 2 & 4\\ 2 & -2 & 2\\ 4 & 2 & 1\end{pmatrix}$，求正交矩阵 T，使得 $T^{-1}AT$ 为对角矩阵.

解　$|A-\lambda E|=\begin{vmatrix}1-\lambda & 2 & 4\\ 2 & -2-\lambda & 2\\ 4 & 2 & 1-\lambda\end{vmatrix}=-(\lambda+3)^2(\lambda-6)$，所以 A 的全部特征值为 $\lambda_1=\lambda_2=-3,\lambda_3=6$.

对 $\lambda_1=\lambda_2=-3$，由 $(A+3E)x=\mathbf{0}$，得基础解系 $\alpha_1=\begin{pmatrix}1\\ -2\\ 0\end{pmatrix}$，$\alpha_2=\begin{pmatrix}0\\ -2\\ 1\end{pmatrix}$，将 α_1,α_2 正交化，得

$$\beta_1=\alpha_1=(1,-2,0)^{\mathrm{T}},$$

$$\beta_2=\alpha_2-\frac{[\alpha_2,\beta_1]}{[\beta_1,\beta_1]}\beta_1=\left(-\frac{4}{5},-\frac{2}{5},1\right)^{\mathrm{T}},$$

再单位化，得

$$\eta_1=\frac{\beta_1}{\|\beta_1\|}=\begin{pmatrix}\frac{1}{\sqrt{5}}\\ -\frac{2}{\sqrt{5}}\\ 0\end{pmatrix},\eta_2=\frac{\beta_2}{\|\beta_2\|}=\begin{pmatrix}-\frac{4\sqrt{5}}{15}\\ -\frac{2\sqrt{5}}{15}\\ \frac{\sqrt{5}}{3}\end{pmatrix}.$$

对 $\lambda_3=6$，由 $(A-6E)x=\mathbf{0}$，得基础解系 $\alpha_3=\begin{pmatrix}2\\ 1\\ 2\end{pmatrix}$，将 α_3 单位化，得

$$\eta_3=\frac{\alpha_3}{\|\alpha_3\|}=\begin{pmatrix}\frac{2}{3}\\ \frac{1}{3}\\ \frac{2}{3}\end{pmatrix},$$

作 $T=(\boldsymbol{\eta}_1,\boldsymbol{\eta}_2,\boldsymbol{\eta}_3)=\begin{pmatrix}\frac{1}{\sqrt{5}} & -\frac{4\sqrt{5}}{15} & \frac{2}{3}\\ -\frac{2}{\sqrt{5}} & -\frac{2\sqrt{5}}{15} & \frac{1}{3}\\ 0 & \frac{\sqrt{5}}{3} & \frac{2}{3}\end{pmatrix}$,则 $T^{-1}AT=\begin{pmatrix}-3 & 0 & 0\\ 0 & -3 & 0\\ 0 & 0 & 6\end{pmatrix}$.

习题 4.2

1. 判断下列命题是否正确.

(1)满足 $Ax=\lambda x$ 的 x 一定是 A 的特征向量.

(2)如果 $x_1,x_2,\cdots,x_r$ 是矩阵 A 的对应于特征值 λ 的特征向量,则 $k_1x_1+k_2x_2+\cdots+k_rx_r$ 也是 A 对应于 λ 的特征向量.

(3)实矩阵的特征值一定是实数.

2. 求下列矩阵的特征值和特征向量:

(1)$A=\begin{pmatrix}1 & 2\\ 3 & 2\end{pmatrix}$;　　(2)$A=\begin{pmatrix}1 & -1 & 3\\ 0 & 1 & 2\\ 0 & 0 & 2\end{pmatrix}$;

(3)$A=\begin{pmatrix}1 & 2 & 3\\ 2 & 1 & 3\\ 3 & 3 & 6\end{pmatrix}$;　　(4)$A=\begin{pmatrix}2 & -1 & 2\\ 5 & -3 & 3\\ -1 & 0 & -2\end{pmatrix}$.

3. 设 3 阶方阵 A 的特征值为 $\lambda_1=1,\lambda_2=0,\lambda_3=-1$,对应的特征向量依次为 $\boldsymbol{\alpha}_1=(1,2,2)^{\mathrm{T}},\boldsymbol{\alpha}_2=(2,-2,1)^{\mathrm{T}},\boldsymbol{\alpha}_3=(-2,-1,2)^{\mathrm{T}}$,求矩阵 A.

4. 设 3 阶实对称矩阵 A 的特征值为 $-1,1,1$,与特征值 -1 对应的特征向量 $\boldsymbol{\alpha}_1=(-1,1,1)^{\mathrm{T}}$,求矩阵 A.

5. 设矩阵 $A=\begin{pmatrix}-2 & 0 & 0\\ 2 & x & 2\\ 2 & 1 & 1\end{pmatrix}$ 与 $B=\begin{pmatrix}-1 & 0 & 0\\ 0 & 2 & 0\\ 0 & 0 & y\end{pmatrix}$ 相似,求:

(1)x 与 y;(2)可逆矩阵 P,使 $P^{-1}AP=B$.

6. 求正交矩阵 T,使 $T^{-1}AT$ 为对角矩阵:

(1)$A=\begin{pmatrix}2 & -2 & 0\\ -2 & 1 & -2\\ 0 & -2 & 0\end{pmatrix}$;(2)$A=\begin{pmatrix}2 & 2 & -2\\ 2 & 5 & -4\\ -2 & -4 & 5\end{pmatrix}$.

7. 设 $A=\begin{pmatrix}3 & 2 & -2\\ k & 1 & -k\\ 4 & 2 & -3\end{pmatrix}$,证明无论 k 为何值,矩阵 A 都不可对角化.

4.3　二次型

二次型的问题起源于化二次曲线和二次曲面为标准形的问题. 在解析几何中,当坐标原点与中心重合时,有心二次曲线的一般方程是

$$ax^2+bxy+cy^2=f.$$

上式左端是 x,y 的一个二次齐次多项式. 为了便于研究这个二次曲线,我们可以将坐标轴适当旋转,把方程化为标准方程. 这样一个问题在许多理论和实际应用中常常会遇到. 本节就来介绍二次齐次多项式的一些重要性质.

4.3.1　二次型及其矩阵表示

定义 4.11　含有 n 个变量 $x_1,x_2,\cdots,x_n$ 的二次齐次函数

$$\begin{aligned}f(x_1,x_2,\cdots,x_n)=&a_{11}x_1^2+a_{22}x_2^2+\cdots+a_{nn}x_n^2+2a_{12}x_1x_2\\&+2a_{13}x_1x_3+\cdots+2a_{n-1,n}x_{n-1}x_n\end{aligned}\tag{4-1}$$

称为一个 n 元**二次型**.

当 a_{ij} 为复数时,$f(x_1,x_2,\cdots,x_n)$ 称为复二次型;当 a_{ij} 为实数时,$f(x_1,x_2,\cdots,x_n)$ 称为实二次型(本书只讨论实二次型). 例如,$2x_1^2+5x_2^2+5x_3^2+4x_1x_2-4x_1x_3-8x_2x_3$ 是一个三元实二次型.

在式(4-1)中,取 $a_{ij}=a_{ji}$,则 $2a_{ij}x_ix_j=a_{ij}x_ix_j+a_{ji}x_jx_i$,则其二次型和相应矩阵可以表示为

$$\begin{aligned}f(x_1,x_2,\cdots,x_n)&=a_{11}x_1^2+a_{12}x_1x_2+\cdots+a_{1n}x_1x_n+a_{21}x_2x_1+a_{22}x_2^2+\cdots\\&\quad+a_{2n}x_2x_n+\cdots+a_{n1}x_nx_1+a_{n2}x_nx_2+\cdots+a_{nn}x_n^2\\&=x_1(a_{11}x_1+a_{12}x_2+\cdots+a_{1n}x_n)+x_2(a_{21}x_1+a_{22}x_2+\cdots+a_{2n}x_n)\\&\quad+\cdots+x_n(a_{n1}x_1+a_{n2}x_2+\cdots+a_{nn}x_n)\\&=(x_1,x_2,\cdots,x_n)\begin{pmatrix}a_{11}x_1+a_{12}x_2+\cdots+a_{1n}x_n\\a_{21}x_1+a_{22}x_2+\cdots+a_{2n}x_n\\\vdots\\a_{n1}x_1+a_{n2}x_2+\cdots+a_{nn}x_n\end{pmatrix}\\&=(x_1,x_2,\cdots,x_n)\begin{pmatrix}a_{11}&a_{12}&\cdots&a_{1n}\\a_{21}&a_{22}&\cdots&a_{2n}\\\vdots&\vdots&&\vdots\\a_{n1}&a_{n2}&\cdots&a_{nn}\end{pmatrix}\begin{pmatrix}x_1\\x_2\\\vdots\\x_n\end{pmatrix},\end{aligned}$$

记

$$\boldsymbol{A}=\begin{pmatrix}a_{11}&a_{12}&\cdots&a_{1n}\\a_{21}&a_{22}&\cdots&a_{2n}\\\vdots&\vdots&&\vdots\\a_{n1}&a_{n2}&\cdots&a_{nn}\end{pmatrix},\qquad\boldsymbol{x}=\begin{pmatrix}x_1\\x_2\\\vdots\\x_n\end{pmatrix},$$

则二次型可记作

$$f(x_1,x_2,\cdots,x_n)=\boldsymbol{x}^{\mathrm{T}}\boldsymbol{A}\boldsymbol{x},$$

其中 $\boldsymbol{A}$ 为对称矩阵.

例如,二次型

$$\begin{aligned}f(x_1,x_2,x_3)&=2x_1^2+5x_2^2+5x_3^2+4x_1x_2-4x_1x_3-8x_2x_3\\&=2x_1^2+5x_2^2+5x_3^2+2x_1x_2-2x_1x_3-4x_2x_3+2x_2x_1-2x_3x_1-4x_3x_2\\&=x_1(2x_1+2x_2-2x_3)+x_2(2x_1+5x_2-4x_3)+x_3(-2x_1-4x_2+5x_3)\\&=(x_1,x_2,x_3)\begin{pmatrix}2x_1+2x_2-2x_3\\2x_1+5x_2-4x_3\\-2x_1-4x_2+5x_3\end{pmatrix}=(x_1,x_2,x_3)\begin{pmatrix}2&2&-2\\2&5&-4\\-2&-4&5\end{pmatrix}\begin{pmatrix}x_1\\x_2\\x_3\end{pmatrix}.\end{aligned}$$

任给一个二次型,就唯一确定一个对称矩阵;反之,任给一个对称矩阵,也可唯一确定一个二次型. 这样,二次型与对称矩阵之间存在一一对应关系. 因此,我们可以用对称矩阵讨论二次型,称对称矩阵 $\boldsymbol{A}$ 为二次型 f 的矩阵,也称 f 为对称矩阵 $\boldsymbol{A}$ 的二次型. 矩阵 $\boldsymbol{A}$ 的秩就称为**二次型 f 的秩**.

4.3.2 二次型的标准形

定义 4.12 若二次型 $f(x_1,x_2,\cdots,x_n)=\boldsymbol{x}^{\mathrm{T}}\boldsymbol{A}\boldsymbol{x}$ 经可逆线性变换 $\boldsymbol{x}=\boldsymbol{C}\boldsymbol{y}$ 后,变成只含平方项

$$d_1y_1^2+d_2y_2^2+\cdots+d_ny_n^2 \tag{4-2}$$

的二次型,则称式(4-2)为二次型 f 的**标准形**.

如果式(4-2)中的系数 $d_1,d_2,\cdots,d_n$ 只在 1, -1,0 三个数中取值,即

$$f=y_1^2+\cdots+y_p^2-y_{p+1}^2-\cdots-y_r^2, \tag{4-3}$$

称式(4-3)为二次型 f 的**规范形**.

定理 4.8 任给二次型 $f=\boldsymbol{x}^{\mathrm{T}}\boldsymbol{A}\boldsymbol{x}$,都可经过可逆线性变换 $\boldsymbol{x}=\boldsymbol{C}\boldsymbol{y}$ 使 f 化为标准形

$$f=d_1y_1^2+d_2y_2^2+\cdots+d_ny_n^2.$$

例 4.13 $f(x_1,x_2,x_3)=x_1^2+2x_2^2+2x_1x_2-2x_1x_3$,用配方法化 $f(x_1,x_2,x_3)$ 为标准形.

解

$$\begin{aligned}f(x_1,x_2,x_3)&=x_1^2+2x_2^2+2x_1x_2-2x_1x_3\\&=(x_1^2+2x_1x_2-2x_1x_3)+2x_2^2\\&=[(x_1+x_2-x_3)^2-x_2^2-x_3^2+2x_2x_3]+2x_2^2\\&=(x_1+x_2-x_3)^2+x_2^2-x_3^2+2x_2x_3\\&=(x_1+x_2-x_3)^2+(x_2^2+2x_2x_3)-x_3^2\\&=(x_1+x_2-x_3)^2+(x_2+x_3)^2-2x_3^2,\end{aligned}$$

令

$$\begin{cases}y_1=x_1+x_2-x_3,\\y_2=x_2+x_3,\\y_3=x_3,\end{cases}\quad 即 \quad \begin{cases}x_1=y_1-y_2+2y_3,\\x_2=y_2-y_3,\\x_3=y_3,\end{cases}$$

就得到 $f(x_1,x_2,x_3)$ 的标准形 $y_1^2+y_2^2-2y_3^2$.

再令 $\begin{cases} w_1=y_1, \\ w_2=y_2, \\ w_3=\sqrt{2}y_3, \end{cases}$ 可得 $f(x_1,x_2,x_3)$ 的规范形为 $w_1^2+w_2^2-w_3^2$.

例 4.14　用配方法化 $f(x_1,x_2,x_3)=x_1x_2+x_1x_3-3x_2x_3$ 为标准形.

解　令 $\begin{cases} x_1=y_1-y_2, \\ x_2=y_1+y_2, \\ x_3=y_3, \end{cases}$ 则

$$\begin{aligned} f(x_1,x_2,x_3) &= (y_1-y_2)(y_1+y_2)+(y_1-y_2)y_3-3(y_1+y_2)y_3 \\ &= y_1^2-y_2^2-2y_1y_3-4y_2y_3 \\ &= (y_1-y_3)^2-y_2^2-y_3^2-4y_2y_3 \\ &= (y_1-y_3)^2-(y_2+2y_3)^2+3y_3^2. \end{aligned}$$

再令
$$\begin{cases} z_1=y_1-y_3, \\ z_2=y_2+2y_3, \\ z_3=y_3, \end{cases} \quad 即 \begin{cases} y_1=z_1+z_3, \\ y_2=z_2-2z_3, \\ y_3=z_3, \end{cases}$$

得
$$f(x_1,x_2,x_3)=z_1^2-z_2^2+3z_3^2,$$

所作的线性变换为 $\begin{cases} x_1=z_1-z_2+3z_3, \\ x_2=z_1+z_2-z_3, \\ x_3=z_3. \end{cases}$

定理 4.9　任给二次型 $f=\boldsymbol{x}^{\mathrm{T}}\boldsymbol{A}\boldsymbol{x}$，总有正交变换 $\boldsymbol{x}=\boldsymbol{T}\boldsymbol{y}$ 使 f 化为标准形
$$f=\lambda_1y_1^2+\lambda_2y_2^2+\cdots+\lambda_ny_n^2,$$
其中 $\lambda_1,\lambda_2,\cdots,\lambda_n$ 为 $\boldsymbol{A}$ 的特征值.

例 4.15　用正交变换化 $f(x_1,x_2,x_3)=x_1^2+4x_2^2+x_3^2-4x_1x_2-8x_1x_3-4x_2x_3$ 为标准形.

解　$f(x_1,x_2,x_3)$ 的矩阵为

$$\boldsymbol{A}=\begin{pmatrix} 1 & -2 & -4 \\ -2 & 4 & -2 \\ -4 & -2 & 1 \end{pmatrix}$$

$$|\boldsymbol{A}-\lambda\boldsymbol{E}|=\begin{vmatrix} 1-\lambda & -2 & -4 \\ -2 & 4-\lambda & -2 \\ -4 & -2 & 1-\lambda \end{vmatrix}=-(\lambda-5)^2(\lambda+4),$$

所以 $\boldsymbol{A}$ 的全部特征值为 $\lambda_1=\lambda_2=5,\lambda_3=-4$.

对 $\lambda_1=\lambda_2=5$，由 $(\boldsymbol{A}-5\boldsymbol{E})\boldsymbol{x}=\boldsymbol{0}$，得基础解系 $\boldsymbol{\alpha}_1=\begin{pmatrix} 1 \\ 0 \\ -1 \end{pmatrix},\boldsymbol{\alpha}_2=\begin{pmatrix} 1 \\ -2 \\ 0 \end{pmatrix}$，将 $\boldsymbol{\alpha}_1,\boldsymbol{\alpha}_2$ 正交化，

得

$$\boldsymbol{\beta}_1=\boldsymbol{\alpha}_1=(1,0,-1)^{\mathrm{T}},$$

$$\boldsymbol{\beta}_2=\boldsymbol{\alpha}_2-\frac{[\boldsymbol{\alpha}_2,\boldsymbol{\beta}_1]}{[\boldsymbol{\beta}_1,\boldsymbol{\beta}_1]}\boldsymbol{\beta}_1=\left(\frac{1}{2},-2,\frac{1}{2}\right)^{\mathrm{T}}.$$

再单位化,得

$$\boldsymbol{\eta}_1=\frac{\boldsymbol{\beta}_1}{\|\boldsymbol{\beta}_1\|}=\begin{pmatrix}\frac{\sqrt{2}}{2}\\0\\-\frac{\sqrt{2}}{2}\end{pmatrix},\boldsymbol{\eta}_2=\frac{\boldsymbol{\beta}_2}{\|\boldsymbol{\beta}_2\|}=\begin{pmatrix}\frac{\sqrt{2}}{6}\\-\frac{2\sqrt{2}}{3}\\\frac{\sqrt{2}}{6}\end{pmatrix}.$$

对 $\lambda_3=-4$,由$(\boldsymbol{A}+4\boldsymbol{E})\boldsymbol{x}=\boldsymbol{0}$,得基础解系 $\boldsymbol{\alpha}_3=\begin{pmatrix}2\\1\\2\end{pmatrix}$,将 $\boldsymbol{\alpha}_3$ 单位化,得

$$\boldsymbol{\eta}_3=\frac{\boldsymbol{\alpha}_3}{\|\boldsymbol{\alpha}_3\|}=\begin{pmatrix}\frac{2}{3}\\\frac{1}{3}\\\frac{2}{3}\end{pmatrix},$$

作 $\boldsymbol{T}=(\boldsymbol{\eta}_1,\boldsymbol{\eta}_2,\boldsymbol{\eta}_3)=\begin{pmatrix}\frac{\sqrt{2}}{2}&\frac{\sqrt{2}}{6}&\frac{2}{3}\\0&-\frac{2\sqrt{2}}{3}&\frac{1}{3}\\-\frac{\sqrt{2}}{2}&\frac{\sqrt{2}}{6}&\frac{2}{3}\end{pmatrix}$,则$f(x_1,x_2,x_3)$经正交变换 $\boldsymbol{x}=\boldsymbol{T}\boldsymbol{y}$,即

$$\begin{cases}x_1=\frac{\sqrt{2}}{2}y_1+\frac{\sqrt{2}}{6}y_2+\frac{2}{3}y_3,\\x_2=-\frac{2\sqrt{2}}{3}y_2+\frac{1}{3}y_3,\\x_3=-\frac{\sqrt{2}}{2}y_1+\frac{\sqrt{2}}{6}y_2+\frac{2}{3}y_3,\end{cases}$$

化为标准形 $5y_1^2+5y_2^2-4y_3^2$.

4.3.3 正定二次型

二次型的标准形不是唯一的,但是规范形是唯一的,于是有下面的定理.

定理 4.10 设有实二次型 $f=\boldsymbol{x}^{\mathrm{T}}\boldsymbol{A}\boldsymbol{x}$,它的秩为 r,有两个实的可逆变换 $\boldsymbol{x}=\boldsymbol{C}\boldsymbol{y}$ 及 $\boldsymbol{x}=\boldsymbol{P}\boldsymbol{z}$,使

$$f=k_1y_1^2+k_2y_2^2+\cdots+k_ry_r^2\quad(k_i\neq 0),$$

$$f=\lambda_1z_1^2+\lambda_2z_2^2+\cdots+\lambda_rz_r^2\quad(\lambda_i\neq 0),$$

则 $k_1,k_2,\cdots,k_r$ 中正数的个数与 $\lambda_1,\lambda_2,\cdots,\lambda_r$ 中正数的个数相等.

这个定理称为**惯性定理**,这里不予证明.

定义 4.13　若二次型 f 的秩为 r,在二次型 f 的规范形中,正平方项的个数 p 称为二次型 f 的**正惯性指数**,负平方项的个数 $r-p$ 称为二次型 f 的**负惯性指数**.

例如,在例 4.13 中二次型 $f(x_1,x_2,x_3)=x_1^2+2x_2^2+2x_1x_2-2x_1x_3$ 的规范形为 $w_1^2+w_2^2-w_3^2$,故 $f(x_1,x_2,x_3)$ 的正惯性指数为 2,负惯性指数为 1.

定义 4.14　设有实二次型 $f=\boldsymbol{x}^{\mathrm{T}}\boldsymbol{A}\boldsymbol{x}$,如果对任何 $\boldsymbol{x}\neq\boldsymbol{0}$,都有 $f=\boldsymbol{x}^{\mathrm{T}}\boldsymbol{A}\boldsymbol{x}>0$,则称 f 为**正定二次型**,并称实对称阵 $\boldsymbol{A}$ 为**正定矩阵**;如果对任何 $\boldsymbol{x}\neq\boldsymbol{0}$,都有 $f=\boldsymbol{x}^{\mathrm{T}}\boldsymbol{A}\boldsymbol{x}<0$,则称 f 为**负定二次型**,并称实对称阵 $\boldsymbol{A}$ 为**负定矩阵**.

定理 4.11　n 元实二次型 $f=\boldsymbol{x}^{\mathrm{T}}\boldsymbol{A}\boldsymbol{x}$ 为正定的充分必要条件是它的正惯性指数等于 n.

定理 4.12　实二次型 $f=\boldsymbol{x}^{\mathrm{T}}\boldsymbol{A}\boldsymbol{x}$ 为正定的充分必要条件是 $\boldsymbol{A}$ 的特征值全大于零.

定义 4.15　设 $\boldsymbol{A}=\begin{pmatrix} a_{11} & a_{12} & \cdots & a_{1n} \\ a_{21} & a_{22} & \cdots & a_{2n} \\ \vdots & \vdots & & \vdots \\ a_{n1} & a_{n2} & \cdots & a_{nn} \end{pmatrix}$ 是一个 n 阶矩阵 $\boldsymbol{A}$ 的子式

$$\begin{vmatrix} a_{11} & a_{12} & \cdots & a_{1i} \\ a_{21} & a_{22} & \cdots & a_{2i} \\ \vdots & \vdots & & \vdots \\ a_{i1} & a_{i2} & \cdots & a_{ii} \end{vmatrix} \quad (i=1,2,\cdots,n)$$

称为 $\boldsymbol{A}$ 的**顺序主子式.**

例如,设 $\boldsymbol{A}=\begin{pmatrix} 1 & -1 & 2 & 3 \\ -1 & 0 & -1 & 1 \\ 2 & -1 & 2 & 0 \\ 3 & 1 & 0 & -1 \end{pmatrix}$,那么 $\boldsymbol{A}$ 的顺序主子式共有 4 个,即

$$|1|,\begin{vmatrix} 1 & -1 \\ -1 & 0 \end{vmatrix},\begin{vmatrix} 1 & -1 & 2 \\ -1 & 0 & -1 \\ 2 & -1 & 2 \end{vmatrix},\begin{vmatrix} 1 & -1 & 2 & 3 \\ -1 & 0 & -1 & 1 \\ 2 & -1 & 2 & 0 \\ 3 & 1 & 0 & -1 \end{vmatrix}.$$

定理 4.13　实二次型 $f=\boldsymbol{x}^{\mathrm{T}}\boldsymbol{A}\boldsymbol{x}$ 为正定的充分必要条件是 $\boldsymbol{A}$ 的顺序主子式全大于零.

例 4.16　判别二次型

$$f(x_1,x_2,x_3)=3x_1^2+4x_2^2+5x_3^2+4x_1x_2-4x_2x_3$$

是否正定.

解　$f(x_1,x_2,x_3)$ 的矩阵为

$$\boldsymbol{A}=\begin{pmatrix} 3 & 2 & 0 \\ 2 & 4 & -2 \\ 0 & -2 & 5 \end{pmatrix},$$

A 的顺序主子式

$$|3|=3>0,\begin{vmatrix}3&2\\2&4\end{vmatrix}=8>0,\begin{vmatrix}3&2&0\\2&4&-2\\0&-2&5\end{vmatrix}=28>0.$$

根据定理 4.13 知:$f(x_1,x_2,x_3)$是正定的.

习题 4.3

1. 写出下列二次型的矩阵:

(1)$f(x_1,x_2)=2x_1^2+5x_2^2+4x_1x_2$;

(2)$f(x_1,x_2,x_3)=x_1^2+5x_2^2-x_3^2+2x_1x_2+4x_1x_3+4x_2x_3$;

(3)$f(x_1,x_2,x_3)=x_1^2+2x_2^2+x_3^2+2x_1x_2+4x_2x_3$;

(4)$f(x_1,x_2,x_3)=x_1x_2-x_1x_3$.

2. 用正交变换把下列二次型化为标准形:

(1)$f(x_1,x_2,x_3)=2x_1^2+5x_2^2+5x_3^2+4x_1x_2-4x_1x_3-8x_2x_3$;

(2)$f(x_1,x_2,x_3)=x_1^2-2x_2^2-2x_3^2-4x_1x_2+4x_1x_3+8x_2x_3$.

3. 用配方法把下列二次型化为标准形,并写出所作的线性变换:

(1)$f(x_1,x_2,x_3)=x_1^2+2x_2^2+4x_3^2+2x_1x_2+4x_2x_3$;

(2)$f(x_1,x_2,x_3)=x_1^2+2x_2^2+5x_3^2+2x_1x_2+2x_1x_3+8x_2x_3$;

(3)$f(x_1,x_2,x_3)=x_1^2-2x_2^2-2x_3^2-4x_1x_2+4x_1x_3+8x_2x_3$;

(4)$f(x_1,x_2,x_3)=2x_1x_2+4x_1x_3$.

4. 判别下列二次型的正定性:

(1)$f(x_1,x_2,x_3)=5x_1^2+6x_2^2+4x_3^2-4x_1x_2-4x_2x_3$;

(2)$f(x_1,x_2,x_3)=5x_1^2+x_2^2+5x_3^2+4x_1x_2-8x_1x_3-4x_2x_3$;

(3)$f(x_1,x_2,x_3)=x_1^2+2x_2^2-3x_3^2+4x_1x_2+2x_2x_3$.

5. t 满足什么条件时,下列二次型是正定的:

(1)$f(x_1,x_2,x_3)=x_1^2+x_2^2+5x_3^2+2tx_1x_2-2x_1x_3+4x_2x_3$;

(2) $f(x_1,x_2,x_3)=x_1^2+4x_2^2+x_3^2+2tx_1x_2+10x_1x_3+6x_2x_3$.

本章小结

本章的主要内容包括向量的规范正交化与正交矩阵、矩阵的特征值与特征向量、方阵的相似对角化和二次型的化简。学习本章的基本要求如下.

(1)了解向量的内积、长度、标准正交基、正交矩阵等概念,知道施密特正交化方法.

(2)理解矩阵的特征值与特征向量的概念,了解其性质,并掌握其求法.

(3)了解相似矩阵的概念和性质,了解矩阵可相似对角化的充要条件.

(4)了解对称矩阵的特征值与特征向量的性质,掌握利用正交矩阵将对称阵化为对角阵的方法.

(5)熟悉二次型及其矩阵表示,知道二次型的秩;掌握用正交变换把二次型化为标准型的方法.

(6)会用配方法化二次型为规范形,知道惯性定理.

(7)知道二次型的正定性及其判别法.

复习题 4

1. 选择题.

(1)已知向量 $\boldsymbol{\alpha}=(-1,1,1)^{\mathrm{T}}$,$\boldsymbol{\beta}=(1,2,t)^{\mathrm{T}}$,且 $\boldsymbol{\alpha},\boldsymbol{\beta}$ 正交,则 $t=$(　　).

(A) -1　　(B)0　　(C)1　　(D)2

(2)$\boldsymbol{A}$ 为正交矩阵,则以下结论不正确的是(　　).

(A)$\boldsymbol{A}^{-1}$是正交矩阵　　(B)$\boldsymbol{A}$ 的列向量组是正交向量组

(C)$|\boldsymbol{A}|=1$　　(D)$\boldsymbol{A}$ 的行向量组是正交向量组

(3)设 3 阶方阵 $\boldsymbol{A}=\begin{pmatrix}1&-3&3\\3&-5&3\\6&-6&4\end{pmatrix}$,则下列向量中是 $\boldsymbol{A}$ 的对应于特征值 -2 的特征向量是(　　).

(A)$\begin{pmatrix}1\\-1\\0\end{pmatrix}$　　(B)$\begin{pmatrix}-1\\0\\1\end{pmatrix}$　　(C)$\begin{pmatrix}1\\0\\2\end{pmatrix}$　　(D)$\begin{pmatrix}1\\1\\2\end{pmatrix}$

(4)设 3 阶方阵 $\boldsymbol{A}$ 的特征值为 0,1,2,其对应的特征向量分别为 $\boldsymbol{\xi}_1,\boldsymbol{\xi}_2,\boldsymbol{\xi}_3$,令 $\boldsymbol{P}=(\boldsymbol{\xi}_3,\boldsymbol{\xi}_1,\boldsymbol{\xi}_2)$,则 $\boldsymbol{P}^{-1}\boldsymbol{AP}=$(　　).

(A)$\begin{pmatrix}2&&\\&1&\\&&0\end{pmatrix}$　　(B)$\begin{pmatrix}2&&\\&0&\\&&1\end{pmatrix}$　　(C)$\begin{pmatrix}0&&\\&1&\\&&4\end{pmatrix}$　　(D)$\begin{pmatrix}2&&\\&0&\\&&2\end{pmatrix}$

(5)二次型 $f=x_1^2+x_2^2-2x_3^2+2x_1x_2$ 的秩为(　　).

(A)0　　(B)1　　(C)2　　(D)3

(6)已知 $\boldsymbol{\lambda}_1,\boldsymbol{\lambda}_2$ 是 n 阶矩阵 $\boldsymbol{A}$ 的特征值,$\boldsymbol{\lambda}_1\neq\boldsymbol{\lambda}_2$,且 $\boldsymbol{\xi}_1,\boldsymbol{\xi}_2$ 分别是对应于 $\boldsymbol{\lambda}_1,\boldsymbol{\lambda}_2$ 的特征向量,当(　　)时,$k_1\boldsymbol{\xi}_1+k_2\boldsymbol{\xi}_2$ 必是 $\boldsymbol{A}$ 的特征向量.

(A)$k_1=0$ 且 $k_2=0$　　(B)$k_1\neq0$ 且 $k_2\neq0$

(C)$k_1k_2=0$　　(D)$k_1\neq0$ 而 $k_2=0$

(7)设 $\boldsymbol{A}$ 为 n 阶可逆矩阵,$\boldsymbol{\lambda}$ 是 $\boldsymbol{A}$ 的一个特征值,则 $\boldsymbol{A}$ 的伴随矩阵 $\boldsymbol{A}^*$ 的特征值之一是(　　)

(A)$\boldsymbol{\lambda}^{-1}|\boldsymbol{A}|^n$　　(B)$\boldsymbol{\lambda}^{-1}|\boldsymbol{A}|$　　(C)$\boldsymbol{\lambda}|\boldsymbol{A}|$　　(D)$\boldsymbol{\lambda}\,|\boldsymbol{A}|^n$

(8)设矩阵 $\boldsymbol{B}=\begin{pmatrix}0&0&1\\0&1&0\\1&0&0\end{pmatrix}$,已知矩阵 $\boldsymbol{A}$ 相似于 $\boldsymbol{B}$,则 $R(\boldsymbol{A}-2\boldsymbol{E})$ 与 $R(\boldsymbol{A}-\boldsymbol{E})$ 之和等于

( ).

(A)2 (B)3 (C)4 (D)5

(9)设 λ_1,λ_2 是矩阵 A 的两个不同的特征值,对应的特征向量分别为 α_1,α_2,则 $\alpha_1,A(\alpha_1+\alpha_2)$ 线性无关的充分必要条件是( ).

(A)$\lambda_1 \neq 0$ (B)$\lambda_2 \neq 0$ (C)$\lambda_1=0$ (D)$\lambda_2=0$

(10)设 A 为3阶实对称矩阵,如果二次曲面方程 $(x,y,z)A\begin{pmatrix}x\\y\\z\end{pmatrix}=1$ 在正交变换下的标准方程的图像为沿 x 轴旋转对称的双叶双曲面,则 A 的正特征值个数为( ).

(A)0 (B)1 (C)2 (D)3

2. 填空题.

(1)向量 $\alpha_1=(1,2,-1)^{\mathrm{T}},\alpha_2=(3,2,1)^{\mathrm{T}}$,则 $[\alpha_1,\alpha_2]=$__________.

(2)A 为3阶正交矩阵,$x=(1,2,2)^{\mathrm{T}}$,则 $\|Ax\|=$__________.

(3)若 $A=\begin{pmatrix}2&0&0\\0&0&1\\0&1&x\end{pmatrix}$ 与对角矩阵 $B=\begin{pmatrix}2&&\\&1&\\&&-1\end{pmatrix}$ 相似,则 $x=$__________.

(4)二次型 $f=x_1^2+2x_2^2+3x_3^2-2x_1x_2+2x_2x_3$ 的矩阵为__________.

(5)二次型 $f=x_1^2+x_2^2+x_3^2+2x_1x_2$ 的正惯性指数为__________.

(6)设二次型 $f=tx_1^2+x_2^2+2tx_1x_2$ 正定,则 t 的范围为__________.

(7)已知矩阵 $A=\begin{pmatrix}2&0&1\\3&1&x\\4&0&5\end{pmatrix}$ 可相似对角化,则 $x=$______.

(8)设 $A=\begin{pmatrix}1&-3&3\\3&a&3\\6&-6&b\end{pmatrix}$ 有特征值 $\lambda_1=-2,\lambda_2=4$,则 $a=$________,$b=$________.

(9)已知3阶方阵 A 的特征值为 $1,-1,2$,设 $B=A^3-5A^2$,则 $|B|=$______.

(10)矩阵 A 的特征值为 $\lambda,2,3$,其中 λ 未知,且 $|2A|=-48$,则 $\lambda=$______.

3. 利用施密特正交化方法把下列向量组规范正交化:

(1)$\alpha_1=(1,2,-1)^{\mathrm{T}},\alpha_2=(-1,3,1)^{\mathrm{T}},\alpha_3=(4,-1,0)^{\mathrm{T}}$;

(2)$\alpha_1=(1,0,-1,1)^{\mathrm{T}},\alpha_2=(1,-1,0,1)^{\mathrm{T}},\alpha_3=(-1,1,1,0)^{\mathrm{T}}$.

4. 求下列矩阵的特征值和特征向量:

(1)$\begin{pmatrix}0&-1&1\\-1&0&1\\1&1&0\end{pmatrix}$; (2)$\begin{pmatrix}2&-1&2\\5&-3&3\\-1&0&-2\end{pmatrix}$;

(3)$\begin{pmatrix}1&1&1\\0&2&1\\0&0&1\end{pmatrix}$; (4)$\begin{pmatrix}4&-5&1\\1&0&-1\\0&1&-1\end{pmatrix}$.

5. 设 3 阶方阵 $\boldsymbol{A}$ 的特征值 1，-1，2，求 $\boldsymbol{A}^* + 3\boldsymbol{A} - 2\boldsymbol{E}$ 的特征值.

6. 设矩阵 $\boldsymbol{A} = \begin{pmatrix} 1 & x & 1 \\ x & 1 & y \\ 1 & y & 1 \end{pmatrix}$，$\boldsymbol{B} = \begin{pmatrix} 0 & 0 & 0 \\ 0 & 1 & 0 \\ 0 & 2 & 2 \end{pmatrix}$，若 $\boldsymbol{A}$ 与 $\boldsymbol{B}$ 相似，求 x, y 的值.

7. 若矩阵 $\boldsymbol{A} = \begin{pmatrix} 2 & 2 & 0 \\ 8 & 2 & \boldsymbol{a} \\ 0 & 0 & 6 \end{pmatrix}$ 相似于对角矩阵 $\boldsymbol{\Lambda}$，试确定常数 a 的值，并求可逆矩阵 $\boldsymbol{P}$ 使 $\boldsymbol{P}^{-1}\boldsymbol{A}\boldsymbol{P} = \boldsymbol{\Lambda}$.

8. 设 $\boldsymbol{A} = \begin{pmatrix} 0 & 1 & 0 & 0 \\ 1 & 0 & 0 & 0 \\ 0 & 0 & 2 & 1 \\ 0 & 0 & 1 & 2 \end{pmatrix}$，试求：

(1) 以 $\boldsymbol{A}$ 和 $\boldsymbol{A}^{-1}$ 为矩阵的二次型；

(2) $\boldsymbol{A}$ 和 $\boldsymbol{A}^{-1}$ 的特征值；

(3) (1) 中所得两个二次型的标准形.

9. 若 λ 是方阵 $\boldsymbol{A}$ 的特征值，证明：

(1) λ^2 为 $\boldsymbol{A}^2$ 的特征值；

(2) 当 $\boldsymbol{A}$ 可逆时，λ^{-1} 是 $\boldsymbol{A}^{-1}$ 的特征值.

10. a 满足什么条件时，二次型 $f = x_1^2 + x_2^2 + 5x_3^2 + 2ax_1x_2 - 2x_1x_3 + 4x_2x_3$ 为正定二次型.

习题及复习题参考答案

习题 1.1

1. (1)4； (2)12； (3)$\frac{n(n-1)}{2}$； (4)k^2； (5)$n(n-1)$； (6)$\frac{n(n-1)}{2}$.

2. (1)$i=8,k=3$； (2)$i=3,k=6$.

3. $\frac{n(n-1)}{2}-k$.

4. 略.

习题 1.2

1. (1)x^3-x^2-1； (2)-4； (3)$3abc-a^3-b^3-c^3$； (4)$(a-b)(b-c)(c-a)$；
(5)0； (6)8.

2. $x=3$ 或 $x=1$.

3. $-6,-2,-6$.

4. (1)正号； (2)负号； (3)负号； (4)正号.

5. $a_{11}a_{23}a_{32}a_{44},a_{14}a_{23}a_{31}a_{42},a_{12}a_{23}a_{34}a_{41}$.

习题 1.3

1. (1)160； (2)1； (3)$4abcdef$； (4)$abcd+ab+cd+ad+1$； (5)-1； (6)0；
(7)$[x+(n-1)a](x-a)^{n-1}$； (8)$(x+\sum_{i=1}^{n}a_i)x^{n-1}$.

2. 略.

3. (1)$a^{n-2}(a^2-1)$； (2)$1+a_1+a_2+\cdots+a_n$； (3)$(-1)^{n-1}(n-1)2^{n-2}$.

习题 1.4

1. (1)$A_{21}=6,A_{22}=4,A_{23}=-1$； (2)$A_{21}=-12,A_{22}=6,A_{23}=0,A_{24}=0$.

2. (1)a^5+b^5； (2)10； (3)252； (4)120； (5)12； (6)x^2y^2.

3. 略.

习题 1.5

1. (1)$x_1=2/3,x_2=-1/2,x_3=5/6$； (2)$x_1=3,x_2=-4,x_3=-1,x_4=1$；
(3)$x_1=7/3,x_2=4/3,x_3=1/3,x_4=-2/3$； (4)$x_1=x_2=x_3=0$；
(5)$x_1=1507/665,x_2=-1145/665,x_3=703/665,x_4=-395/665,x_5=212/665$.

2. (1)$\lambda=0,1,3$； (2)$\lambda=\pm1,2$.

3. $k\neq-2$ 且 $k\neq1$.

4. 仅有零解.

复习题 1

1. (1)5,奇； (2)$i=4,j=5$； (3)$-bcdf$； (4) -8； (5) $-2(a-1)(a-2)(a-3)$；
(6) 0,0； (7) 3； (8) $a^{n-2}(a^2-b^2)$； (9) 零解； (10) $-2,0,2$.

2. (1)C; (2)D; (3)D; (4)C; (5)A.

3. (1)0; (2)$n!\ (n-1)!\ (n-2)!\ \cdots 2!\ 1!$; (3)$(x+\sum_{i=1}^{n} a_i)\prod_{i=1}^{n}(x-a_i)$;

(4)$(a+b+c+d)(a-b-c+d)(a-b+c-d)(a+b-c-d)$.

4. (1)$x_1=-1/2, x_2=1/2, x_3=3/2$; (2)$x_1=1, x_2=2, x_3=3, x_4=-1$;

(3)$x_1=1, x_2=2, x_3=-1, x_4=-2$; (4)$x_1=1, x_2=0, x_3=-1, x_4=2$;

(5)$x_1=x_2=x_3=x_4=0$.

5. $\lambda=0,2,3$.

6. 13. 48.

习题 2. 1

1. $\begin{pmatrix} 8 & 7 & 3 \\ -7 & 8 & 8 \end{pmatrix}$.

2. $\boldsymbol{X}=\begin{pmatrix} 10/3 & 10/3 & 2 & 2 \\ 0 & 4/3 & 0 & 4/3 \\ 2/3 & 2/3 & 2 & 2 \end{pmatrix}$.

3. (1)$\begin{pmatrix} 6 & -7 & 8 \\ 20 & -5 & -6 \end{pmatrix}$; (2)$\begin{pmatrix} 0 & 0 & 0 \\ 0 & 0 & 0 \\ 0 & 0 & 0 \end{pmatrix}$; (3)$\begin{pmatrix} -6 & 29 \\ 5 & 32 \end{pmatrix}$; (4)$\begin{pmatrix} \lambda_1 a_{11} & \lambda_1 a_{12} \\ \lambda_2 a_{21} & \lambda_2 a_{22} \\ \lambda_3 a_{31} & \lambda_3 a_{32} \end{pmatrix}$.

4. (1)$\begin{pmatrix} 1 & 5 & 10 \\ 0 & 1 & 5 \\ 0 & 0 & 1 \end{pmatrix}$; (2)$\begin{pmatrix} a^5 & 0 & 0 \\ 0 & b^5 & 0 \\ 0 & 0 & c^5 \end{pmatrix}$; (3)$\begin{pmatrix} 1 & n \\ 0 & 1 \end{pmatrix}$;

(4)$\lambda^{n-2}\begin{pmatrix} \lambda^2 & n\lambda & \frac{n(n-1)}{2} \\ 0 & \lambda^2 & n\lambda \\ 0 & 0 & \lambda^2 \end{pmatrix}$.

5. $\boldsymbol{O}$.

6. $3\boldsymbol{AB}-2\boldsymbol{A}=\begin{pmatrix} -2 & 13 & 22 \\ -2 & -17 & 20 \\ 4 & 29 & -2 \end{pmatrix}$;$\boldsymbol{A}^{\mathrm{T}}\boldsymbol{B}=\begin{pmatrix} 0 & 5 & 8 \\ 0 & -5 & 6 \\ 2 & 9 & 0 \end{pmatrix}$.

7. 略.

8. 略.

9. 576.

习题 2.2

1. (1)$\begin{pmatrix} 5 & -2 \\ -2 & 1 \end{pmatrix}$； (2)$\begin{pmatrix} \cos\theta & -\sin\theta \\ \sin\theta & \cos\theta \end{pmatrix}$； (3)$\begin{pmatrix} 1 & -2 & 7 \\ 0 & 1 & -2 \\ 0 & 0 & 1 \end{pmatrix}$；

(4)$\begin{pmatrix} -2 & 1 & 0 \\ -13/2 & 3 & -1/2 \\ -16 & 7 & -1 \end{pmatrix}$； (5)$\begin{pmatrix} 1/2 & 0 & 0 \\ 0 & 1/3 & 0 \\ 0 & 0 & 1/4 \end{pmatrix}$.

2. (1)$\frac{1}{7}\begin{pmatrix} 6 & -29 \\ 2 & 9 \end{pmatrix}$； (2)$\begin{pmatrix} 1 & -3 & 3 \\ 0 & 1 & -2 \end{pmatrix}$； (3)$\begin{pmatrix} 1 & 1 \\ 1/4 & 0 \end{pmatrix}$.

3. (1)$\begin{cases} x_1 = 3, \\ x_2 = -1, \\ x_3 = 2; \end{cases}$ (2)$\begin{cases} x_1 = 1, \\ x_2 = 2, \\ x_3 = 3. \end{cases}$

4. $\boldsymbol{A}^{-1} = \frac{1}{2}(\boldsymbol{A} - \boldsymbol{E})$；$(\boldsymbol{A} + 2\boldsymbol{E})^{-1} = \frac{1}{4}(3\boldsymbol{E} - \boldsymbol{A})$.

5. 略.

6. (1)$\boldsymbol{A}^2 = \begin{pmatrix} 1 & 0 \\ 0 & 4 \end{pmatrix}$，$\boldsymbol{A}^{-2} = \begin{pmatrix} 1 & 0 \\ 0 & 1/4 \end{pmatrix}$，$\boldsymbol{A}^{-k} = \begin{pmatrix} 1 & 0 \\ 0 & 1/(-2)^k \end{pmatrix}$；

(2)$\boldsymbol{A}^2 = \begin{pmatrix} 1 & 0 & 0 \\ 0 & 9 & 0 \\ 0 & 0 & 4 \end{pmatrix}$，$\boldsymbol{A}^{-2} = \begin{pmatrix} 1 & 0 & 0 \\ 0 & 1/9 & 0 \\ 0 & 0 & 1/4 \end{pmatrix}$，$\boldsymbol{A}^{-k} = \begin{pmatrix} 1 & 0 & 0 \\ 0 & 1/3^k & 0 \\ 0 & 0 & 1/(-2)^k \end{pmatrix}$.

7. 3^5.

8. $\begin{pmatrix} 3 & -8 & -6 \\ 2 & -9 & -6 \\ -2 & 12 & 9 \end{pmatrix}$.

9. $\begin{pmatrix} 6 & 0 & 0 \\ 0 & 2 & 0 \\ 0 & 0 & 1 \end{pmatrix}$.

10. $\begin{pmatrix} 0 & 2 & 1 \\ 0 & 0 & 0 \\ 0 & 0 & 0 \end{pmatrix}$.

11. $x = 4$ 或 $x = -5$.

12. 略.

13. 略.

14. 略.

习题 2.3

1. $k\boldsymbol{A}=\begin{pmatrix}k&0&k&3k\\0&k&2k&4k\\0&0&-k&0\\0&0&0&-k\end{pmatrix}$, $\boldsymbol{A}+\boldsymbol{B}=\begin{pmatrix}2&2&1&3\\2&1&2&4\\6&3&0&0\\0&-2&0&0\end{pmatrix}$, $\boldsymbol{AB}=\begin{pmatrix}7&-1&1&3\\14&-2&2&4\\-6&-3&-1&0\\0&2&0&-1\end{pmatrix}$.

2. (1) $\begin{pmatrix}-2&1\\1&-2\\3&-2\end{pmatrix}$; (2) $\begin{pmatrix}1&0&-2\\1&-1&-2\\2&3&2\end{pmatrix}$.

3. (1) $\begin{pmatrix}1/2&0&0\\0&-2&1\\0&3/2&-1/2\end{pmatrix}$; (2) $\begin{pmatrix}1/2&0&0&0\\-1/4&1/2&0&0\\0&0&1/3&0\\0&0&-1/9&1/3\end{pmatrix}$.

4. $\boldsymbol{X}^{-1}=\begin{pmatrix}\boldsymbol{A}^{-1}&\boldsymbol{O}\\-\boldsymbol{B}^{-1}\boldsymbol{C}\boldsymbol{A}^{-1}&\boldsymbol{B}^{-1}\end{pmatrix}$.

5. $\boldsymbol{A}^4=\begin{pmatrix}5^4&0&0&0\\0&5^4&0&0\\0&0&2^4&0\\0&0&2^6&2^4\end{pmatrix}$, $|\boldsymbol{A}^4|=10^8$.

6. $\begin{pmatrix}1&-2&0&0\\-2&5&0&0\\7\cos\theta+\sin\theta&-17\cos\theta-\sin\theta&-1&3\\2\cos\theta+\sin\theta&-5\cos\theta-2\sin\theta&0&1\end{pmatrix}$.

习题 2.4

1. (1) $\begin{pmatrix}1&-1&2\\0&0&-5\end{pmatrix}$, $\begin{pmatrix}1&-1&0\\0&0&1\end{pmatrix}$;

(2) $\begin{pmatrix}1&3\\0&-5\\0&0\end{pmatrix}$, $\begin{pmatrix}1&0\\0&1\\0&0\end{pmatrix}$; (3) $\begin{pmatrix}1&-1&2\\0&0&-5\\0&0&0\end{pmatrix}$, $\begin{pmatrix}1&-1&0\\0&0&1\\0&0&0\end{pmatrix}$;

(4) $\begin{pmatrix}1&0&-1&0\\0&1&2&2\\0&0&9&0\\0&0&0&0\end{pmatrix}$, $\begin{pmatrix}1&0&0&0\\0&1&0&2\\0&0&1&0\\0&0&0&0\end{pmatrix}$;

(5) $\begin{pmatrix}1&0&0&2&2\\0&1&0&-13&-14\\0&0&6&89&91\\0&0&0&0&-4\end{pmatrix}$, $\begin{pmatrix}1&0&0&2&0\\0&1&0&-13&0\\0&0&1&89/6&0\\0&0&0&0&1\end{pmatrix}$;

(6) $\begin{pmatrix} 1 & 1 & 0 & 0 & 1 \\ 0 & 1 & 1 & -1 & 2 \\ 0 & 0 & 0 & 2 & -2 \\ 0 & 0 & 0 & 0 & 3 \end{pmatrix}$, $\begin{pmatrix} 1 & 0 & -1 & 0 & 0 \\ 0 & 1 & 1 & 0 & 0 \\ 0 & 0 & 0 & 1 & 0 \\ 0 & 0 & 0 & 0 & 1 \end{pmatrix}$.

2. (1) $\begin{pmatrix} 1 & 0 \\ 0 & 1 \end{pmatrix}$; (2) $\begin{pmatrix} 1 & 0 & 0 \\ 0 & 1 & 0 \\ 0 & 0 & 1 \end{pmatrix}$; (3) $\begin{pmatrix} 1 & 0 & 0 & 0 \\ 0 & 1 & 0 & 0 \\ 0 & 0 & 1 & 0 \end{pmatrix}$; (4) $\begin{pmatrix} 1 & 0 & 0 & 0 \\ 0 & 1 & 0 & 0 \\ 0 & 0 & 0 & 0 \\ 0 & 0 & 0 & 0 \end{pmatrix}$;

(5) $\begin{pmatrix} 1 & 0 & 0 & 0 & 0 \\ 0 & 1 & 0 & 0 & 0 \\ 0 & 0 & 1 & 0 & 0 \\ 0 & 0 & 0 & 1 & 0 \end{pmatrix}$; (6) $\begin{pmatrix} 1 & 0 & 0 & 0 & 0 \\ 0 & 1 & 0 & 0 & 0 \\ 0 & 0 & 1 & 0 & 0 \\ 0 & 0 & 0 & 0 & 0 \end{pmatrix}$.

3. (1) $\begin{pmatrix} 1 & -5/2 & -1/2 \\ -1 & 5 & 1 \\ -1 & 7/2 & 1/2 \end{pmatrix}$; (2) $\begin{pmatrix} 1 & 0 & 0 & 0 \\ -2 & 1 & 0 & 0 \\ 1 & -2 & 1 & 0 \\ 0 & 1 & -2 & 1 \end{pmatrix}$;

(3) $\begin{pmatrix} 2 & -1 & 0 & 0 \\ -1 & 1 & 0 & 0 \\ -1 & 1 & 2 & -3 \\ 1 & -2 & -1 & 2 \end{pmatrix}$; (4) $\begin{pmatrix} 1 & 1 & -2 & -4 \\ 0 & 1 & 0 & -1 \\ -1 & -1 & 3 & 6 \\ 2 & 1 & -6 & -10 \end{pmatrix}$.

习题 2.5

1. (1)非; (2)是; (3)是; (4)非; (5)非; (6)是.
2. (1)C; (2)C; (3)D.
3. (1) $r=3$; (2) $r=2$; (3) $r=4$; (4) $r=3$.
4. (1) $k=1$; (2) $k=-2$; (3) $k\neq 1$ 且 $k\neq -2$.
5. 略.
6. 略.

复习题 2

1. (1)C; (2)C; (3)D; (4)B; (5)D; (6)A; (7)A; (8)C; (9)B; (10)A; (11)D; (12)A.

2. (1) 1, $\begin{pmatrix} 1 & 0 & 4 \\ 1 & 0 & 4 \\ 0 & 0 & 0 \end{pmatrix}$; (2) $\begin{pmatrix} 0 & -1 & 0 \\ 2 & -3 & 0 \\ 3 & -3 & -1 \end{pmatrix}$; (3) $\boldsymbol{AB}=\boldsymbol{BA}$; (4) $-\frac{2}{3}$;

(5) $\begin{pmatrix} 3 & 0 & 0 \\ 0 & 6 & 0 \\ 0 & 0 & 15 \end{pmatrix}$; (6) $\frac{1}{2}\begin{pmatrix} 1 & 5 & 4 \\ 0 & 2 & 4 \\ 1 & 3 & 1 \end{pmatrix}$; (7) $\begin{pmatrix} \boldsymbol{A}^{-1} & \boldsymbol{O} \\ \boldsymbol{O} & \boldsymbol{B}^{-1} \end{pmatrix}$, $\begin{pmatrix} \boldsymbol{O} & \boldsymbol{B}^{-1} \\ \boldsymbol{A}^{-1} & \boldsymbol{O} \end{pmatrix}$;

(8) $A_1=\begin{pmatrix}3&4&1&2\\2&3&4&1\\1&2&3&4\end{pmatrix}$, $E(1,3)=\begin{pmatrix}0&0&1\\0&1&0\\1&0&0\end{pmatrix}$;

$A_2=\begin{pmatrix}3&2&1&4\\4&3&2&1\\1&4&3&2\end{pmatrix}$, $E(1,3)=\begin{pmatrix}0&0&1&0\\0&1&0&0\\1&0&0&0\\0&0&0&1\end{pmatrix}$;

$A_3=\begin{pmatrix}1&2&3&4\\2&3&4&1\\1&0&-5&-6\end{pmatrix}$, $E(3,1(-2))=\begin{pmatrix}0&0&1\\0&1&0\\-2&0&1\end{pmatrix}$;

$A_4=\begin{pmatrix}-5&2&3&4\\-6&3&4&1\\1&4&1&2\end{pmatrix}$, $E(3,1(-2))=\begin{pmatrix}0&0&1&0\\0&1&0&0\\-2&0&1&0\\0&0&0&1\end{pmatrix}$.

3. $6^{k-1}\begin{pmatrix}1&1&1\\2&2&2\\3&3&3\end{pmatrix}$.

4. $(-1)^n2^{2n-1}$.

5. $B=\begin{pmatrix}2&&\\&-4&\\&&2\end{pmatrix}$.

6. (1)略； (2)略； (3) $\begin{pmatrix}1&1/2&0\\-1/3&1&0\\0&0&2\end{pmatrix}$.

7. $A^{-1}=A-4E,(4A+E)^{-1}=(A-4E)^2$.

8. (1) $\begin{pmatrix}-4&-2\\3&2\end{pmatrix}$； (2) $\frac{1}{6}\begin{pmatrix}-2&2&8\\4&2&2\\4&5&8\end{pmatrix}$； (3) $\begin{pmatrix}2&-1&0\\1&3&-4\\1&0&-2\end{pmatrix}$.

9. $X=\frac{1}{2}\begin{pmatrix}1&-1&1\\-1&1&-1\\1&-1&1\end{pmatrix}$.

10. $B=\mathrm{diag}(4,2,1)$.

11. $A^{11}=\begin{pmatrix}-1&-4\\1&1\end{pmatrix}\begin{pmatrix}-1&0\\0&2^{11}\end{pmatrix}\begin{pmatrix}\frac{1}{3}&\frac{4}{3}\\-\frac{1}{3}&-\frac{1}{3}\end{pmatrix}=\begin{pmatrix}2731&2732\\-683&-684\end{pmatrix}$.

12. $|A^8| = 10^{16}$;$A^4 = \begin{pmatrix} 5^4 & 0 & & \\ 0 & 5^4 & & \\ & & 2^4 & 0 \\ & & 2^6 & 2^4 \end{pmatrix}$.

13. (1)$\begin{pmatrix} 1/a_1 & & & \\ & 1/a_2 & & \\ & & 1/a_3 & \\ & & & 1/a_4 \end{pmatrix}$; (2)$\begin{pmatrix} & & & 1/a_4 \\ & & 1/a_3 & \\ & 1/a_2 & & \\ 1/a_1 & & & \end{pmatrix}$;

(3)$\begin{pmatrix} 1/a & 0 & 0 & 0 \\ -1/a^2 & 1/a & 0 & 0 \\ 1/a^3 & -1/a^2 & 1/a & 0 \\ -1/a^4 & 1/a^3 & -1/a^2 & 1/a \end{pmatrix}$.

14. (1)$r=2$;(2)$r=3$.

15. (1)$\lambda=8$;(2)$\lambda\neq 8$;(3)λ 不存在.

16. 略.

习题 3.1

1. (1)D; (2)B.

2. (1) = ; (2)只有零解.

3. (1)$\begin{cases} x_1 = \frac{4}{3}c, \\ x_2 = -3c, \\ x_3 = \frac{4}{3}c, \\ x_4 = c, \end{cases}$ $(c \in \mathbf{R})$; (2)$\begin{cases} x_1 = -2c_1 + c_2, \\ x_2 = c_1, \\ x_3 = 0, \\ x_4 = c_2, \end{cases}$ $(c_1, c_2 \in \mathbf{R})$;

(3)$\begin{cases} x_1 = 0, \\ x_2 = 0, \\ x_3 = 0, \end{cases}$ (4)$\begin{cases} x_1 = c, \\ x_2 = -2c, \\ x_3 = c, \end{cases}$ $(c \in \mathbf{R})$.

4. (1)$\begin{cases} x_1 = 8 + c, \\ x_2 = -11 - 2c, \\ x_3 = -\frac{5}{2} - \frac{1}{2}c, \\ x_4 = c, \end{cases}$ $(c \in \mathbf{R})$; (2)$\begin{cases} x_1 = \frac{1}{2} - \frac{1}{2}c_1 + \frac{1}{2}c_2, \\ x_2 = c_1, \\ x_3 = c_2, \\ x_4 = 0, \end{cases}$ $(c_1, c_2 \in \mathbf{R})$;

(3) $\begin{cases} x_1 = \dfrac{1}{2} + c, \\ x_2 = c, \\ x_3 = -1, \\ x_4 = -\dfrac{3}{2}, \end{cases}$ $(c \in \mathbf{R})$; (4) $\begin{cases} x_1 = -4 - 5c, \\ x_2 = 3 + c, \\ x_3 = 1 + 4c, \\ x_4 = c, \end{cases}$ $(c \in \mathbf{R})$.

5. $\begin{cases} a = 2, \\ b = -3, \end{cases}$ 该方程组的解为 $\begin{cases} x_1 = 2 - 2c_1 + 4c_2, \\ x_2 = -3 + c_1 - 5c_2, \\ x_3 = c_1, \\ x_4 = c_2, \end{cases}$ $(c_1, c_2 \in \mathbf{R})$.

6. (1) $\lambda \neq \pm 1$; (2) $\lambda = -1$; (3) $\lambda = 1$.

7. $\lambda = 1$ 时有解 $\begin{cases} x_1 = 1 + c, \\ x_2 = c, \\ x_3 = c, \end{cases}$ $(c \in \mathbf{R})$;

$\lambda = -2$ 时有解 $\begin{cases} x_1 = 2 + c, \\ x_2 = 2 + c, \\ x_3 = c, \end{cases}$ $(c \in \mathbf{R})$.

习题 3.2

1. $(-11, 26, 23, -11)^{\mathrm{T}}$.
2. $\boldsymbol{v}_1 - \boldsymbol{v}_2 = (1, 0, -1)^{\mathrm{T}}$; $3\boldsymbol{v}_1 + 2\boldsymbol{v}_2 - \boldsymbol{v}_3 = (0, 1, 2)^{\mathrm{T}}$.
3. $\boldsymbol{a} = (1, 2, 3, 4)^{\mathrm{T}}$.
4. $k = 5, \lambda = -4, l = -1$.
5. $\boldsymbol{\alpha} = \left(\dfrac{5}{2}, \dfrac{1}{2}, 3, \dfrac{1}{2}, 2\right)^{\mathrm{T}}$, $\boldsymbol{\beta} = \left(-\dfrac{1}{2}, \dfrac{1}{2}, 2, \dfrac{3}{2}, -2\right)^{\mathrm{T}}$.
6. $\boldsymbol{\alpha} = (10, -5, -9, 2)^{\mathrm{T}}$, $\boldsymbol{\beta} = (-7, 4, 7, -1)^{\mathrm{T}}$.
7. $\boldsymbol{\gamma} = (-3, 7, -17, 2, -8)^{\mathrm{T}}$.

习题 3.3

1. (1) A; (2) D; (3) C.
2. (1) 零向量; (2) $k \neq 4$; (3) $-2, 1$; (4) $-\dfrac{5}{13}$.
3. (1) 不能; (2) 能, $\boldsymbol{\beta} = \boldsymbol{\alpha}_1 - 3\boldsymbol{\alpha}_2 + 2\boldsymbol{\alpha}_3$, 表达方式唯一;

(3) 能, $\boldsymbol{\beta} = -\boldsymbol{\alpha}_1 - 5\boldsymbol{\alpha}_2$, 表示方式有无穷多种.

4. (1) 线性相关; (2) 线性无关; (3) 线性相关; (4) 线性无关.
5. $\lambda = 0$ 或 2 时, 线性相关; $\lambda \neq 0$ 且 $\lambda \neq 2$ 时线性无关.
6. 因为 $\boldsymbol{b}_1 - \boldsymbol{b}_2 + \boldsymbol{b}_3 - \boldsymbol{b}_4 = \mathbf{0}$.
7. 令 $h_1\boldsymbol{b}_1 + h_2\boldsymbol{b}_2 + \cdots + h_r\boldsymbol{b}_r = \mathbf{0}$, 得 $(h_1 + h_2 + \cdots + h_r)\boldsymbol{a}_1 + (h_2 + h_3 + \cdots + h_r)\boldsymbol{a}_2 + \cdots +$

$h_r\boldsymbol{a}_r=\boldsymbol{0}$,因 $\boldsymbol{a}_1,\boldsymbol{a}_2,\cdots,\boldsymbol{a}_r$ 线性无关,故 $h_1=h_2=\cdots=h_r=0$.

习题 3.4

1. (1)C; (2)A.

2. (1)$k=3$; (2)2.

3. (1)$R(\boldsymbol{\alpha}_1,\boldsymbol{\alpha}_2,\boldsymbol{\alpha}_3,\boldsymbol{\alpha}_4)=3$,$\boldsymbol{\alpha}_1,\boldsymbol{\alpha}_2,\boldsymbol{\alpha}_3$ 是一个极大无关组,$\boldsymbol{\alpha}_4=-3\boldsymbol{\alpha}_1+\boldsymbol{\alpha}_2+3\boldsymbol{\alpha}_3$;

(2)$R(\boldsymbol{\alpha}_1,\boldsymbol{\alpha}_2,\boldsymbol{\alpha}_3,\boldsymbol{\alpha}_4)=2$,$\boldsymbol{\alpha}_1,\boldsymbol{\alpha}_2$ 是一个极大线性无关组,且 $\boldsymbol{\alpha}_3=\frac{3}{2}\boldsymbol{\alpha}_1-\frac{7}{2}\boldsymbol{\alpha}_2$,$\boldsymbol{\alpha}_4=\boldsymbol{\alpha}_1+2\boldsymbol{\alpha}_2$;

(3)$R(\boldsymbol{\alpha}_1,\boldsymbol{\alpha}_2,\boldsymbol{\alpha}_3,\boldsymbol{\alpha}_4)=2$,$\boldsymbol{\alpha}_1,\boldsymbol{\alpha}_2$ 是一个极大线性无关组,且 $\boldsymbol{\alpha}_3=2\boldsymbol{\alpha}_1-\boldsymbol{\alpha}_2$,$\boldsymbol{\alpha}_4=-\boldsymbol{\alpha}_1+2\boldsymbol{\alpha}_2$;

(4)$R(\boldsymbol{\alpha}_1,\boldsymbol{\alpha}_2,\boldsymbol{\alpha}_3,\boldsymbol{\alpha}_4)=2$,$\boldsymbol{\alpha}_1,\boldsymbol{\alpha}_3$ 是一个极大线性无关组,$\boldsymbol{\alpha}_2=\boldsymbol{\alpha}_3-\boldsymbol{\alpha}_1$,$\boldsymbol{\alpha}_4=2\boldsymbol{\alpha}_3-\boldsymbol{\alpha}_1$;

(5)$R(\boldsymbol{\alpha}_1,\boldsymbol{\alpha}_2,\boldsymbol{\alpha}_3,\boldsymbol{\alpha}_4,\boldsymbol{\alpha}_5)=3$,$\boldsymbol{\alpha}_1,\boldsymbol{\alpha}_2,\boldsymbol{\alpha}_4$ 是一个极大线性无关组,且 $\boldsymbol{\alpha}_3=\frac{1}{3}\boldsymbol{\alpha}_1+\frac{2}{3}\boldsymbol{\alpha}_2$,$\boldsymbol{\alpha}_5=\frac{8}{9}\boldsymbol{\alpha}_1-\frac{7}{18}\boldsymbol{\alpha}_2-\frac{1}{6}\boldsymbol{\alpha}_4$.

4. (1)第1,2,3列; (2)第1,2,3列.

5. (1)$a=b=c$; (2)只有两个数相等,如 $a=b\neq c$; (3)a,b,c 三个数互不相等.

6. 证明:不妨设 $\boldsymbol{\alpha}_1,\boldsymbol{\alpha}_2,\cdots,\boldsymbol{\alpha}_{r_1}$ 为向量 $\boldsymbol{\alpha}_1,\boldsymbol{\alpha}_2,\cdots,\boldsymbol{\alpha}_s$ 的一个极大无关组,$\boldsymbol{\beta}_1,\boldsymbol{\beta}_2,\cdots,\boldsymbol{\beta}_{r_2}$ 是向量组 $\boldsymbol{\beta}_1,\boldsymbol{\beta}_2,\cdots,\boldsymbol{\beta}_t$ 的一个极大无关组,$r_1\geqslant r_2$. 于是,$\boldsymbol{\alpha}_1,\boldsymbol{\alpha}_2,\cdots,\boldsymbol{\alpha}_{r_1}$ 是向量组 $\boldsymbol{\alpha}_1,\boldsymbol{\alpha}_2,\cdots,\boldsymbol{\alpha}_s,\boldsymbol{\beta}_1,\boldsymbol{\beta}_2,\cdots,\boldsymbol{\beta}_t$ 的一个线性无关部分组,其极大无关组可以由 $\boldsymbol{\alpha}_1,\boldsymbol{\alpha}_2,\cdots,\boldsymbol{\alpha}_{r_1}$ 扩展生成,扩展时,可以不用添加任何向量或者至多添加部分组 $\boldsymbol{\beta}_1,\boldsymbol{\beta}_2,\cdots,\boldsymbol{\beta}_{r_2}$ 构成极大无关组,其个数 r_3 满足不等式 $r_1\leqslant r_3\leqslant r_1+r_2$,即

$$\max\{r_1,r_2\}\leqslant R(\boldsymbol{\alpha}_1,\boldsymbol{\alpha}_2,\cdots,\boldsymbol{\alpha}_s,\boldsymbol{\beta}_1,\boldsymbol{\beta}_2,\cdots,\boldsymbol{\beta}_t)\leqslant r_1+r_2.$$

7. 证明:设 $\boldsymbol{\alpha}_1,\boldsymbol{\alpha}_2,\cdots,\boldsymbol{\alpha}_s$ 的一个极大无关组是 $\boldsymbol{\alpha}_{i_1},\boldsymbol{\alpha}_{i_2},\cdots,\boldsymbol{\alpha}_{i_r}$,且 $\boldsymbol{\beta}_1,\boldsymbol{\beta}_2,\cdots,\boldsymbol{\beta}_t$ 的一个极大无关组是 $\boldsymbol{\beta}_{j_1},\boldsymbol{\beta}_{j_2},\cdots,\boldsymbol{\beta}_{j_r}$,显然根据条件,$\boldsymbol{\alpha}_{i_1},\boldsymbol{\alpha}_{i_2},\cdots,\boldsymbol{\alpha}_{i_r}$ 可由 $\boldsymbol{\beta}_{j_1},\boldsymbol{\beta}_{j_2},\cdots,\boldsymbol{\beta}_{j_r}$ 线性表示,因此 $\boldsymbol{\alpha}_{i_1},\boldsymbol{\alpha}_{i_2},\cdots,\boldsymbol{\alpha}_{i_r},\boldsymbol{\beta}_{j_1},\boldsymbol{\beta}_{j_2},\cdots,\boldsymbol{\beta}_{j_r}$ 与 $\boldsymbol{\beta}_{j_1},\boldsymbol{\beta}_{j_2},\cdots,\boldsymbol{\beta}_{j_r}$ 等价

$$R(\boldsymbol{\alpha}_{i_1},\boldsymbol{\alpha}_{i_2},\cdots,\boldsymbol{\alpha}_{i_r},\boldsymbol{\beta}_{j_1},\boldsymbol{\beta}_{j_2},\cdots,\boldsymbol{\beta}_{j_r})=r,$$

但 $\boldsymbol{\alpha}_{i_1},\boldsymbol{\alpha}_{i_2},\cdots,\boldsymbol{\alpha}_{i_r}$ 线性无关,所以是 $\boldsymbol{\alpha}_{i_1},\boldsymbol{\alpha}_{i_2},\cdots,\boldsymbol{\alpha}_{i_r},\boldsymbol{\beta}_{j_1},\boldsymbol{\beta}_{j_2},\cdots,\boldsymbol{\beta}_{j_r}$ 的一个极大无关组,从而 $\boldsymbol{\beta}_{j_1},\boldsymbol{\beta}_{j_2},\cdots,\boldsymbol{\beta}_{j_r}$ 可由 $\boldsymbol{\alpha}_{i_1},\boldsymbol{\alpha}_{i_2},\cdots,\boldsymbol{\alpha}_{i_r}$ 线性表出,即 $\boldsymbol{\alpha}_{i_1},\boldsymbol{\alpha}_{i_2},\cdots,\boldsymbol{\alpha}_{i_r}$ 与 $\boldsymbol{\beta}_{j_1},\boldsymbol{\beta}_{j_2},\cdots,\boldsymbol{\beta}_{j_r}$ 等价,由等价的反身性和传递性可知 $\boldsymbol{\alpha}_1,\boldsymbol{\alpha}_2,\cdots,\boldsymbol{\alpha}_s$ 与 $\boldsymbol{\beta}_1,\boldsymbol{\beta}_2,\cdots,\boldsymbol{\beta}_t$ 等价.

习题 3.5

1. (1)A; (2)A; (3)A.

2. (1)零向量; (2)$k_1+k_2+\cdots+k_t=1$; (3)1.

3. (1)基础解系为 $\boldsymbol{\xi}_1=(0,1,0,4)^{\mathrm{T}}$,$\boldsymbol{\xi}_2=(-4,0,1,-3)^{\mathrm{T}}$,通解 $\boldsymbol{x}=k_1\boldsymbol{\xi}_1+k_2\boldsymbol{\xi}_2$($k_1,k_2$ 为任意常数);

(2)基础解系为 $\boldsymbol{\xi}_1=(1,7,0,19)^{\mathrm{T}}$,$\boldsymbol{\xi}_2=(0,0,1,2)^{\mathrm{T}}$,通解 $\boldsymbol{x}=k_1\boldsymbol{\xi}_1+k_2\boldsymbol{\xi}_2$($k_1,k_2$ 为任意常数);

(3)基础解系为 $\boldsymbol{\xi}_1=(1,-2,1,0,0)^{\mathrm{T}}$,$\boldsymbol{\xi}_2=(2,-3,0,1,0)^{\mathrm{T}}$,通解 $\boldsymbol{x}=k_1\boldsymbol{\xi}_1+k_2\boldsymbol{\xi}_2$($k_1,k_2$ 为任意常数);

(4)基础解系为 $\boldsymbol{\xi}=(0,1,2,1)^{\mathrm{T}}$,通解 $\boldsymbol{x}=k\boldsymbol{\xi}$($k$ 为任意常数).

4. $\lambda=-1,4$ 时,原方程组有非零解.

当 $\lambda=-1$,方程组的通解为 $\boldsymbol{x}=k\begin{pmatrix}-1\\3\\2\end{pmatrix}$ (k 为任意实数);

当 $\lambda=4$ 时,方程组的通解为 $\boldsymbol{x}=k\begin{pmatrix}-3\\-1\\1\end{pmatrix}$ (k 为任意实数).

5. (1) $\begin{pmatrix}x_1\\x_2\\x_3\\x_4\end{pmatrix}=\begin{pmatrix}1\\0\\1\\0\end{pmatrix}+k\begin{pmatrix}3\\-3\\1\\-2\end{pmatrix}$ (k 为任意常数);

(2) $\begin{pmatrix}x_1\\x_2\\x_3\\x_4\end{pmatrix}=\begin{pmatrix}\frac{1}{2}\\0\\\frac{1}{2}\\0\end{pmatrix}+k_1\begin{pmatrix}1\\1\\0\\0\end{pmatrix}+k_2\begin{pmatrix}1\\0\\2\\1\end{pmatrix}$ (k_1,k_2 为任意常数);

(3) $\begin{pmatrix}x_1\\x_2\\x_3\\x_4\end{pmatrix}=\begin{pmatrix}\frac{5}{4}\\-\frac{1}{4}\\0\\0\end{pmatrix}+k_1\begin{pmatrix}\frac{3}{2}\\\frac{3}{2}\\1\\0\end{pmatrix}+k_2\begin{pmatrix}-\frac{3}{4}\\\frac{7}{4}\\0\\1\end{pmatrix}$ (k_1,k_2 为任意常数);

(4) $\begin{pmatrix}x_1\\x_2\\x_3\\x_4\end{pmatrix}=\begin{pmatrix}1\\0\\1\\0\end{pmatrix}+k_1\begin{pmatrix}-2\\1\\0\\0\end{pmatrix}+k_2\begin{pmatrix}2\\0\\-3\\10\end{pmatrix}$ (k_1,k_2 为任意常数).

6. (1) $\boldsymbol{\xi}=(\boldsymbol{\alpha}_1+\boldsymbol{\alpha}_2)-(\boldsymbol{\alpha}_2+\boldsymbol{\alpha}_3)=\begin{pmatrix}0\\1\\1\\-1\end{pmatrix}$;

(2) $x=\frac{1}{2}\begin{pmatrix}1\\9\\9\\4\end{pmatrix}+k\begin{pmatrix}0\\1\\1\\-1\end{pmatrix}$ （k 为任意常数）.

复习题 3

1. (1)C; (2)C; (3)B; (4)C; (5)D; (6)A; (7)B; (8)A; (9)A; (10)D.

2. (1) $\lambda=3$; (2) $a=2b$; (3) $\boldsymbol{\alpha}_1,\boldsymbol{\alpha}_2,\boldsymbol{\alpha}_4$; (4)3; (5)1;

(6) $\frac{15}{4}$; (7) $\boldsymbol{x}=\left(\frac{1}{2},1,0,1\right)^{\mathrm{T}}+k(0,2,-1,-1)^{\mathrm{T}}$ $(k\in\mathbf{R})$;

(8) $a=6$; (9) -2; (10) $a=-2$.

3. $\boldsymbol{\alpha}_1,\boldsymbol{\alpha}_2,\boldsymbol{\alpha}_4,\boldsymbol{\alpha}_5$ 为极大无关组，且线性表示为 $\boldsymbol{\alpha}_3=2\boldsymbol{\alpha}_1-\boldsymbol{\alpha}_2$.

4. 提示：令 $k_1\boldsymbol{\alpha}+k_2\boldsymbol{A}\boldsymbol{\alpha}+k_3\boldsymbol{A}^2\boldsymbol{\alpha}=\mathbf{0}$，将等式两边多次乘以 $\boldsymbol{A}$.

5. (1) $p\neq2$ 时，$\boldsymbol{\alpha}_1,\boldsymbol{\alpha}_2,\boldsymbol{\alpha}_3,\boldsymbol{\alpha}_4$ 线性无关，$\boldsymbol{\alpha}=2\boldsymbol{\alpha}_1+\frac{4-3p}{2-p}\boldsymbol{\alpha}_2+\boldsymbol{\alpha}_3+\frac{1-p}{p-2}\boldsymbol{\alpha}_4$;

(2) $p=2$ 时，$\boldsymbol{\alpha}_1,\boldsymbol{\alpha}_2,\boldsymbol{\alpha}_3,\boldsymbol{\alpha}_4$ 线性相关，极大无关组为 $\boldsymbol{\alpha}_1,\boldsymbol{\alpha}_2,\boldsymbol{\alpha}_3$，秩为 3.

6. 当 $a\neq1$ 且 $b\neq0$ 时有唯一解；$a=1,b=\frac{1}{2}$ 时有无穷多个解；其余情形无解.

7. 通解为 $k(1,1,\cdots,1)^{\mathrm{T}}$（$k$ 为任意常数）.

8. $\boldsymbol{x}=(-16,23,0,0,0)^{\mathrm{T}}+k_1(1,-2,1,0,0)^{\mathrm{T}}+k_2(1,-2,0,1,0)^{\mathrm{T}}+k_3(5,-6,0,0,1)^{\mathrm{T}}$ （k_1,k_2,k_3 为任意常数）.

9. 当 $a\neq-1$ 时，向量组 $\boldsymbol{A}$ 与向量组 $\boldsymbol{B}$ 等价；

当 $a=-1$ 时，向量组 $\boldsymbol{A}$ 与向量组 $\boldsymbol{B}$ 不等价.

10. $k\begin{pmatrix}1\\-2\\1\\0\end{pmatrix}+\begin{pmatrix}1\\1\\1\\1\end{pmatrix}$ （k 为任意常数）.

习题 4.1

1. (1) -9; (2) 0.

2. (1) $\pm\frac{1}{\sqrt{26}}(3,0,-1,4)^{\mathrm{T}}$; (2) $\pm\frac{1}{\sqrt{30}}(5,1,-2,0)^{\mathrm{T}}$.

3. $\pm\frac{1}{\sqrt{26}}(4,0,1,-3)^{\mathrm{T}}$.

4. (1) $\boldsymbol{e}_1=\frac{1}{\sqrt{2}}(0,1,1)^{\mathrm{T}},\boldsymbol{e}_2=\frac{1}{\sqrt{6}}(2,1,-1)^{\mathrm{T}},\boldsymbol{e}_3=\frac{1}{\sqrt{3}}(1,-1,1)^{\mathrm{T}}$;

(2) $\boldsymbol{e}_1=\begin{pmatrix}\sqrt{2}/2\\0\\\sqrt{2}/2\end{pmatrix}$, $\boldsymbol{e}_2=\begin{pmatrix}0\\-1\\0\end{pmatrix}$, $\boldsymbol{e}_3=\begin{pmatrix}-\sqrt{2}/2\\0\\\sqrt{2}/2\end{pmatrix}$;

(3) $\boldsymbol{e}_1=\begin{pmatrix}\sqrt{3}/3\\\sqrt{3}/3\\\sqrt{3}/3\end{pmatrix}$, $\boldsymbol{e}_2=\begin{pmatrix}\sqrt{6}/6\\\sqrt{6}/6\\-\sqrt{6}/3\end{pmatrix}$, $\boldsymbol{e}_3=\begin{pmatrix}\sqrt{2}/2\\-\sqrt{2}/2\\0\end{pmatrix}$.

5. (1)不是； (2)是.

6. 略.

7. 略.

8. (1)是； (2)不是； (3)是； (4)不是； (5)是； (6)不是.

习题 4.2

1. (1)错误； (2)错误； (3)错误.

2. (1)特征值为 $-1,4$,

对应于特征值 -1 的全部特征向量为 $k_1\begin{pmatrix}-1\\1\end{pmatrix}, k_1\neq 0$,

对应于特征值 4 的全部特征向量为 $k_2\begin{pmatrix}2\\3\end{pmatrix}, k_2\neq 0$;

(2)特征值为 $1,1,2$,

对应于特征值 1 的全部特征向量为 $k_1\begin{pmatrix}1\\0\\0\end{pmatrix}, k_1\neq 0$,

对应于特征值 2 的全部特征向量为 $k_2\begin{pmatrix}1\\2\\1\end{pmatrix}, k_2\neq 0$;

(3)特征值为 $-1,9,0$,

对应于特征值 -1 的全部特征向量为 $k_1\begin{pmatrix}1\\-1\\0\end{pmatrix}, k_1\neq 0$,

对应于特征值 9 的全部特征向量为 $k_2\begin{pmatrix}1\\1\\2\end{pmatrix}, k_2\neq 0$;

对应于特征值 0 的全部特征向量为 $k_3\begin{pmatrix}1\\1\\-1\end{pmatrix}, k_3\neq 0$;

(4)特征值为 $-1,-1,-1$,

对应于特征值 -1 的全部特征向量为 $k\begin{pmatrix}1\\1\\-1\end{pmatrix}, k\neq 0$.

3. $\begin{pmatrix} -\frac{1}{3} & 0 & \frac{2}{3} \\ 0 & \frac{1}{3} & \frac{2}{3} \\ \frac{2}{3} & \frac{2}{3} & 0 \end{pmatrix}$.

4. $\begin{pmatrix} \frac{1}{3} & \frac{2}{3} & \frac{2}{3} \\ \frac{2}{3} & \frac{1}{3} & -\frac{2}{3} \\ \frac{2}{3} & -\frac{2}{3} & \frac{1}{3} \end{pmatrix}$.

5. (1) $x=0, y=-2$; (2) $\boldsymbol{P}=\begin{pmatrix} 0 & 0 & -2 \\ 2 & 1 & 1 \\ -1 & 1 & 1 \end{pmatrix}$.

6. (1) $\boldsymbol{T}=\frac{1}{3}\begin{pmatrix} -2 & 2 & 1 \\ 2 & 1 & 2 \\ -1 & -2 & 2 \end{pmatrix}$,则 $\boldsymbol{T}^{-1}\boldsymbol{AT}=\begin{pmatrix} 4 & 0 & 0 \\ 0 & 1 & 0 \\ 0 & 0 & -2 \end{pmatrix}$;

(2) $\boldsymbol{T}=\frac{1}{3}\begin{pmatrix} 2 & 2 & 1 \\ -2 & 1 & 2 \\ -1 & 2 & -2 \end{pmatrix}$,则 $\boldsymbol{T}^{-1}\boldsymbol{AT}=\begin{pmatrix} 1 & 0 & 0 \\ 0 & 1 & 0 \\ 0 & 0 & 10 \end{pmatrix}$.

7. 略.

习题4.3

1. (1) $\begin{pmatrix} 2 & 2 \\ 2 & 5 \end{pmatrix}$; (2) $\begin{pmatrix} 1 & 1 & 2 \\ 1 & 5 & 2 \\ 2 & 2 & -1 \end{pmatrix}$; (3) $\begin{pmatrix} 1 & 1 & 0 \\ 1 & 2 & 2 \\ 0 & 2 & 1 \end{pmatrix}$; (4) $\begin{pmatrix} 0 & \frac{1}{2} & -\frac{1}{2} \\ \frac{1}{2} & 0 & 0 \\ -\frac{1}{2} & 0 & 0 \end{pmatrix}$.

2. (1) $\begin{pmatrix} x_1 \\ x_2 \\ x_3 \end{pmatrix}=\begin{pmatrix} 0 & 4/3\sqrt{2} & 1/3 \\ 1/\sqrt{2} & -1/3\sqrt{2} & 2/3 \\ 1/\sqrt{2} & 1/3\sqrt{2} & -2/3 \end{pmatrix}\begin{pmatrix} y_1 \\ y_2 \\ y_3 \end{pmatrix}$,

$f=y_1^2+y_2^2+10y_3^2$;

(2) $\begin{pmatrix} x_1 \\ x_2 \\ x_3 \end{pmatrix}=\begin{pmatrix} -\frac{2\sqrt{5}}{5} & \frac{2\sqrt{5}}{15} & \frac{1}{3} \\ \frac{\sqrt{5}}{5} & \frac{4\sqrt{5}}{15} & \frac{2}{3} \\ 0 & \frac{\sqrt{5}}{3} & -\frac{2}{3} \end{pmatrix}\begin{pmatrix} y_1 \\ y_2 \\ y_3 \end{pmatrix}$,

$f=2y_1^2+2y_2^2-7y_3^2$.

3. (1) $\begin{pmatrix}x_1\\x_2\\x_3\end{pmatrix}=\begin{pmatrix}1&-1&2\\0&1&-2\\0&0&1\end{pmatrix}\begin{pmatrix}y_1\\y_2\\y_3\end{pmatrix}$,

$f=y_1^2+y_2^2$;

(2) $\begin{pmatrix}x_1\\x_2\\x_3\end{pmatrix}=\begin{pmatrix}1&-1&2\\0&1&-3\\0&0&1\end{pmatrix}\begin{pmatrix}y_1\\y_2\\y_3\end{pmatrix}$,

$f=y_1^2+y_2^2-5y_3^2$;

(3) $\begin{pmatrix}x_1\\x_2\\x_3\end{pmatrix}=\begin{pmatrix}1&2&\frac{2}{3}\\0&1&\frac{4}{3}\\0&0&1\end{pmatrix}\begin{pmatrix}y_1\\y_2\\y_3\end{pmatrix}$,

$f=y_1^2-6y_2^2+\frac{14}{3}y_3^2$;

(4) $\begin{pmatrix}x_1\\x_2\\x_3\end{pmatrix}=\begin{pmatrix}1&1&0\\1&-1&-2\\0&0&1\end{pmatrix}\begin{pmatrix}y_1\\y_2\\y_3\end{pmatrix}$,

$f=2y_1^2-2y_2^2$.

4. (1)是;(2)是;(3)不是.

5. (1) $-\frac{4}{5}<t<0$;

(2)不论 t 取什么值,这个二次型都不是正定的.

复习题 4

1. (1)A; (2)C; (3)B; (4)B; (5)C; (6)D; (7)B; (8)C; (9)B; (10)B.

2. (1)6; (2)3; (3)0; (4) $\begin{pmatrix}1&-1&0\\-1&2&1\\0&1&3\end{pmatrix}$; (5)2; (6) $0<t<1$; (7)3;
(8) $-5,4$; (9) -288; (10) -1.

3. (1) $\boldsymbol{e}_1=\frac{1}{\sqrt{6}}(1,2,-1)^{\mathrm T},\boldsymbol{e}_2=\frac{1}{\sqrt{3}}(-1,1,1)^{\mathrm T},\boldsymbol{e}_3=\frac{1}{\sqrt{2}}(1,0,1)^{\mathrm T}$;

(2) $\boldsymbol{e}_1=\frac{1}{\sqrt{3}}(1,0,-1,1)^{\mathrm T},\boldsymbol{e}_2=\frac{1}{\sqrt{15}}(1,-3,2,1)^{\mathrm T},\boldsymbol{e}_3=\frac{1}{\sqrt{35}}(-1,3,3,4)^{\mathrm T}$.

4. (1)特征值为 $-2,1,1$,

对应于特征值 -2 的全部特征向量为 $k_1\begin{pmatrix}-1\\1\\1\end{pmatrix},k_1\neq0$,

对应于特征值 1 的全部特征向量为 $k_2\begin{pmatrix}-1\\1\\0\end{pmatrix}+k_3\begin{pmatrix}1\\0\\1\end{pmatrix}$($k_2,k_3$ 不同时为零);

(2)特征值为0,1,1,

对应于特征值0的全部特征向量为 $k_1\begin{pmatrix}1\\1\\1\end{pmatrix}, k_1\neq 0$,

对应于特征值1的全部特征向量为 $k_2\begin{pmatrix}1\\2\\0\end{pmatrix}+k_3\begin{pmatrix}0\\-2\\1\end{pmatrix}$($k_2, k_3$ 不同时为零);

(3)特征值为1,1,2,

对应于特征值2的全部特征向量为 $k_1\begin{pmatrix}1\\1\\0\end{pmatrix}, k_1\neq 0$,

对应于特征值1的全部特征向量为 $k_2\begin{pmatrix}1\\0\\0\end{pmatrix}+k_3\begin{pmatrix}0\\1\\-1\end{pmatrix}$($k_2, k_3$ 不同时为零);

(4)特征值为0,1,2,

对应于特征值0的全部特征向量为 $k_1\begin{pmatrix}1\\1\\1\end{pmatrix}, k_1\neq 0$,

对应于特征值1的全部特征向量为 $k_2\begin{pmatrix}3\\2\\1\end{pmatrix}, k_2\neq 0$,

对应于特征值2的全部特征向量为 $k_3\begin{pmatrix}7\\3\\1\end{pmatrix}, k_3\neq 0$.

5. $-1, -3, 3$.

6. $x=0, y=0$.

7. $a=0, \boldsymbol{P}=\begin{pmatrix}0 & 1 & 1\\0 & 2 & -2\\1 & 0 & 0\end{pmatrix}, \boldsymbol{P}^{-1}\boldsymbol{AP}=\begin{pmatrix}6 & & \\ & 6 & \\ & & -2\end{pmatrix}$.

8. (1)$f=2x_3^2+2x_4^2+2x_1x_2+2x_3x_4, f=\frac{2}{3}x_3^2+\frac{2}{3}x_4^2+2x_1x_2-\frac{2}{3}x_3x_4$;

(2)$\boldsymbol{A}$ 的特征值为 $3,1,1,-1$,$\boldsymbol{A}^{-1}$的特征值为$\frac{1}{3},1,1,-1$;

(3)$f=3y_1^2+y_2^2+y_3^2-y_4^2, f=\frac{1}{3}y_1^2+y_2^2+y_3^2-y_4^2$.

9. 略.

10. $-\frac{4}{5}<a<0$.